红枫湖畔新区开，
一脉高峰春意延；
天降大任于人时，
两山思辨照贵安；
祥云入境智慧起，
三珠连廊绿水环；
城乡融合屯堡映，
千里江山百姓绘。

国家级新区绿色发展丛书

贵安生态文明国际研究院 编

梁盛平 著

生态文明与低冲击开发

贵安『绿色金融＋』城市质量体系实践探索

ECOLOGICAL CIVILIZATION
AND LOW IMPACT
DEVELOPMENT

社会科学文献出版社
SOCIAL SCIENCES ACADEMIC PRESS (CHINA)

梁盛平绘于贵安于戊戌年

国家级新区绿色发展丛书

编委会

品读"两山论"（代序）

"我们既要绿水青山，也要金山银山。宁要绿水青山，不要金山银山，而且绿水青山就是金山银山。""经济发展和环境保护是传统发展模式中的一对两难矛盾，是相互依存、对立统一的关系。在环境经济学中，'环境库兹涅茨曲线理论'认为，在经济发展的初级阶段，随着人均收入的增加，环境污染由低趋高；到达某个临界点（拐点）后，随着人均收入的进一步增加，环境污染又由高趋低，环境得到改善和恢复。"（摘自《之江新语》2006 年 9 月 15 日《破解经济发展和环境保护的"两难"悖论》）

我们不重蹈"先污染后治理"或"边污染边治理"的覆辙，因为那样最终将使"绿水青山"和"金山银山"都落空。我们要走科技先导型、资源节约型、环境友好型的发展之路，才能实现由"环境换取增长"向"环境优化增长"量到质的转变，使绿水青山和金山银山"两山"由经济发展与环境保护的"两难"向两者协调发展的"两赢"转变，真正实现更高质量和更高效益的发展。"两山论"已经成为习近平治国理政思想的重要组成部分，充分体现了历史唯物主义基本原理和方法论。

贵安新区在一张"白纸"上一开始就描绘了最美生态蓝图，根据自然禀赋比较优势理论，采取"低冲击"开发理念（贵安新区低冲击开发减少暴雨径流的 80%，并延迟径流峰值近 30 分钟），植入"绿色大数据中心"产业，取得后发赶超"蛙跳式"显著效果。时至 5 年的贵安新区，沐浴着党的十九大春风，围绕目前国家赋予新区"十一"项改革创新实验任务，跨越"先污染后治理"或"边污染边治理"阶段，建设好"绿色金融改革创新试验区"，直奔"绿水青山就是金山银山"新阶段，不忘初心砥砺前行再出发，聚焦"三化"（高端化、绿色化、集约化）要求，立足生态本底，打造绿色"贵安城市质量体系"。

本书从自然人文资源质量调查，城市环境总体规划，绿色发展质量体系研究，"绿色金融+绿色制造、绿色人居、绿色能源、绿色交通、绿色消费"（1+5）绿色发展建设到生态文明与贵安质量体系多角度研讨，探索提出"1+5"绿色发展质量体系，着力解决目前发展阶段"水多、水少、水脏"等突出环境问题，加大山水林田湖草矿生态系统保护力度，加快推进"绿色金融改革创新试验区""绿色遂道大数据中心基地""绿色质量标准体系""海绵城市试点""安平生态区""绿色能源车桩网综合体"等重点项目，促使"绿色金融+"与"绿色大数据+"共同形成新区绿色质量发展的双引擎动力，更加优质更加快速推进新区的开发建设，加速贵安新区作为西部重要经济增长极、内陆开放型经济新高地、生态文明示范区战略目标实现。

目录 CONTENTS

第三部分 体系篇：绿色发展质量研究

第四部分 实施篇："1+5"绿色发展质量体系探索

第五部分　讨论篇：绿色发展博士微讲堂

第一部分 **调查篇：**
自然人文资源质量调查

"之江新语"之生态文明

《之江新语》是《浙江日报》头版的特色栏目，自2003年2月25日开始持续到2007年3月25日，累计232篇短评。《之江新语》的作者是时任浙江省委书记的习近平。2007年5月，应读者要求，浙江日报社以《之江新语》为书名，将该专栏文章结集出版。

2017年以来，贵安生态文明国际研究院《绿色贵安》微信号"每日一读"专栏，每日选摘《之江新语》一篇发布，并组织大家线上线下学习，学习及传播效果明显。本书编撰的灵感就是来自对《之江新语》的完整学习，所以特摘选有关"生态文明"18篇短评作为本书各部分之前，以学之记之用之，内化于心，外化于行，固化于制，强化于果。

让生态文化在全社会扎根
（二○○四年五月八日）

推进生态省建设，既是经济增长方式的转变，更是思想观念的一场深刻变革。从这个意义上说，加强生态文化建设，在全社会确立起追求人与自然和谐相处的生态价值观，是生态省建设得以顺利推进的重要前提，生态文化的核心应该是一种行为准则、一种价值理念。我们衡量生态文化是否在全社会扎根，就是要看这种行为准则和价值理念是否自觉体现在社会生产生活的方方面面。如在产业发展中，是否认真制定和实施环境保护规划；在城市建设中，是否全面考虑建筑设计、建筑材料对城市生态环境的影响；在产品生产中，是否严格执行绿色环保和质量安全标准；在日常生活中，是否自觉注意环境卫生、善待地球上的所有生命等。对照这一要求，必须承认我们在许多方面还相距甚远，在现实生活中违法排污、违规建筑、乱砍滥伐、乱掘乱挖、乱捕滥杀等无视生态规律的行为还时有发生，究其深层原因，是我们还缺乏深厚的生态文化。因此，进一步加强生态文化建设，使生态文化成为全社会的共同价值理念，需要我们长期不懈的努力。

既看经济指标，又看社会人文环境指标

（二〇〇四年八月二十六日）

政绩观与发展观密切相连。有什么样的政绩观，就会有什么样的发展观，反之亦然。一段时间以来，一些干部在"发展"问题上产生了误区，把"发展是硬道理"片面地理解为"经济增长是硬道理"，把经济发展简单化为 GDP 决定一切。在这种片面发展观的指导下，一些地方出现了以经济数据、经济指标论英雄的片面的政绩观，甚至搞"形象工程""政绩工程"，结果给地方发展带来了包袱和隐患，并引发了诸多社会矛盾和问题。由此可见，在发展观上出现盲区，就会在政绩观上陷入误区；在政绩观上出现偏差，就会在发展观上偏离科学。这无论是发展观还是政绩观上的问题，都会削弱党的执政能力。今后衡量领导干部政绩，首先要坚持群众公认、注重实绩的原则，并以此作为考评干部的重要尺度。其次要完善考评内容，把发展思路是否对头，发展战略是否正确，能否处理好数量与质量、速度与效益的关系，作为考察领导干部是否树立了正确的政绩观的重要内容。在考核中，既看经济指标，又看社会指标、人文指标和环境指标，切实从单纯追求速度变为综合考核增长速度、就业水平、教育投入、环境质量等方面内容。

绿水青山也是金山银山

（二〇〇五年八月二十四日）

我们追求人与自然的和谐，经济与社会的和谐，通俗地讲，就是既要绿水青山，又要金山银山。

我省"七山一水两分田"，许多地方"绿水逶迤去，青山相向开"，拥有良好的生态优势。如果能够把这些生态环境优势转化为生态农业、生态工业、生态旅游等生态经济的优势，那么绿水青山也就变成了金山银山。绿水青山可带来金山银山，但金山银山却买不到绿水青山。绿水青山与金山银山既会产生矛盾，又可辩证统一。在鱼和熊掌不可兼得的情况下，我们必须懂得机会成本，善于选择，学会扬弃，做到

有所为、有所不为，坚定不移地落实科学发展观，建设人与自然和谐相处的资源节约型、环境友好型社会。在选择之中，找准方向，创造条件，让绿水青山源源不断地带来金山银山。

从"两座山"看生态环境

（二○○六年三月二十三日）

我们追求人与自然的和谐、经济与社会的和谐，通俗地讲，就是要"两座山"：既要金山银山，又要绿水青山。这"两座山"之间是有矛盾的，但又可以辩证统一。可以说，在实践中对这"两座山"之间关系的认识经过了三个阶段：第一个阶段是用绿水青山去换金山银山，不考虑或者很少考虑环境的承载能力，一味索取资源。第二个阶段是既要金山银山，也要保住绿水青山，这时候经济发展与资源匮乏、环境恶化之间的矛盾开始凸显出来，人们意识到环境是我们生存发展的根本，要留得青山在，才能有柴烧。第三个阶段是认识到绿水青山可以源源不断地带来金山银山，绿水青山本身就是金山银山，我们种的常青树就是摇钱树，生态优势变成经济优势，形成了一种浑然一体、和谐统一的关系。这一阶段是一种更高的境界，体现了科学发展观的要求，体现了发展循环经济、建设资源节约型和环境友好型社会的理念。以上这三个阶段，是经济增长方式转变的过程，是发展观念不断进步的过程，也是人与自然关系不断调整、趋向和谐的过程。把这"两座山"的道理延伸到统筹城乡和区域的协调发展上，还启示我们，工业化不是到处都办工业，应当是宜工则工，宜农则农，宜开发则开发，宜保护则保护。这"两座山"要作为一种发展理念、一种生态文化，体现到城乡、区域的协调发展中，体现出不同地方发展导向的不同、生产力布局的不同、政绩考核的不同、财政政策的不同。

第一章
贵安自然人文资源调查

贵安新区位于贵阳市和安顺市接合部，地处黔中经济区核心区，规划面积1795平方公里（其中直管区470平方公里），涉及贵阳、安顺两市所辖4市（区）21个乡镇，现有人口100万，规划到2030年达到260万。新区交通区位优越，生态环境良好，旅游资源丰富，拥有国家级风景名胜区（重点文物保护单位、历史文化名镇）22处，自然资源丰富，拥有2626个山头、14条河流、131个湖泊、515个水塘、219个地下泉眼。

新区地形地貌类型多样，河流湖泊纵横交错，田园林地一望无垠，气候宜人冬暖夏凉，这些共同造就了这里独特的地文景观、水域风光、生物景观、天象与气候、遗址与遗迹、建筑与设施、人文活动、旅游商品、乡村特色旅游、红色旅游、山地旅游和康体养身旅游等丰富的物质、文化及旅游资源。自然人文资源调查是为了更好地了解自然人文环境，包括自然地理概况、人类历史文化概况、人民生活环境与现状、动植物现况与分布等的一种科学方法，为此，新区开展了区内普查区生态人文资源调查。

贵安新区的自然人文资源调查，是指导生态文明建设开展的基础工作，也是评价生态文明建设成就的重要依据，是贯彻实施十九大生态文明建设方针政策、制定生态文明建设规划、实现生态友好型开发利用、科学指导规划区自然人文资源评析和自然人文、旅游资源类型划分、推动绿色经济发展体系建立过程中必不可少的关键环节，在全力实施大扶贫、大数据、大生态三大战略行动，建设五大新发展理念先行生态文明示范区过程中具有不可替代的基础地位和重要作用。本章节主要就贵安新区自然人文资源调查工作的方法与结果进行介绍，包括自然地理概况及交通枢纽概况、生态环境及社会经济概况、规划区自然人文资源评析、直管区自然人文资源调查四个方面。

第一节　交通位置及自然地理概况

一　交通位置

贵安新区，2014 年 1 月 6 日国务院批复设立，处于黔中高原腹地，位于贵阳市和安顺市接合部，规划区范围涉及贵阳、安顺两市所辖花溪区、清镇市、平坝区、西秀区 4 县（市、区）21 个乡镇，规划控制面积 1795 平方公里。本次普查工作区为贵安新区直管区 4 个乡镇，规划区东侧，其面积为 470 平方公里。

直管区北临清镇市，东临贵阳市花溪区，西临安顺市平坝区，南临黔南州长顺县，区内有沪昆铁路线、沪昆高铁线（建设中）横跨东西，公路交通主干道有花安高速（建设中）、贵阳绕城高速、贵安大道、黔中大道、兴安大道、百马大道、金马大道、北斗湖路、省道 102 等，北东侧有磊庄机场，村与村之间公路相通，交通极为便利。

二　自然地理概况

（一）地质背景

直管区出露地层年代主要为晚古生代、早中生代，最老地层分布于西南侧，为石炭 – 二叠系，最新地层分布于北侧，为三叠 – 侏罗系，岩性整体以碳酸盐岩为主，夹少量碎屑岩。区内中西侧、西南侧高峰山片区浅表层地质构造主要为节理、断层、褶皱构造，其中节理裂隙不均匀分布，断层为逆断层（倾向东方向），褶皱呈宽缓组合特征，中东部岩石地层整体较平缓。综合地质构造及岩性背景情况，使贵安新区直管区喀斯特山区地貌特征明显，东部与西部天然洞穴资源发育，山地与山间溶蚀盆地组合成区内重要的地文景观。值得注意的是，普查区北东侧特色车田景区的车田寨村落民房直接运用三叠系大冶组薄板灰岩作墙体和盖瓦建筑原料，建成特色石板村寨。总体上，区内成景的山峰、溶洞、岩溶盆地、夷平面、峡谷等地形地貌景观的成因主要与地层岩性和早期构造运动（如燕山运动）形成相关断层、褶皱构造→后期新构造运动（如喜山运动）阶段性隆升→水流侵蚀作用、风化作用密切相关。

（二）地形地貌

贵安新区直管区属低中山丘陵区，类型多样，以盆地丘陵为主。中部、北部区域大范围平坦，东部、西部和南部区域为大面积山地丘陵区。平均海拔1200米左右，范围在1150~1560米，最高处位于直管区西部高峰镇普马村牛坡一带，最低处位于直管区东部车田村车田河下游一带，整体略呈西高东低走势，其间包括山地、丘陵以及附属于山地与丘陵之中的山间盆地和局部湖泊。直管区影像特征显示：西侧高峰山山脉呈南北向走势，连绵不断相间于三条南北向河流（从西往东依次为羊昌河、麻线河、马场河）；东侧近南北向松柏山水库两侧显示为山地特征；北侧红枫湖次级支流呈不规则"锯齿状"嵌入，水体环绕特征明显；南侧为中高山丘陵区，显示山峦重叠特征。

（三）水域与湿地沼泽

贵安新区直管区河流、湖泊及水库主体属长江流域乌江水系，局部水域如普查区东侧翁岗河、思丫河属珠江水系，区内河流纵横、蜿蜒曲折。新区北临红枫湖，东侧与松柏山水库、车田河及花溪水库相连，整体水资源丰富，河流多年平均径流深470~700毫米，年际变化不大，年内随季节不同洪枯流量变化大，一般5~9月雨洪季节总径流占全年总径流量的70%以上，具有高原雨源性河流特征，枯季许多小河断流，成为季节性河流。区内流域面积大于20平方公里的主河流有汇入红枫湖的麻线河和马场河，另外，还有汇入松柏山水库和花溪水库的车田河、冷饭河、羊艾河等支流。区内较大型水库有分布于北侧的红枫湖次级支流（人工蓄水段）和汪官水库；中、东侧的松柏山水库、车田湖、小羊艾水库等；中、南侧主要为克酬水库（北斗湖）、凯掌水库、烂塘坡水库及老年塘水库等。

湿地沼泽主要分布于区内平坦地段，除分布于麻线河流域、马场河流域、羊昌河流域外，还有约 10 平方公里分布马场镇平寨村，湖潮乡北东侧下坝村一带也分布有约 3.5 平方公里的湿地沼泽区。

（四）气候方面

贵安新区直管区气候属亚热带季风湿润气候，在低纬度高海拔地理环境和多种季风环流因素的综合影响下，与同纬度、同类型的地区相比，其气候更具有独具一格的特点。新区四季分明，雨量丰沛，空气湿润，春迟、夏短、秋早、冬长，具有明显的山地气候特征，年平均气温 12.8~16.2℃；年平均降水量 1113~1367 毫米、180~206 天，且多夜雨；年平均风速 1.3~3.4 米/秒，风力微弱，主导风向为东南风；全年日平均总云量 8 成左右，年实照时数是可照天数的 25%~31%，太阳总辐射年平均值 80~94 千卡/平方厘米，处于全国最少地区范围，云多寡照，风小雨频，因而相对湿度大。总体来说，贵安新区直管区是一个风光秀丽、气候宜人的区域，更有"冬去海南，夏来贵安"的说法。

第二节　自然环境及社会经济概况

一　生态环境

（一）植被类

贵安新区直管区属中亚热带常绿阔叶林、亚热带常绿落叶混交林及马尾松林区，整体森林覆盖率40%左右，自然植被多为次生植被（草本植物、苔藓植物、菌类植物等），主要有阔叶林、针叶林、针阔混交林、灌丛草等，人工植被主要是农作物和人造林（果林）。主要分布于北西侧平坝农场、南西侧高峰林场、北侧中坝农场，中部羊艾农场。新区自然资源丰富，树种类型多样，已定名成片分布的树种就有樱花树、香樟树、皂荚树、马尾松、金弹子树、沙塘木等数十种，直管区内古老资源丰富，分布于全区各个村寨，包括皂荚树、银杏树、沙塘木等。值得强调的是新区平坝农场现已建成较出名的观赏性林区——万亩樱花园，经济性林区——茶树园、葡萄园、草莓基地、李子园等，还有高峰国家华山松良种场、羊艾农场千亩茶园和掌克村数万株古茶树等基地园区，景象均尤为壮观。

（二）动物类

据收集的资料，贵安新区规划区范围内有普通无脊椎动物7个门类，100余种；脊椎动物202种（亚种），其中鱼纲50种，两栖纲11种，爬行纲15种，鸟纲85种（亚种），哺乳纲41种（亚种），但由于多方面原因，自20世纪60年代以来，各类动物急剧减少。直管区区内尚存少量国家级保护动物，主要有鸳鸯、红腹锦鸡、穿山甲、八哥（鹩哥）、林麝等，以及多种蛇类和蜥蜴类动物。目前在湿地、水库周边亦可见白鹭鸟栖息。

（三）土壤

贵安新区管区属黔中高原丘陵黄色石灰土区，土壤类型有山地黄棕壤、黄壤、石灰土、紫色土、潮土、水稻土、沼泽土、淤土等8种。其中山地黄棕壤、石灰土和水稻土为区内主要土壤类型。

（四）矿产资源

贵安新区直管区内矿产品种较多，主要矿产资源有砂石资源、煤矿资源、硅砂资源、石材资源、铝矾土、重晶石、镁矿、白银石、方解石等。高峰镇活龙片区一带分布有硅石矿床，矿石优质，矿区外部建设和露采条件好。高峰镇、马场镇分布有重晶石，系残积矿床，储量约100万吨。

二 社会经济概况

（一）贵安新区直管区人口状况

据不完全统计，直管区总人口为148785人（2012年12月），其中户籍人口为139993人，常住人口为56456人，人口户数为45560户，人口密度约为每平方千米311人，另外大学城目前约有7万师生入住。少数民族人口数量较多，所占比例较高，少数民族包括苗族、布依族、仡佬族等，人数为50504，约占总人口的31%。

（二）行政区划变化沿革

2014年1月6日，国务院批复设立贵安新区。贵安新区位于贵州省贵阳市和安顺市接合区域，范围涉及贵阳和安顺两市所辖4县（市、区）21个街道镇乡，规划控制面积1795平方公里，规划定位为中国内陆开放型经济示范区、中国西部重要的经济增长极和生态文明示范区，为西部大开发的五大新区之一，中国第八个国家级新区。贵安新区直管区所辖范围为4乡（镇），即原贵阳市花溪区湖潮乡（截至2016年6月，清镇市红枫湖镇平寨村、芦猫塘村、中一村、中八村、兰安村、池菇塘村、中八居委会7个划入湖潮乡）、原贵阳市花溪区党武乡、原安顺市平坝县马场镇和高峰镇，此外还包括花溪大学城、平坝农场、羊艾农场等特殊单元，面积约470平方公里。贵安新区直管区是本项目的普查范围。

鉴于贵安新区刚组建，直管区划自安顺市平坝县和贵阳市花溪区以及一些特殊单位存在的特殊性，该区历史沿革原引平坝县县志和花溪区区志，结合直管区现存丰富的民族特色文化、宗教信仰文化、地理历史文化、民间传统文化等人文资源，主要包括屯堡文化、汉墓文化、地戏文化、农场文化、佛教文化、夜郎文化、红色文化、"三线建设"文化等，可概括区内涉及的重大历史时期有战国时期、三国蜀汉时期、明洪武年间、民国时期、解放战争时期、20世纪50~70年代，直至2014年贵安新区成立。

根据最新普查资料，在高峰镇岩孔村招果洞（中石器时代）、马场镇平寨村牛坡洞（新石器时代）新发现古人类活动遗址，正处于现场挖掘和研究中。

（三）产业与经济结构

贵安新区直管区是集农业、工商业、建筑业、交通运输业、邮电通信业、服务业、旅游业、金融业、科技、教育、文化、体育、卫生等全面一体的国家级新区。在交通、建筑基础设施逐渐完善的背景下，农业、工业、科技教育、旅游业方面发展日显突出。

农业：随着城乡一体化的推进，贵安新区将在未来形成"青山绿水抱林盘，大城小镇嵌田园"的、空间和谐布局的山水田园城市。依托新区丰富的自然资源，打造山地田园风光、林业花海风光和现代农业观光示范园区。

工业：贵安新区为高端制造业聚集区。在产业发展上，除大数据和高端电子信息制造外，贵安新区还规划建设装备产业园、现代制造产业园、特色轻工业产业园等园区，并将重点发展生物医药、航空航天、民族工艺、汽车研发等高端特色装备制造、高端文化旅游养生、高端服务业等现代产业集群。

在科技教育方面：贵安新区确立了创建全省一流的人才首选区、科技引领示范区和教育改革先行区的目标——大学城。大学城由高校聚集区、科技园区、公建居住综合配套服务区三大功能板块构成，依托各高校资源优势，推进教育科研成果转化，重点发展 IT、民族医药、电子商务、生态文明等高新技术产业，将大学城建设成为人才创业首选地示范区。

（四）经济发展水平现状与预测

贵安新区直管区正不断做大做强"大数据""大生态""大旅游"三块长板，打造出"万水千山·美丽贵安"系列产品，并逐渐形成全域旅游示范区。按照规划，贵安新区将通过 5~10 年的建设，发展成为贵州省乃至西南地区跨越式发展的重要经济增长极，成为内陆开放型经济新高地、新型工业化和信息化融合发展示范区、高端服务业聚集区、生态文明建设引领区、国际休闲度假旅游区。

第三节　规划区自然人文资源评析

一　自然人文资源特色

贵安新区及贵安一体化地区资源的核心特色和价值在于自然山水和民族文化的原始性和原真性。而贵阳市凭借良好的生态、宜人的气候荣获首个"国家森林城市"和"中国最佳避暑休闲城市"的荣誉称号，之后又相继获评十大特色休闲城市之一、温泉之城以及荣获亚太国际植树奖的首个城市奖和市长奖，这为贵安新区发展避暑疗养、夏季商务论坛等高端服务功能奠定了基础。

在自然风景资源方面。造型各异的岩溶景观形态是省域旅游资源主体，荔波喀斯特、赤水丹霞两处世界自然遗产分处省域南北边缘地带，贵安一体化地区是全省4A、5A级风景区最集中的区域，且多处于开发的初始阶段，为创新旅游方式和生态城市的构建提供了条件。

在人文旅游资源方面。省域东南部、中部和西南部是核心资源的集中分布区。其中：省域东南片区自然、人文资源兼具，以民族村寨为优势，适宜集中连线的旅游发展；省域中部尤其是贵安一体化地区主要聚集着贵州特色的汉族文化，如安顺屯堡文化和非物质文化遗产，且中部因交通便利、开发较早，具有较大名气，更适宜区域旅游组织服务的培育和资源综合利用的保护性开发。

贵安新区是贵州自然文化资源最为集中、最具特色、价值最高的地区之一，总体特征可概括为秀美的山川名胜、鲜活的屯堡文化、多彩的乡村田园，资源价值层次分明，整体价值突出。其中自然资源主要包括地景、水景和生景三大类，包括风景名胜区、森林公园、水利风景区和其他自然景观资源，主要沿红枫湖－高峰山、邢江河、天台山－九龙山呈纵向条状集中分布；人文资源主要包括遗址遗迹、民俗聚落、宗教建筑、纪念地、摩崖题刻、工程建筑构筑、民俗建筑构筑七大类，包括文物保护单位、历史文化名镇、历史文化名村、特色民族村寨以及其他人文景观资源，主要沿贵安古驿道呈横向带状，集中分布在天龙镇至云峰寨一线。

贵安新区自然文化资源（见表1-1）既有价值突出的世界遗产价值资源，也有层次分明、类型多样的一般资源，空间上同一类型的资源分布相对集中。

表1-1　贵安新区自然风景人文资源情况统计

单位：个

序号	类别	风景人文资源	级别	数量
1	风景名胜区	红枫湖风景名胜区	国家级	1
		花溪风景名胜区（天河潭景区）、天台山－斯拉河风景名胜区	省级	2
		屯堡文化风景名胜区	市级	1

续表

序号	类别	风景人文资源	级别	数量
2	文物保护单位	天台山伍龙寺、云山屯古建筑群、鲍家屯水利工程	国家重点	3
		镇山村古建筑群、平坝汉墓遗址群、平坝飞虎山古人类遗址	省级	3
		天龙学堂旧址、高峰山"西来面壁"摩崖石刻、万人坟古墓、熊家坡古墓、大松山古墓、马场五星坟、坟坝脚古墓、松树林婚规碑、焦家桥、十朱桥、望城坡古驿道、平坝烈士陵园、钟鼓楼、清真寺、杜家院溶洞、珍珠泉（喜客泉）、刘爱民墓、陈法墓、王官庄乡规碑、陈蕴瑜烈士衣冠冢、二官抗日胜利纪念塔、石人石马、黄家庄古墓、大屯村古银杏树、乐平文昌阁、乐平古城遗址	市县级	26
		大把古人类遗址	未定级	1
3	历史文化古镇	天龙镇、旧州镇	国际级	2
4	历史文化名村	云山屯、鲍家屯	国际级	2
		镇山村	省级	1
5	特色民族村寨	九溪、本寨、娄家庄、青鱼塘、詹家屯、吉昌、松林、周官屯、石板房、康寨、新寨、滥坝、中八	A/B/C级村寨	13
6	森林公园	九龙山	国家级	1
7	水利风景区	松柏山	国家级	1
8	其他自然景观资源	凯掌水库、汪官水库、鹅项水库、池菇塘水库、浪塘拦水库、河坝、珠璧洞、小黑土竹林、桃花湖风景区、白云万亩稻田、吉昌山谷、夜郎苔生态园		11

二 自然人文资源认知

（一）山川名胜秀美多姿，自然景源类型丰富

贵安新区是贵州典型的喀斯特地貌景观，山峦起伏、峰丛密布，水系如网、树木葱翠、飞鸟不绝，自然生态环境优良，山水景观环境优美，加之悠久的人类发展历史，在这片土地上留下了深刻的印记，遗留了丰富的历

史文化和众多的名胜古迹，自然与人文结合使得贵安新区的山川名胜更加壮丽辉煌。红枫湖辽阔与幽深兼具、自然与人文并重，是我国湖泊景观的典型代表；天台山秀丽多姿；高峰山山峰林立；邢江河蜿蜒曲折，花木掩映，平静、朴实又不失秀美；九龙山植被覆盖率高，动植物资源十分丰富。

（二）屯堡文化生动鲜活，文化景源独具内涵

贵安新区内600多年前建成的屯堡延续至今，屯堡文化特点十分鲜明突出。天龙镇、旧州镇、云峰八寨等保留了很多的历史街区、历史建筑，是国内规模最大、保存最完整的明初文化村落群，充分展示了历史风貌特征。屯堡地戏已走出贵州，闻名于世界；屯堡服饰直接见证了我们祖先的生活；屯堡的生活习俗得到很好的传承，顽强地生长于当代生活之中。"屯堡人"与屯堡文化在我国乃至世界上具有唯一性，是研究中华民族历史最直接、最生动的材料，能够让今人感受到中华民族鲜活的历史与历史场景。

（三）民俗独特宗教深远，多样资源有机融合

贵安新区内自然风光与民族风情融合，形成极具民族特色的乡村美景。贵安新区内的民族村寨建设与山川、农田结合，形成了优美的乡村田园风光，宛似天成，有世外桃源之境。有的村寨保留很多的历史建筑，风貌独特，如最早的屯堡之一鲍家屯、最大的屯堡九溪、商业屯堡石板房等；有的村落民俗特色十分突出，如吉昌、詹家屯是屯堡村寨中地戏表演最好的，周官屯的面具手工制作独树一帜，松林村苗族芦笙制作远近闻名，大狗场是仡佬族人打新节聚集地，等等。多彩的村寨景观、多彩的民俗生活与优美的大地景观环境构成了贵安新区多彩的乡村美景。自然风光与宗教文化的结合形成了独具地域特征的宗教文化。天台山上的伍龙寺历史悠久，与险峻的天台山山体浑然一体，展现了极高的建筑艺术。万华禅寺坐落于扇形环卫的高峰山山峰之中，使高峰山成为贵州的佛教圣地。

（四）资源价值层次分明，整体价值十分突出

贵安新区自然文化资源价值突出，许多资源地已经被划为国家和地区的重点保护地，包括国家级风景名胜区1处、省级风景名胜区2处，国家

级重点文物保护单位 3 处、省级文物保护单位 3 处，中国历史文化名镇 2
处、中国历史文化名村 2 处、省级历史文化名村 1 处，国家级森林公园 1
处，国家级水利风景区 1 处等。

三 自然人文资源价值评价

贵安新区的自然文化景观具有国家代表性，其自然文化资源具有国家
遗产价值和世界遗产品质。通过分析评判（见表 1-2），贵安新区具有世界
遗产价值的资源有 2 处、具有国家遗产价值的资源有 13 处、具有地区级遗
产价值的资源有 49 处、其他自然文化资源有 10 处，共 74 处。贵安新区历
史文化与风景体系资源分类（见表 1-3），类型主要分为 3 个大类，8 个中类。

表 1-2 贵安新区风景人文资源价值评价

价值层级	风景人文资源	数量
具有世界遗产价值的资源	屯堡文化风景名胜区、云山屯古建筑群	2
具有国家遗产价值的资源	红枫湖风景区、天台山 - 斯拉河风景名胜区、平坝天台山伍龙寺、恐龙化石遗址、鲍家屯水利工程、天龙镇、旧州镇、云山屯、鲍家屯、镇山村古建筑群、詹家屯、松林村、周官屯	13
具有地方遗产价值的资源	花溪风景区（天河潭景区）、高峰山景区、九龙山国家森林公园、松柏山水利风景区；三浦观音洞遗址、旧州猫猫洞遗址、旧州华严洞古人类遗址、旧州象鼻洞古人类遗址、平坝汉墓遗址群、平坝飞虎山古人类遗址、大坝古人类遗址（可根据发掘后情况急速认定其价值）；天龙学堂旧址、高峰山"西来面壁"摩崖石刻、华禅寺、万人坟古墓、熊家坡古墓、大松山古墓、马场五星坟、坟坝脚古墓、松树林婚规碑、焦家桥、十朱桥、望城坡古驿道、平坝烈士陵园、钟鼓楼、清真寺、杜家院溶洞、珍珠泉（喜客泉）、刘爱民墓、陈法墓、王官庄乡规碑、陈蕴瑜烈士衣冠冢、二官抗日胜利纪念塔、石人石马、黄家庄古墓、大屯村古银杏树、乐平文昌阁、乐平古城遗址；九溪、本寨、娄家庄、青鱼塘、吉昌、石板房、康寨、新寨、滥坝、中八；白云万亩稻田	49
具有发展价值的资源	凯掌水库、汪官水库、鹅项水库、池菇塘水库、浪塘拦水库、珠璧洞、小黑土竹林、桃花湖风景区、吉昌山谷、夜郎苔生态园	10

说明：旧州猫猫洞遗址、旧州华严洞古人类遗址、旧州象鼻洞古人类遗址未在图中标明位置。

表 1–3　贵安新区历史文化与风景体系资源分类分级

大类	中类	分级	历史文化与风景人文资源
国家法定资源	风景名胜区	国家级	红枫湖风景区、屯堡文化区（申报国家级风景区）
		省级	花溪风景区（天河潭景区）、天台上－斯拉河风景区
	文物保护单位	国家重点	天台山伍龙寺、云山屯古建筑群、平坝飞虎山古人类遗址
		省级	镇山村古建筑群、平坝汉墓古建筑群、鲍家屯水利工程
		市县级	天龙学堂旧址、高峰山"西来面壁"摩崖石刻、万人坟古墓、熊家坡古墓、大松山古墓、马场五星坟、坟坝脚古墓、松树林婚规碑、焦家桥、十朱桥、望城坡古驿道、平坝烈士陵园、钟鼓楼、清真寺、杜家院溶洞、珍珠泉（喜客泉）、刘爱民墓、陈法墓、王官庄乡规碑、陈蕴瑜烈士衣冠冢、二官抗日胜利纪念塔、石人石马、黄家庄古墓、大屯村古银杏树、乐平文昌阁、乐平古城遗址、旧州猫猫洞遗址、旧州华严洞古人类遗址、旧州象鼻洞古人类遗址
		未定级	大坝古人类遗址（可根据发掘后情况急速认定其价值）
	历史文化名镇	国家级	天龙镇、旧州镇
	历史文化名村	国家级	云山屯、鲍家屯
		省级	镇山村（可申报国家级）
部门规定资源	森林公园	国家级	九龙山
	水利风景区	国家级	松柏山
其他景观资源	特色民族村寨	—	九溪、本寨（可申报历史文化名村）、娄家庄、青鱼塘、詹家屯、吉昌、松林村、周官屯、石板房、康寨、新寨、滥坝、中八
	自然景观资源	—	凯掌水库、汪官水库、鹅项水库、池菇塘水库、浪塘拦河坝、珠璧洞、小黑土竹林、桃花湖风景区、白云万亩稻田、吉昌山谷、夜郎苔生态园；景观山林水系、农田风光

第四节　直管区自然人文资源调查

一　调查概况

（一）调查说明

贵安新区资源大普查统计结果显示：新区问卷反馈资源单体涉及11个主类35个亚类75个基本类型，其中除D主类（天象与气候景观）外，其他主类均已涉及。并初步判断贵安新区已知的资源点主要分布在马场镇和高峰镇。资源种类以地文景观（A类）、水域风光（B类）、生物景观（C类）、建筑与设施（F类）为主。A类地文景观以天然洞穴为主，主要分布于高峰镇、马场镇一带的高峰山附近。B类地文景观主要涉及区内重要河流和水库。C类地文景观以独树、丛树为特征，尤以古老树种为特点，作为保护对象分布于普查区各个村寨中或村寨边上，以皂荚树、沙塘木为主。F类地文景观以景观建筑与附属性建筑、交通建筑、水工建筑为特点，主要依附于村寨分布。

"贵安新区各单位需要提供的资料清单"主要包括地质、旅游、生物、水利、人文、历史、地理、遗址遗迹、建筑、气候、旅游商品、民俗、交通等方面资料。具体包括：平坝县县志、花溪县志、贵安新区总体规划（2013~2030）、贵安新区总体规划（2013~2030）环境影响报告、贵安新区生态文明建设总体规划、贵安新区绿地系统规划、水系统规划、农业产业发展规划、城市建设规划、交通规划、旅游发展规划、文物普查报告、岩孔村地热资源普查报告、贵安新区区情报告、贵安新区发展报告、马场镇牛坡洞古人类遗址考察报告等。同时收集有关旅游资源成景背景条件的地质矿产资料、多目标地球化学普查报告、地质灾害隐患分布图、地质遗迹普查评价报告、贵州省地理国情普查等资料。

资源普查内容共分为12个主类，41个亚类和210个基本类型（见表1-4）。

在充分收集、整理和分析贵安新区直管区境内相关的各类资料、成果以及培训和问卷调查的基础上，开展区域旅游资源大普查工作，填写资源单体信息采集表。普查的主要内容有普查对象的资源类型、行政位置、地理位置、性质与特征（包含外观形态与结构、内在性质、组成成分、成因机制及演化过程、规模与体量、环境背景、关联事物等）、区域及进出条件、保护与开发现状、共有因子（包含观赏游憩价值、历史文化科学艺术价值、珍稀或奇特程度、规模丰度与概率、完整性、知名度和影响力、适游期和使用范围、污染状况与环境安全）等。在资源单体普查的基础上，对资源进行评价分级，编制相应的图件和报告，建立资源数据库。

表1-4　自然人文及旅游资源类型划分

主类	亚类	基本类型
A 地文 景观	AA 综合自然 场地	AAA 山丘型、AAB 谷地型、AAC 沙砾石地型、AAD 滩地型、AAE 奇异自然现象、AAF 自然标志地、AAG 垂直自然地带
	AB 沉积与构造	ABA 断层景观、ABB 褶曲景观、ABC 节理景观、ABD 地层剖面、ABE 钙华与泉华、ABF 矿点矿脉与矿石积聚地、ABG 生物化石点
	AC 地质地貌 过程形迹	ACA 凸峰、ACB 独峰、ACC 峰丛、ACD 石（土）林、ACE 奇特与象形山石、ACF 岩壁与岩缝、ACG 峡谷段落、ACH 沟壑地、ACI 丹霞地貌、ACJ 雅丹、ACK 堆石洞、ACL 岩石洞与岩穴、ACM 沙丘地、ACN 岸滩、ACO 峰林
	AD 自然变动 遗迹	ADA 重力堆积体、ADB 泥石流堆积、ADC 地震遗迹、ADD 陷落地、ADE 火山与熔岩、ADF 冰川堆积体、ADG 冰川侵蚀遗迹
B 水域 风光	BA 河段	BAA 观光游憩河段、BAB 暗河河段、BAC 古河道段落
	BB 天然湖泊与 池沼	BBA 观光游憩湖区、BBB 沼泽与湿地、BBC 潭池
	BC 瀑布	BCA 悬瀑、BCB 跌水
	BD 泉	BDA 冷泉、BDB 地热与温泉
	BE 河口与海面	BEA 观光游憩海域、BEB 涌潮现象、BEC 击浪现象
	BF 冰雪地	BFA 冰川观光地、BFB 常年积雪地
C 生物 景观	CA 树木	CAA 林地、CAB 丛树、CAC 独树
	CB 草原与草地	CBA 草地、CBB 疏林草地
	CC 花卉地	CCA 草场花卉地、CCB 林间花卉地、CCC 水生花卉地
	CD 野生动物 栖息地	CDA 水生动物栖息地、CDB 陆地动物栖息地、CDC 鸟类栖息地、CDD 蝶类栖息地

续表

主类	亚类	基本类型
D 天象 与气候 景观	DA 光现象	DAA 日月星辰观察地、DAB 光环现象观察地、DAC 海市蜃楼现象多发地
	DB 天气与气候现象	DBA 云雾多发区、DBB 避暑气候地、DBC 避寒气候地、DBD 极端与特殊气候显示地、DBE 物候景观
E 遗址与 遗迹	EA 史前人类活动场所	EAA 人类活动遗址、EAB 文化层、EAC 文物散落地、EAD 原始聚落
	EB 社会经济文化活动遗址与遗迹	EBA 历史事件发生地、EBB 军事遗址与古战场、EBC 废弃寺庙、EBD 废弃生产地、EBE 交通遗迹、EBF 废城与聚落遗迹、EBG 长城遗迹、EBH 烽燧
F 建筑与 设施	FA 综合人文旅游地	FAA 教学科研实验场所、FAB 康体游乐休闲度假地、FAC 宗教与祭祀活动场所、FAD 园林游憩区域、FAE 文化活动场所、FAF 建设工程与生产地、FAG 社会与商贸活动场所、FAH 动物与植物展示地、FAI 军事观光地、FAJ 边境口岸、FAK 景物观赏点
	FB 单体活动场馆	FBA 聚会接待厅堂（室）、FBB 祭拜场馆、FBC 展示演示场馆、FBD 体育健身场馆、FBE 歌舞游乐场馆
	FC 景观建筑与附属型建筑	FCA 佛塔、FCB 塔形建筑物、FCC 楼阁、FCD 石窟、FCE 长城段落、FCF 城（堡）、FCG 摩崖字画、FCH 碑碣（林）、FCI 广场、FCJ 人工洞穴、FCK 建筑小品
	FD 居住地与社区	FDA 传统与乡土建筑、FDB 特色街巷、FDC 特色社区、FDD 名人故居与历史纪念建筑、FDE 书院、FDF 会馆、FDG 特色店铺、FDH 特色市场
	FE 归葬地	FEA 陵区陵园、FEB 墓（群）、FEC 悬棺
	FF 交通建筑	FFA 桥、FFB 车站、FFC 港口渡口与码头、FFD 航空港、FFE 栈道
	FG 水工建筑	FGA 水库观光游憩区段、FGB 水井、FGC 运河与渠道段落、FGD 堤坝段落、FGE 灌区、FGF 提水设施、FGG 古水利、FGH 水文化
G 旅游产 品资源	GA 地方旅游商品资源	GAA 菜品饮食、GAB 农林畜产品与制品、GAC 水产品与制品、GAD 中草药材及制品、GAE 传统手工产品与工艺品、GAF 日用工业品、GAG 其他物品
H 人文 活动	HA 人事记录	HAA 人物、HAB 事件
	HB 艺术	HBA 文艺团体、HBB 文学艺术作品
	HC 民间习俗	HCA 地方风俗与民间礼仪、HCB 民间节庆、HCC 民间演艺、HCD 民间健身活动与赛事、HCE 宗教活动、HCF 庙会与民间集会、HCG 饮食习俗、HCH 特色服饰
	HD 现代节庆	HDA 旅游节、HDB 文化节、HDC 商贸农事节、HDD 体育节

续表

主类	亚类	基本类型
I 乡村 资源	IA 乡村自然旅游资源	IAA 乡村旅游环境与地文景观、IAB 乡村水域风光、IAC 乡村生物风光
	IB 乡村人文旅游资源	IBA 乡村历史遗址与遗迹、IBB 乡村建筑设施与乡村聚落文化、IBC 乡村旅游商品、IBD 乡村人文活动与民俗活动、IBE 特色小城镇、IBF 特色生态农业园区、IBG 特色村寨
J 红色 资源	JA 革命旧址、遗迹遗址	JAA 重要会议会址，JAB 重要机构旧址，JAC 重要战斗遗址，JAD 重要党史人物故居、住址，JAE 代表性布告、标语、口号遗迹点
	JB 革命纪念设施	JBA 纪念馆、陈列馆（室）、展览馆，JBB 纪念碑、纪念塔，JBC 烈士陵园、烈士墓、烈士亭，JBD 具有革命纪念意义的地点、场所
	JC 时代精神纪念地和场所	JCA 先进基层党组织所在地、JCB 先进人物事迹发生地、JCC 时代精神发源地
	JD 红色文化活动及产品	JDA 红色文艺作品、JDB 红色影视基地、JDC 民间革命歌谣、JDD 红色节庆活动
K 山地体 育资源	KA 基地	KAA 山地户外运动基地、KAB 生态体育公园、KAC 水上运动基地、KAD 航空运动基地、KAE 民族民间体育基地、KAF 青少年户外活动营地、KAG 人才培训基地、KAH 汽车露营地、KAI 绿道
	KB 赛事与活动	KBA 山地户外运动赛事活动、KBB 水上运动赛事活动、KBC 航空运动赛事活动、KBD 民族民间体育赛事活动、KBE 综合性（单项）运动会（节）、KBF 户外运动、KBG 民族民间体育人物
	KC 装备制造业	KCA 装备市场、KCB 制造企业
L 康体养 生资源	LA 养生地	LAA 自然生态养生地、LAB 特殊资源养生地、LAC 人文养生地
	LB 养生文化	LBA 传统养生文化、LBB 中医养生文化、LBC 宗教养生文化、LBD 饮食养生文化、LBE 科学养生文化
数量统计		
12 个 主类	41 个亚类	210 个基本类型

（二）调查办法

对于区内资源采用方法如下：①樟缘社区综合体（建设中），位于高峰镇北部，面积约 30 平方公里，普查"万亩樱花园"及与其共存的生态绿地系统环境资源和民族文化资源以及"垦荒报国"等历史文化资源，普查沿红枫湖周边成景背景条件好的河流（段）、滨湖湿地、山地区域、主要公路和连接景区景点的交通沿线的资源。②环高峰山综合体（建设中），位于高峰镇、马场镇接壤部位，普查面积约55平方公里，主要对沿喀斯特地文景观成景背景条件好的山地与高峰镇南北向麻线河流域、马场镇马场河流域的接触部位，以及村寨与田园风光搭配精美的区域实行"地毯式"重点普查，其中包括高峰山万华禅院、云漫湖瑞士小镇以及贵澳农旅产业园的普查。③北斗七寨综合体（建设中），位于马场镇中部，普查面积约9.5平方公里，作为国家级乡村旅游点，区内人工打造资源丰富。对特色村寨、民族历史文化、田园与湿地生态风光以及沿成景背景条件好的河流（段）、山地区域、主要公路和连接景区景点的交通线进行普查。④车田景区综合体（已建成），位于湖潮乡东部，面积约8平方公里。为区内已开发景点密集和资源开发相对成熟的区域，普查过程中除对已有景点的普查外，还依次按照车田村三个村寨的分布，"地毯式"对车田谷两侧溶洞、"石板文化"以及古树资源进行普查。⑤大学城（建设中），位于党武乡东部，普查工作区面积约42平方公里。以各高校为普查单元，通过各高校联络人的介绍、带队的方式，除对学校建筑环境、文化教育科研、图书馆、展馆及其藏品、药用植物园、大健康医药保健、大数据产业等科学文化深度融合的教旅型资源的普查外，还对校园内外山地与水域等自然风光资源进行普查。

对于贵安新区直管区4个乡镇91个自然行政村、社区、居委会以及羊艾农场、数据产业园、华山松良种场等，普查过程中依托区内主要山川河流展布特点，普查路线如下：①高峰镇根据镇内重要南北向河流－麻线河、羊昌河，由南向北（栗木村→王家院村）以村为普查单位，实行"地毯式"资源普查；②马场镇大致以马场河流域由南向北（林卡村→松林村）以村为普查单位进行普查；③湖潮乡大致以贵安新区管委会为中心，往北东（中八农场）、南西侧（汤庄村）以村为普查单位进行普查；④党武乡则以松柏山水库流域东侧由南往北（翁岗村、掌克村→松柏村、茅草村）以村为普查单位进行普查。

二　自然人文资源主要内容

贵安新区是一座正在建设的新兴现代化生态环保型内陆开放型生态文明国家级示范区。随着 2014 年国务院正式批复设立贵安新区后,一座奇迹之城的宏伟建设画卷开始快速铺展开来。贵安山川秀丽,河流密布,山峰耸立,洞随山出,水从洞流,有碧莲玉笋的峰林,又有坠壑成井、小若宛井、大若盘洼的圆洼之地,还有旋涡成潭,如斧之仰的落水浅滩。更有蜿蜒曲折的九曲河流及河岸宽广无垠的田园风光,生物植被自然资源丰富。

在这块古老的土地上,居住着苗族、布依族、仡佬族、汉族等民族,在 600 多年的历史岁月中孕育出了色彩斑斓的民族文化。古屯堡,石板民居,民族服饰、地戏等传承至今,固守和保留着 600 年前的面貌,是人们寻古问今的活化石。

贵安得天独厚的山水自然风光,悠久灿烂的民族文化,广阔无垠的田园,释放出无穷的魅力,一座"山水之都、田园之城"的新兴旅游、全域旅游之城正成为无数文人骚客向往之地,吸引着世人的目光。

贵安类型多样的地形地貌,纵横交错的河流湖泊,宽广无垠的田园林地,冬暖夏凉的温暖气候共同造就了这儿独特的地文景观、水域风光、生物景观、天象与气候景观、遗址与遗迹、建筑与设施、旅游产品资源、人文活动、乡村资源、红色资源、山地体育资源和康体养生资源等丰富的旅游资源。本次普查 822 处资源单体,新发现 615 处。旅游资源 12 主类齐全,主类覆盖率为 100%,拥有 42 个亚类中的 34 个,亚类覆盖率为 80.9%;210 个基本类型中有 110 个,基本类型覆盖率 52.4%。旅游资源整体分布均匀(见图 1-1)。

(一) 地文景观

贵安新区地文景观类资源单体共 147 处,新发现 131 处,涉及 5 个亚类 21 个基本类型(见表 1-5)。该类单体主要分布于贵安新区西部、南西侧、南侧以及东南侧(高峰山、大偏山、斗篷山等)。在这些区域内分布有山丘、谷地、滩地,生物化石、奇特与象形山石、岩壁与岩缝、峡谷段

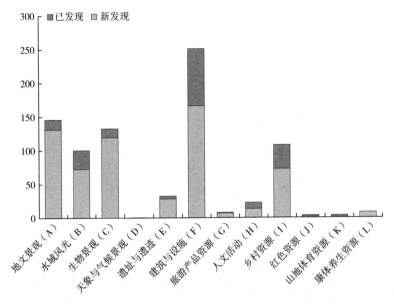

图 1-1 贵安新区自然人文资源各主类已发现、新发现对比

落、独峰、峰林、岩石洞与岩穴、湖岛等。其中岩石洞与岩穴、奇特与象形山石分布较多。区内该类品质较高资源单体情况（编号、初评等级、内容等）如表 1-5 所示。

表 1-5 贵安新区地文景观类分类

主类	亚类	基本类型	普查数	新发现数
A 地文景观	AA 综合自然场地	AAA 山丘型旅游地	11	10
		AAB 谷地型旅游地	10	10
		AAD 滩地型旅游地	4	2
		AAE 奇异自然现象	3	3
		AAG 垂直自然地带	1	1
	AB 沉积与构造	ABA 断层景观	3	1
		ABB 褶曲景观	1	1
		ABC 节理景观	3	3
		ABD 地层剖面	1	1
		ABF 矿点矿脉与矿石聚集地	1	1
		ABG 生物化石点	1	0

续表

主类	亚类	基本类型	普查数	新发现数
A 地文景观	AC 地质地貌过程形迹	ACA 凸峰	1	1
		ACB 独峰	3	2
		ACC 峰丛	6	6
		ACE 奇特与象形山石	17	16
		ACF 岩壁与岩缝	4	3
		ACG 峡谷段落	3	3
		ACH 沟壑地	1	1
		ACL 岩石洞与岩穴	69	62
	AD 自然变动遗迹	ADD 陷落地	3	3
	AE 岛礁	AEA 岛区	1	1
合　计			147	131

（二）水域风光

贵安新区水域风光类旅游资源单体共 100 处，新发现 73 处，涉及 4 个亚类 9 个基本类型。直管区有 7 条河流、20 余座水库，暗河、泉水、潭池分布较多，水域风光旖旎，旅游资源单体遍布于全境，沿麻线河、马场河、羊昌河、车田河、翁岗河等，北斗湖、凯掌水库、松柏山水库以及红枫湖分布。在这些水域风光中，有观光游憩河段、暗河河段、泉点、潭池等。区内该类品质较高资源单体情况（编号、初评等级、内容等）如表 1-6 所示。

表 1-6　贵安新区水域风光类分类

主类	亚类	基本类型	普查数	新发现数
B 水域风光	BA 河段	BAA 观光游憩河段	21	14
		BAB 暗河河段	1	1
	BB 天然湖泊与池沼	BBA 观光游憩湖区	18	9
		BBB 沼泽与湿地	7	3
		BBC 潭池	17	15

主类	亚类	基本类型	普查数	新发现数
B 水域风光	BC 瀑布	BCA 悬瀑	1	0
		BCB 跌水	1	1
	BD 泉	BDA 冷泉	33	29
		BDB 地热与温泉	1	1
合　计			100	73

（三）生物景观

贵安新区生物景观类旅游资源单体共 133 处，新发现 119 处，涉及 3 个亚类 6 个基本类型。贵安新区地处贵州高原中部，海拔 1100~1550 米，属亚热带湿润季风气候区，适宜众多植物的生长。区内生物以植物为主，全域分布，有林地、丛树、独树、草地、草场花卉地、水生花卉地等。区内 80% 以上的村寨有古树分布。区内较重要的花卉地景点有万亩樱花园、高峰花海（建设中）、平寨荷花等，古树（独树）资源有党武皂荚古树、三台皂荚古树、摆榜千年银杏树、元方千年古银杏、果洛村古树群等，特色林地有高峰镇国家华山松良种场、羊艾农场千亩茶园、掌克万株古茶树等。区内该类品质较高资源单体情况（编号、初评等级、内容等）如表 1-7 所示。

表 1-7　贵安新区生物景观类分类

主类	亚类	基本类型	普查数	新发现数
C 生物景观	CA 树木	CAA 林地	23	22
		CAB 丛树	12	11
		CAC 独树	90	81
	CB 草原与草地	CBA 草地	2	1
	CC 花卉地	CCA 草场花卉地	3	2
		CCC 水生花卉地	3	2
合　计			133	119

（四）天象与气候景观

贵安新区平均气温 14.5℃，平均降水量 1163.6 毫米，平均日照时数 1143 小时，四季分明，雨量丰沛，空气湿润，春迟、夏短、秋早、冬长，具有明显的山地气候特征。一年中夏无酷暑，冬无严寒。全境适宜居住。本次普查收集了区内及周边近 5 年来的气象资料。夏季，走进贵安游客便能立即感受扑面而来的习习凉爽。冬无严寒，夏无酷暑，气候宜人。这里富有自然清新的空气，人们在青山秀水中品味绿色，在田园城市中记住乡愁，贵安新区是一休闲、避暑避寒的好地方。

本次旅游大普查统计结果显示 1 处天象与气候景观（见表 1-8），即贵安避暑避寒地（9365，DBB），初评为三级资源。

表 1-8　贵安新区天象与气候景观类分类

主　类	亚　类	基本类型	普查数	新发现数
D 天象与气候景观	DB 天气与气候现象	DBB 避暑气候地	1	0
合　计			1	0

贵安避暑避寒地选取直管区为整体进行分析，直管区所辖高峰镇、马场镇（原属平坝区），湖潮乡（原属花溪区、清镇市部分）、党武乡（花溪区），共 4 个乡镇，均设有气象数据采集基站，1981~2010 年的气候(气温、降水量、日照时数)标准值 1~12 月数据统计结果显示：1 月气温、降水量、日照时数分别为 4.5℃、24.6 毫米、42.0 小时；2 月为 6.4℃、26.4 毫米、52.6 小时；3 月为 10.4℃、35.1 毫米、83.3 小时；4 月为 15.3℃、81.2 毫米、104.2 小时；5 月为 18.8℃、161.9 毫米、118.4 小时；6 月为 21.2℃、230.9 毫米、98.0 小时；7 月为 22.7℃、213.6 毫米、147.1 小时；8 月为 22.4℃、137.4 毫米、161.1 小时；9 月为 19.7℃、100.1 毫米、122.2 小时；10 月为 15.4℃、89.5 毫米、75.1 小时；11 月为 11.2℃、42.0 毫米、75.6 小时；12 月为 6.5℃、20.8 毫米、63.5 小时。

直管区气候属亚热带季风湿润气候，在低纬度高海拔地理环境和多种季风环流因素的综合影响下，与同纬度、同类型的地区相比，具有独具一

格的气候特点。地区风力微弱，年平均风速 1.3~3.4 米 / 秒；全年日平均总
云量 8 成左右，年实照时数是可照天数的 25%~31%，太阳总辐射年平均
值 80~94 千卡 / 平方厘米。总体来说，直管区是一个风光秀丽、气候宜人
的区域，属冬暖夏凉，是避暑避寒的理想居住地。

（五）遗址与遗迹

贵安新区遗址与遗迹类旅游资源单体共 33 处，新发现 28 处，涉及 2
个亚类 8 个基本类型（见表 1–9）。

表 1–9　贵安新区遗址与遗迹类分类

主　类	亚　类	基本类型	普查数	新发现数
E 遗址遗迹	EA 史前人类活动场所	EAA 人类活动遗址	1	1
		EAC 文物散落地	1	1
	EB 社会经济文化活动遗址遗迹	EBA 历史事件发生地	1	1
		EBB 军事遗址与古战场	22	18
		EBC 废弃寺庙	3	3
		EBD 废弃生产地	1	1
		EBE 交通遗迹	3	3
		EBF 废城与聚落遗迹	1	0
合　计			33	28

贵安新区整体地形平坦、土地肥沃、河网密布、气候宜人，碳酸盐岩
洞穴发育。有古人类活动的遗迹和明朝朱元璋调南征北战 30 万大军驻扎
在贵安一带留下的众多遗址遗迹。主要分布于西南侧、南部、东南侧、东
部。在这些遗址与遗迹中，有人类活动遗址、废弃寺庙、古战场遗址（屯
堡）等。其中人类活动遗址，有高峰镇招果洞古人类活动遗址、马场镇牛
坡洞古人类遗址等；古战场遗址以古营盘为主，保存完好的有党武摆头山
古营盘、湖潮车田古营盘、高峰岩孔古营盘等。

（六）建筑与设施

贵安新区建筑与设施类资源单体共250处，新发现166处，涉及7个亚类34个基本类型（见表1–10）。

贵安新区历史悠久，人类活动频繁，留下了众多的古代与现代文明的建筑设施，遍布于全域。建筑与设施类为最多资源类型，主要集中于寺庙、数据产业园、"三线文化"建设基地、大学城高校建筑风光、夜郎谷石头群建筑、各类古墓墓地以及石板房建筑等。

区内有百年庙宇万华禅院（西南佛教发源地）、白马寺、香积寺以及二郎观（道教）；有现代兴建的我国独一无二的大数据产业园、信息产业孵化园、贵州省内最大的综合保税区、富士康、软件产业园、装备制造产业园、三大通信（电信、移动、联通）云数据中心、VR小镇等；"三线文化"建设基地有5708厂、170厂、高峰机械厂以及平坝农场、羊艾农场、中八农场等基地；古墓墓地有王家院；龚家坟墓碑、芦官大清中宪大夫马公墓、马母刘一品太夫人墓等；石板建筑群有车田二十四合院、当阳古板建筑群、摆榜石棉寨、平阳石板建筑群、麻郎石头寨、高峰湖坝坎石板建筑群等。区内该类品质较高资源单体情况（编号、初评等级、内容等）如表1–10所示。

表1–10　贵安新区建筑与设施类分类

主　类	亚　类	基本类型	普查数	新发现
F 建筑与设施	FA 综合人文旅游地	FAA 教学科研实验场所	17	9
		FAB 康体游乐休闲度假地	3	1
		FAC 宗教与祭祀活动场所	9	4
		FAD 园林游憩区域	6	2
		FAE 文化活动场所	7	6
		FAF 建设工程与生产地	10	8
		FAG 社会与商贸活动场所	5	5
		FAH 动物与植物展示地	3	1
		FAK 景物观赏点	9	7

续表

主　类	亚　类	基本类型	普查数	新发现
F 建筑与设施	FB 单体活动场馆	FBA 聚会接待厅堂（室）	1	0
		FBB 祭拜场馆	1	0
		FBC 展示演示场馆	6	5
		FBD 体育健身场馆	1	0
		FBE 歌舞游乐场馆	1	1
	FC 景观建筑与附属型建筑	FCA 佛塔	2	0
		FCB 塔形建筑物	2	1
		FCC 楼阁	12	11
		FCF 城（堡）	4	2
		FCG 摩崖字画	7	3
		FCH 碑碣（林）	11	8
		FCI 广场	6	5
		FCK 建筑小品	21	8
	FD 居住地与社区	FDA 传统与乡土建筑	22	18
		FDB 特色街巷	1	1
		FDC 特色社区	9	8
		FDD 名人故居与历史纪念建筑	3	3
		FDG 特色店铺	1	0
	FE 归葬地	FEB 墓（群）	9	8
	FF 交通建筑	FFA 桥	12	7
		FFE 栈道	5	0
	FG 水工建筑	FGA 水库观光游憩区段	25	18
		FGB 水井	17	16
		FGC 运河与渠道段落	1	0
		FGF 提水设施	1	0
合　计			250	166

（七）旅游商品资源

贵安新区地文景观类旅游资源单体共 9 处，新发现 7 处，涉及 1 个亚类 3 个基本类型（见表 1-11）。主要有地方农林畜产品、传统手工艺品、美术品等，如麻郎红米、掌克古茶、高峰地戏脸谱制作、白岩根雕、高峰布依族马尾刺绣等。另外菜品饮食方面，高峰镇王家院村红豆杉养生园推出的贵州独一无二的特色美食"菊花宴"。将区内该类品质较高资源单体（编号、初评等级、内容等）列述如表 1-11 所示。

表 1-11　贵安新区旅游商品类分类

主　类	亚　类	基本类型	普查数	新发现数
G 旅游产品资源	GA 地方旅游商品资源	GAA 菜品饮食	1	1
		GAB 农林畜产品与制品	1	1
		GAE 传统手工产品与工艺品	7	5
合　计			9	7

（八）人文活动

贵安新区人文活动类资源单体共 22 处，新发现 13 处，涉及 4 个亚类 10 个基本类型（见表 1-12）。

区内少数民族以苗族、布依族、仡佬族为主。人文活动主要有民博会、乡村旅游文化节、民族跳场（跳花、跳月、跳年、跳地戏等）活动、民族节庆、民间演艺和民族服饰等。旅游文化节有贵安民博会、马场镇村旅游文化节等大型活动，民族节庆如仡佬族吃新节，地戏如毛昌堡地戏、当阳地戏、中一地戏等。区内该类品质较高资源单体情况（编号、初评等级、内容等）如表 1-12 所示。

表 1-12　贵安新区人文活动类分类

主　类	亚　类	基本类型	普查数	新发现数
H 人文活动	HA 人事记录	HAA 人物	1	1
		HAB 事件	1	1

续表

主 类	亚 类	基本类型	普查数	新发现数
	HB 艺术	HBB 文学艺术作品	1	1
H 人文活动	HC 民间习俗	HCA 地方风俗与民间礼仪	2	1
		HCB 民间节庆	3	2
		HCC 民间演艺	8	6
		HCH 特色服饰	3	1
	HD 现代节庆	HDA 旅游节	1	0
		HDB 文化节	1	0
		HDC 商贸农事节	1	0
合 计			22	13

（九）乡村资源

贵安新区地文景观类资源单体共 109 处，新发现 73 处，涉及 2 个亚类 10 个基本类型（见表 1–13）。

贵安新区有着 600 多年古老的村落历史和近 2 年新农村建设，村寨村貌整洁，环境优美，涌现了一批具有乡村价值的村落。全区均有分布，主要集中于马场平寨村、新院村；湖潮车田村、平寨村；高峰麻郎村、岩孔村。在这些乡村旅游资源中，以特色村寨、乡村建筑设施与乡村聚落类居多。其中"北斗七寨""万水千山瑞士小镇"逐渐成为新区极具价值的乡村旅游点。区内该类品质较高资源单体情况（编号、初评等级、内容等）如表 1–13 所示。

表 1–13　贵安新区乡村资源类分类

主 类	亚 类	基本类型	普查数	新发现数
I 乡村资源	IA 乡村自然旅游资源	IAA 乡村旅游环境与地文景观	41	30
		IAB 乡村水域风光	23	17
		IAC 乡村生物风光	7	6

主　类	亚　类	基本类型	普查数	新发现数
I 乡村资源	IB 乡村人文旅游资源	IBA 乡村历史遗址与遗迹	4	2
		IBB 乡村建筑设施与乡村聚落文化	12	10
		IBC 乡村旅游商品	2	2
		IBD 乡村人文活动与民俗活动	3	0
		IBE 特色小城镇	3	0
		IBF 特色生态农业园区	10	3
		IBG 特色村寨	4	3
合　计			109	73

（十）红色资源

贵安新区红色资源单体共 4 处，新发现 3 处，涉及 3 个亚类 3 个基本类型。在贵安这片红色的土地上，有分布在高峰镇平坝农场的 20 世纪六七十年代农业生产时的各类标语、高峰镇李尚均烈士墓、毛昌村解放军（26 名）遇难处、马场烈士陵园及贵安板房时代精神发源地等。将区内该类品质较高资源单体情况（编号、初评等级、内容等）如表 1-14 所示。

表 1-14　贵安新区红色资源类分类

主　类	亚　类	基本类型	普查数	新发现数
J 红色资源	JA 革命旧址、遗迹遗址	JAE 代表性布告、标语、口号遗迹点	1	1
	JB 革命纪念设施	JBC 烈士陵园、烈士墓、烈士亭	2	2
	JC 时代精神纪念地和场所	JCC 时代精神发源地	1	0
合　计			4	3

（十一）山地体育资源

贵安新区山地体育类资源单体共 5 处，新发现 1 处，涉及 1 个亚类 4 个基本类型（见表 1–15）。

近年来贵安新区交通设施发展迅速，在城市主干道两侧均建设有自行车道。区内山地体育旅游有马场镇场边山体公园、高峰镇王家院露天游泳池、高峰茶场垂钓基地、云漫湖自行车道等。区内该类品质较高资源单体情况（编号、初评等级、内容等）如表 1–15 所示。

表 1–15　贵安新区山地体育资源类分类

主　类	亚　类	基本类型	普查数	新发现数
K 山地体育资源	KA 基地	KAA 山地户外运动基地	1	0
		KAB 生态体育公园	1	1
		KAC 水上运动基地	1	0
		KAE 民族民间体育基地	2	0
合　计			5	1

（十二）康体养生资源

贵安新区康体养生类资源单体共 9 处，新发现 0 处，涉及 1 个亚类 2 个基本类型。区内康体养生资源主要分布在湖潮乡的沿湖生态公园和开元酒店。区内该类品质较高资源单体情况（编号、初评等级、内容等）如表 1–16 所示。

表 1–16　贵安新区康体养生资源类分类

主　类	亚　类	基本类型	普查数	新发现数
L 康体养生资源	LA 养生地	LAA 自然生态养生地	4	0
		LAB 特殊资源养生地	5	0
合　计			9	0

三 自然人文资源评价

（一）自然人文资源总体情况

本次资源大普查工作，对 470 平方公里管理范围内 4 个乡镇，91 行政村（社区、居委会），另外包括羊艾农场 1 个，华山松良种场 1 个，夜郎谷 1 个，大学城 8 所高校，共计 102 个普查单元，共计 360 余个村寨的资源，进行了以村为普查单元不漏资源的拉网、地毯式普查。共计普查资源单体 822 处，点密度约为 1.8 处 / 平方公里。其中新发现各类资源 615 处，占普查资源总数的 74.8%；独立型单体 795 处，占普查资源总数的 96.4%；未开发 642 处，占普查资源总数的 78.1%。本次普查 4 个乡镇整体以村（社区）为单位进行，各村各寨均已到位，保证村村有资源单体点。图 1-2 中，资源单体数（处）以马场镇为最多（358 处），旅游资源单体数除与各乡镇行政面积有直接关系外，还与新区大力发展乡村旅游有关。

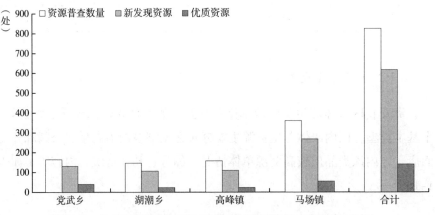

图 1-2 各乡镇旅游资源普查数量、新发现资源、优质资源对比

经区级初评，贵安新区入级资源共 637 处，未获级 185 处，入级率 77.5%。各等级资源单体数及占比如图 1-3、图 1-4 所示。优质资源（初评三级以上单体资源）共计 137 处。

在已初评资源当中，一级资源数量为 276 个，占入级资源总量的

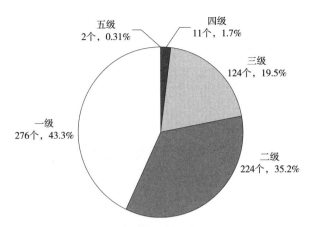

图1-3 贵安新区资源单体等级结构

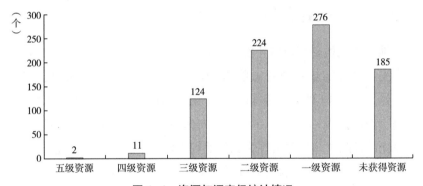

图1-4 资源初评定级统计情况

43.3%；二级资源数量为224个，占入级资源总量的35.2%；三级资源数量为124个，占入级资源总量的19.5%；四级资源数量为11个，占入级资源总量的1.7%；五级资源数量为2个，占入级资源总量的0.31%。入级旅游资源数量从五级至一级逐级增加，如图1-4所示。

就新发现资源而言，本次共计发现各类资源单体615个，获得初评的有455个，占入级资源总量的71.4%，其中一级资源数量为211个，占初评的46.4%；二级资源数量为155个，占初评的34.1%；三级资源数量为84个，占初评的18.5%；四级资源数量为4个，占初评的0.9%；五级资源数量为1个，占初评的0.2%（见图1-5）。

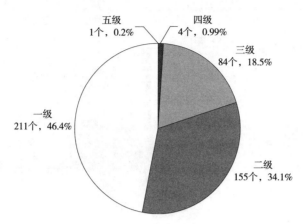

图 1-5 贵安新区新发现资源单体等级结构

（二）评价项目说明

1. 地文景观类资源单体评价

贵安新区地文景观类资源单体 147 处，入级资源单体 107 处，其中，四级 1 处，三级 14 处，二级 44 处，一级 48 处。主要分布于直管区西部、南西侧、南侧以及南东侧（高峰山、大偏山、斗篷山等）。贵安新区地文景观类优质资源单体主要表现为峰丛地貌（高峰山山地风光、九峰山峰丛、财大斗篷山）、岩石洞与岩穴（翁岗大观洞、老胖村金钟洞、栗木仙人洞）、峡谷段落（翁岗大观洞峡谷、翁岗河峡谷）、奇特与象形山石（元方蘑菇石、滥坝石棺材）等，均具有较高的开发潜力。

2. 水域风光类资源单体评价

贵安新区水域风光类资源单体 100 处，入级资源单体 69 处，其中，四级 2 处，三级 5 处，二级 27 处，一级 35 处。主要分布于直管区全域，特别是沿区内较大型河流（麻线河、马场河、羊昌河、车田河、翁岗河等）、较大型水库（北斗湖、凯掌水库、松柏山水库等）以及红枫湖水域、湖畔等。贵安新区水域风光类优质资源单体主要表现为观光游憩河段（麻线河流域、羊昌河）、人工湖泊和水库（红枫湖、月亮湖、车田湖、天鹅湖、松柏山水库）、地热井（东吹地热井）、潭池（马场岩脚龙潭、兰安大龙潭、滥坝大龙潭）等，均具有较高的开发潜力。

3. 生物景观类资源单体评价

贵安新区生物景观类资源单体 133 处，入级资源单体 92 处，其中，五级 1 处，四级 1 处，三级 11 处，二级 25 处，一级 54 处。主要分布于直管区全域，80% 以上自然村均有古树分布。贵安新区生物景观类优质资源单体主要表现为林地（万亩樱花园、国家华山松良种场、羊艾农场千亩茶园、掌克万株古茶树）、独树（党武皂荚古树、摆榜千年古银杏树、元方千年古银杏树、三台皂荚古树、四村杜鹃花）、丛树（果落村古树群、平坝农场香樟树）、花卉地（贵安尚菊、高峰花海、平寨荷花）等，具较高观赏、开发价值和潜力。

4. 天象与气候景观类资源单体评价

贵安新区天象与气候景观类资源单体 1 处，初评为三级资源单体。据气象数据采集基站 1981~2010 年的气候（气温、降水量、日照时数）标准值 1~12 月数据统计结果，四季分明，雨量丰沛，空气湿润，春迟、夏短、秋早、冬长，夏无酷暑，冬无严寒，具有明显的山地气候特征，亦为避暑极佳去处。

5. 遗址与遗迹类资源单体评价

贵安新区遗址与遗迹类资源单体 33 处，入级资源单体 25 处，其中，四级 1 处，三级 5 处，二级 6 处，一级 13 处。主要分布于直管区南西侧、南部、南东侧、东部。贵安新区遗址与遗迹类优质旅游资源单体主要表现为古人类活动遗址（高峰招果洞古人类活动遗址、马场牛坡洞古人类活动遗址）、古战场遗址（屯堡）（党武摆头山古营盘、湖潮车田古营盘、高峰岩孔古营盘）等新发现资源均具较高开发潜力。

6. 建筑与设施类资源单体评价

贵安新区建筑与设施类资源单体 250 处，入级资源单体 212 处，其中，五级 1 处，四级 2 处，三级 62 处，二级 76 处，一级 71 处。主要分布于普查区全域，主要为寺庙、数据产业园、"三线文化"建设基地、大学城高校建筑、夜郎谷石头群建筑、新区各类古墓墓地以及石板房建筑等。建筑与设施类为新区最多资源类型，亦为新区特色资源，与新区近几年快速建设和发展的关系密不可分。贵安新区建筑与设施类优质旅游资源单体主要表现为寺庙（佛教寺庙万华禅院、白马寺、香积寺以及道观二郎神观），数据产业园［信息产业孵化园、综合保税区、富士康、软件产业园、装备制造产业园、三大通信（电信、移动、联通）云数据中心、VR 小镇］，"三线文化"建设基地（5708 厂、170 厂、高峰机械厂以及平坝农场、羊艾农场、中八农场），古墓墓地（王家院龚家坟墓碑、芦官大清中宪大夫马公墓、马母刘一品太夫人墓），石板建筑群（车田二十四合院、当阳古石板建筑群、摆榜石板寨、平阳石板建筑群、麻郎石头寨、高峰湖坝坎石板建筑群），科教实验场所（贵医文化展馆、财大票据馆、财大博物馆、轻工创客联盟基地）等资源均具有较高开发潜力和观赏价值。

7. 旅游产品类资源单体评价

贵安新区旅游产品类资源单体 9 处，入级资源单体 8 处，其中，三级 1 处，二级 5 处，一级 2 处。主要为地方农林畜产品、传统手工艺品、工艺品等，如麻郎红米、掌克古茶、高峰地戏脸谱制作、白岩根雕技艺、高峰布依族马尾刺绣等。另外菜品饮食方面，在高峰镇王家院村红豆杉养生园中普查出特色美食"菊花宴"。

8. 人文活动类资源单体评价

贵安新区人文活动类资源单体 22 处，入级资源单体 21 处，其中，四级 1 处，三级 7 处，二级 4 处，一级 9 处。全区苗族、布依族均有分布，仡佬族集于高峰大狗场村、马场嘉禾村长陇寨。主要有旅游文化节、民族跳场（跳花、跳月、跳年、跳地戏等）活动、民族节庆、民间演艺和民族服饰等。旅游文化节有贵安民博会、马场镇村旅游节等大型活动，民族节庆如仡佬族吃新节，地戏如毛昌堡地戏、当阳地戏、中一地戏等。

9. 乡村资源类资源单体评价

贵安新区乡村资源类资源单体 109 处，入级资源单体 84 处，其中，四级 3 处，三级 14 处，二级 28 处，一级 39 处。全区均有分布，主要集中于马场平寨村、新院村，湖潮车田村、平寨村；高峰麻郎村、岩孔村。在这些乡村资源中，以特色村寨、乡村建筑设施与乡村聚落类居多。其中"北斗七寨""万水千山瑞士小镇"逐渐成为新区极具价值的乡村旅游点。

10. 红色资源类资源单体评价

贵安新区红色资源类资源单体 4 处，入级资源单体 4 处，其中，三级 2 处，一级 2 处，如分布于高峰镇平坝农场的 20 世纪六七十年代农业生产时的各类标语，高峰镇李尚均烈士墓、毛昌村革命烈士墓、马场镇新院村中共地下党员郑成诗旧居、贵安板房时代精神发源地（JCC）。

11. 山地体育资源类资源单体评价

贵安新区山地体育资源类资源单体5处，入级资源单体5处，其中，三级2处，二级1处，一级2处，如马场镇场边山体公园、高峰镇王家院露天游泳池、高峰茶场垂钓基地、云漫湖自行车道、贵安装备制造产业园等。

12. 康体养生资源类资源单体评价

贵安新区康体养生资源类资源单体9处，入级资源单体9处，其中，二级8处，一级1处。主要分布于两大星级酒店——北斗湾开元酒店、贵州群升豪生大酒店中，如游泳馆、康体中心、健身步道等。高峰镇王家院村红豆杉养生园，另外马场平寨荷花池健身步道、大学城中医学院橘井泉香、伏羲健身广场等为不错的养生地。

（三）自然人文资源特征

1. 宗教、历史与科学文化资源、大数据产业园资源类型的独特性

直管区资源富集、特色鲜明、优势突出，是贵州自然、科学文化、大数据产业资源最为集中、最具特色、价值最高的地区之一，如佛地灵山——高峰山万华禅院，是贵州佛教发源地，是明朝建文帝曾经的落脚地，是很好的佛教文化资源、历史文化资源；如大学城，全省唯一的以多所高校组成的单元，为典型的科教文化旅游资源集中区；如黔中大道周边"贵安软件产业园"、电子信息产业孵化园、综合保税区、三大通信云数据中心等，配备了先进的科学技术及设备，也逐渐成为典型的大数据产业资源集中区。

2. 屯堡文化——历史的活化石

直管区有600年历史的屯堡文化，时至今日依然恪守着其世代传承的明朝文化和生活习俗，历经600年的沧桑，直管区形成了今天独具特色的"屯堡文化"，营盘（屯堡）资源如党武摆头山营盘（新区规模最大）、茅草营盘，马场新寨营盘，湖潮车田营盘，高峰镇岩孔营盘等，其历史街区、建筑（如平阳石板建筑群、当阳石寨、车田石寨）、地戏（如毛昌堡地戏、当阳地戏、中一地戏）、灌溉设施（车田农灌站）等是探索贵州区

域历史文脉、研究中华民族历史的鲜活材料，是体验历史生活、文化的生动场所。

3. 山水田园，湿地山川

直管区拥有高峰山著名风景区带。此外，环高峰山及其外围分布有羊昌河、麻线河、马场河、车田河等主要河流，有松柏山水库、克酬水库（北斗湖）、汪官水库、小羊艾水库等大型水库。特别是高峰山山地风光、高峰麻线河流域风光、松柏山水库风光、松林红枫湖水域风光、车田湖、北斗湖作为新区重要旅游资源。

另外，上述水域同时还串联起平寨湿地、湖潮湿地、车田河、月亮湖公园、红枫湖风景名胜区等景区景点，被誉为贵州"最佳樱花观赏区"的平坝农场万亩樱花园就位于红枫湖上游地带，正成为打造国际休闲旅游的一张新名片，这些地带亦是生物景观和生态旅游资源的分布区域。

4. 美丽乡村——特色民族村寨

直管区依托马场镇平寨村、党武乡龙井村、马场普贡村王帮寨、湖潮乡车田村、湖潮乡平寨村、马场镇枫林村、马场镇凯掌村、马场镇新院村、马场镇平阳村、高峰镇岩孔村、高峰镇王家院村、高峰镇狗场村（纯仡佬族村寨）等以苗族、布依族为主的民族村寨，有独特的语言（布依族、苗族、仡佬族）、服饰、习俗。形成以展现屯堡文化、宗教文化、少数民族风情配以山水田园风光等多元文化融合发展的美丽乡村建设格局，如正在打造和建设的北斗湾贵州六月六风情街、北斗七寨、车田村与龙山湖乡村景区等。

5. 洞穴遗址——史前人类文明

直管区洞穴资源普查数达 60 余处，涉及正处于挖掘和发现的古人类遗址有 2 处，分别为马场镇平寨龟山牛坡洞古人类遗址（2015 年初开始挖掘），高峰镇招果洞古人类遗址（2016 年 4 月开始挖掘）。古人类遗址的发掘为研究贵州史前人类的体质和生存模式提供重要线索，将为建立贵州盆地史前文化序列起到标尺性作用，本次普查使其成为新区重要的科普性旅游资源。马场镇平寨龟山牛坡洞古人类遗址，包括 A、B、C 三个洞穴，位于马场镇平寨村龟山组牛坡洞一带，为一处距今约一万三千年的史前新石器时代早期古人类洞穴遗址。高峰镇岩孔招果洞古人类遗址，扰坑剖面

采捡到石制品有石核、砍砸器、刮削器，多为燧石，也有石灰岩、水晶等
其他石材，石制品石质坚硬，直到现在石器仍较锋利，古人类在距今 3 万
年左右，便开始在洞穴中繁衍生息，在洞穴中居住的历史至少可以一直
延续到距今四五千年，考古成果中引人注目的是在 42 层取得的测年样本，
经 C14 年代测定，该层年代距今 1.7 万年（剖面初步有 71 层，大于 6 米）。

6. 资源更新快、发展快（亦称为"贵安速度"）

贵安新区作为第八个国家级新区，根据其打造"国家全域旅游示范区
和国际休闲度假旅游区"与全域旅游集散中心的定位，其直管区旅游功能
不断完善，规划区围绕吃、住、行、游、购、娱"六要素"，利用山体坡
地和水域资源打造与建设各类新景观景区。比如利用类似瑞士山水风光的
高峰山麓，按 5A 级标准打造的以生态、环保为理念，以自然景观和瑞士
风情为特色，彰显欧洲风情的云漫湖国际休闲旅游度假区——"瑞士小镇"；
利用坡地和山间盆地打造贵澳农业科技产业园和高峰花海景区；利用龙山
湖和周边乡村打造乡村旅游景区及贵州六月六风情街等；利用新区区位优
势打造大数据旅游、国际民博会等旅游文化节等。相关基础设施建设资金
投入不断加大，旅游配套和各项服务功能不断完善，旅游业整体呈现出欣
欣向荣之态势。

第二部分 **环境篇：**
低冲击开发理念

习近平总书记在视察贵安新区时强调："新区的规划和建设，一定要高端化、绿色化、集约化，不能降格以求。项目要科学论证，经得起历史检验。"国务院批复函提出把贵安新区建设成为经济繁荣、社会文明、环境优美的西部地区重要经济增长极，内陆开放型经济新高地和生态文明示范区。贵安新区设立是国家为了深入实施西部大开发战略、探索欠发达地区后发赶超经验示范、加快推进体制机制创新、发展内陆开放型经济的重要举措。对推动贵州经济社会又好又快发展具有重要战略意义。

低冲击开发理念从城市雨洪管理领域延伸到城市规划的各个领域。贵安新区坚持低冲击开发理念，采用低冲击开发模式，向尊重自然规律、重构自适应系统回归，对环境更低冲击的方式进行规划、建设和管理，在发展城市一开始就兼顾生态效益，将生态要素提升至决定性地位。根据不完全资料统计，贵安新区低冲击开发减少暴雨径流的80%，并延迟径流峰值30分钟，从而减轻市政排水管网的压力。

生态文明建设是国家赋予贵安新区的国家使命，加上贵安新区93%范围为生态涵养区，72%为红枫湖汇水区，自然禀赋条件较好，但同时生态环境相对较敏感和脆弱，坚持发展和生态两条底线尤为迫切，在一张"白纸"上描绘好生态文明的蓝图就是生态文明建设的顶层设计，做好环境质量建设首先要进行科学的生态文明建设总体设计，本部分主要解读贵安新区城市环境总体规划，并且作为全国城市环境总体规划的样板。

环境保护要靠自觉自为

（二〇〇三年八月八日）

像所有的认知过程一样，人们对环境保护和生态建设的认识，也有一个由表及里、由浅入深、由自然自发到自觉自为的过程。

"只要金山银山，不管绿水青山"，只要经济，只重发展，不考虑环境，不考虑长远，"吃了祖宗饭，断了子孙路"而不自知，这是认识的第一阶段；虽然意识到环境的重要性，但只考虑自己的小环境、小家园而不顾他人，以邻为壑，有的甚至将自己的经济利益建立在对他人环境的损害上，这是认识的第二阶段；真正认识到生态问题无边界，认识到人类只有一个地球，地球是我们的共同家园，保护环境是全人类的共同责任，生态建设成为自觉行动，这是认识的第三阶段。

自觉同自发相比，是一种积极的状态。对于一个社会来说，任何目标的实现，任何规则的遵守，既需要外在的约束，也需要内在的自觉。因此，建设生态省、打造"绿色浙江"，必须建立在广大群众普遍认同和自觉自为的基础之上，各地各有关部门要加大宣传教育力度，提升群众的环保意识，使其缩短从自发到自为的过程，主动担当起应尽的责任，齐心协力走可持续发展之路。

大力发展高效生态农业

（二〇〇五年一月十七日）

加快建设现代农业，转变农业增长方式，全面提高农业综合生产能力，是当前十分重要而紧迫的任务。

从我省农业资源紧缺和发挥比较优势的实际出发，提高农业综合生产能力、建设现代农业的主攻方向是：以绿色消费需求为导向，以农业工业化和经济生态化理念为指导，以提高农业市场竞争力和可持续发展能力为核心，深入推进农业结构的战略性调整，大力发展高效生态农业。高效生态农业是对效益农业的进一步提升，是增加农民收入的重要途径，也是充分发挥我省比较优势，加快农业现代化建设的必然要求。高效生态农业是集约化经营与生态化生产有机耦合的现代农业。它以绿色消费需求为导向，以提高农业市场竞争力和可持续发展能力为核心，兼有高投入、高产出、高效益与可持续发展的双重特征，它既区别于高投入、高产出、高劳动生产率的石油农业，也区别于偏重维护自然生态平衡和放弃高投入、高产出目标的自然生态农业，符合浙江资源禀赋实际，也符合现代农业的发展趋势。所谓高效，就是要体现发展农业能够使农民致富的要求；所谓生态，就是要体现农业既能提供绿色安全农产品又可持续发展的要求。

转变经济增长方式的辩证法

（二〇〇五年十一月二十三日）

转变经济增长方式，从"九五"时期就已经提出。多年来的实践证明，转变经济增长方式，是解决经济运行中一系列难题的关键，是一个复杂的系统工程，一项长期的战略任务。要真正实现转变经济增长方式的目标，关键是要认识和处理好转变经济增长方式与实现经济增长速度的辩证关系。从长期和根本上看，保持经济平稳较快增长与推进经济增长方式转变具有高度的内在统一性。保持经济平稳较快增长，可以积累更多的物质财富和技术资源，缓解经济社会发展中的矛盾和问题，提供较为宽松的社会环境，为转变经济增长方式创造较好的条件和回旋余地。转变经济增长方式，走节约发展、清洁发展、安全发展、可持续发展的道路，可以大幅度降低单位产出的资源消耗和污染排放，提高经济增长的质量和效益，推动经济运行进入良性循环，从而长期保持经济平稳较快增长。同时，转变经济增长方式有一个从量变到质变的过程，可能会有一个阵痛期，经济增长方式转变还会对经济增长速度带来一定影响。在这个过程中，会在存量和增量两方面影响短期经济增长。存量方面，由于要增加社会和企业在治理环境污染方面的成本，增加企业提高劳动力工资和研发投入带来的成本，会使企业短期效益下降，甚至有一些企业和产业可能因无法消化这些成本而造成经营困难。增量方面，由于更加严格地控制土地供给，更加严格地限制高能耗行业和禁止高污染行业的发展，可能影响一个地方的投资规模，进而影响到当地的即期经济增长。对此，我们应有充分的思想准备，在制定有关政策、确定有关举措时把握好度，掌握好平衡点，既要防止经济出现大的波动，更要坚定不移地推进经济增长方式转变，真正在"腾笼换鸟"中实现"凤凰涅槃"。

——摘自《之江新语》

第二章

贵安城市环境总体规划

依托《贵安城市环境总体规划（2013—2030 年）》（以下简称《总体规划》），贵安城市环境总体规划从资源环境保护与约束的角度对城市经济社会发展规划、城市总体规划、土地利用规划提出限制性要求，并划定城市生产、生态、生活三大空间，提出城市环境风险空间分区管控方案，优化城市发展的空间布局。坚持低冲击开发理念，参照《关于划定并严守生态保护红线的若干意见》（2017 年）中的相关要求，总体规划中所指的生态空间包括自然生态空间和人工生态空间，自然生态空间包括生态红线区及其他具有自然属性、以提供生态服务或生态产品为主体功能的国土空间，人工生态空间包括绿色基本农田、河湖生态截污带以及污染控制关键源区等，其中绿色基本农田是指开展有机农业生产且具有生态服务功能的国土空间；河湖生态截污带是指为了保障河流、湖库水质，沿河湖岸线一定距离所划定的开展缓冲截污带建设的国土空间；污染控制关键源区是指对流域整体污染物贡献比例达到 70%~80% 的污染物流失、传输的关键区域，需要开展人工生态修复的国土空间。生态空间所包括的土地利用类型主要有森林、草地、城市绿地、湿地、河流、湖泊、滩涂、荒地等。生产空间是指开展工业生产、基本农业种植以及道路交通等活动的国土空间，包括工矿用地、道路交通用地以及基本农田等；生活空间是指为人类提供生态宜居的生活居住场所的国土空间，包括现有的城市建成区、农村居民点以及适宜建设区等。生态空间生产空间、生活空间三者在空间上并不是完全独立的，而是存在相互联系、相辅相成的复合空间结构。

第一节　基本概况分析

《总体规划》是指导贵安新区开展环境保护和生态建设的基础性、先导性、前瞻性、战略性的工作。其定位为环境参与综合决策的基础性规划、环境参与"多规融合"的空间性规划、实施环境系统管理的综合性规划和指导城市环境治理的战略性规划。

为了推进"十三五"期间贵安新区环境保护事业发展，提升生态文明水平，贵安新区探索城市环境总体规划编制思路。以新区生态环境保护为前提，以环境资源承载力为基础，注重新区自然环境、资源条件特色，以保障行政区域环境安全、维护生态系统健康为根本，通过统筹城市经济社会发展目标，合理开发利用土地资源，优化城市经济社会发展空间布局，划定生态、生产、生活三大空间，发挥先导优化作用，着力探索环保融入新区发展三大定位的方法和途径，是新区探索新型城镇化发展、建设生态宜居城市的重要基础。

《总体规划》以党的十八大，十八届三中、四中、五中、六中全会，十九大有关生态文明建设要求为指导，重点依据国家及地方相关法律法规、上位规划、新区相关规划、基于国家有关规划编制的技术导则和环境标准等要求进行编制。凡是不注日期的引用文件，其有效版本适用于本指南。

规划基准年为 2013 年，规划目标年为 2020 年，中期展望到 2030 年。规划范围为新区实际控制面积 1900 平方公里（国务院批复面积为 1795 平方公里），涉及贵阳、安顺两市所辖花溪区、清镇市、平坝区、西秀区的 21 个乡镇。其中，直管区位于新区东部，面积 470 平方公里。

第二节　生态基础形势

一　自然资源禀赋

贵安新区整体生态环境较为脆弱。属于喀斯特低丘缓坡地貌，地势西高东低，总体较为平缓。新区平均海拔在 960~1682 米。区内丘陵、山地大部分属于石漠化敏感地区，生态系统较为脆弱。新区属于典型的高原型湿润亚热带季风气候，年均降雨量1271.95毫米，自西向东递减。全年东北风与西南风交替出现，全年最多风向为东北风，多年平均风速2.5米/秒（二级），空气流动性较弱。静风、逆温天气出现频率较多，总体气象条件不利于大气污染物扩散。

贵安新区属长江流域乌江水系（占规划行政区域面积的99.0%），南部与珠江流域相毗连，邻水资源丰富，境内主要有红枫湖、阿哈水库、百花湖、花溪水库、松柏山水库及其他小型汇水区域。地表河流有马场河、麻线河、羊昌河、乐平河、青岩河等，流域总面积占新区总面积的80%，一般5~9月总径流量占全年总径流量的70%以上。区域内地表河网密度小，大气降水或地表水沿喀斯特裂隙、漏斗、落水洞等迅速渗入地下而成为地下水，较难形成集中的坡地汇流，且开采利用难度大。多年平均水资源总量为11.16亿~9.68亿立方米（地表水与地下水之间的重复计算量等于地下水资源量）。人均多年平均水资源量为1322.31立方米/年，为中国平均水平的63.0%，世界平均水平的17.6%。

新区目前能源统计基础整体上较为薄弱，从地区结构来看，隶属于贵阳市的清镇市、花溪区基础相对较好，但底数也不甚明朗；从消费部门来看，工业部门能源消费基础较好，生活源和移动源的能源消费数据缺失。目前，贵安新区84家规模以上工业能源消费总量为252.35万吨标准煤，其中煤炭消费量为166.7万吨标准煤，约占66%，电力消费量为66.2万吨标准煤，约占26%，天然气、燃料油及其他燃料约占8%。

二　城市生态环境基础分析

贵安新区位于长江流域和珠江流域的上游地带，属国家重要生态安全区和"两江"中上游重要生态屏障，是长江经济带和珠江经济带最重要的水源涵养区和生态保护区，也是贵州中部重要的"水源涵养－生物多样性保护－土壤保持生态功能区"，生态区位十分重要。可从顶层设计方面对新区的城市环境空间格局进行优化配置，在未来有望率先成为与发达国家同等经济水平、同等环境质量的区域。贵安新区作为国务院批复的国家级新区，近年来在环境保护工作上率先垂范、创新治理，取得积极进展，资源能源消耗强度不断降低，主要污染物排放总量持续下降，空气质量保持稳定达标，红枫湖主要干支流等水质良好。

贵安新区境内植被繁茂，美景遍布。据测算，自然风景区面积占新区总面积的 24%，规划区林草覆盖率达 33.69%。主要植被类型为高原湿润性常绿阔叶林带，属黔中石灰岩山原常绿栎林、落叶林混交林与马尾松林地区。在各地荒山、合谷斜坡等地带，有次生灌丛和灌草丛植被分布。自 2000 年以来，贵安新区范围内自然植被中森林和灌木丛均呈增加趋势，灌草丛呈减少趋势；人工植被中经济果林呈增加趋势，农田植被呈减少趋势；总体植被、自然植被和人工植被的覆盖面积均呈下降趋势。

贵安新区现有耕地面积 917.13 平方公里，耕地面积占全区行政区域面积的 48.73%，其中旱地占 58.18%。人均耕地为 1.63~1.38 亩，远高于国际 0.8 亩/人的粮食安全警戒线。虽然贵安新区耕地面积仅占贵州全省耕地面积的 1.9%，却是贵州全省万亩大坝的集中区（占全省的 1/4），包括全省 47 个万亩大坝（基本农田保护区）中的 7 个，其中 1 个为万亩农业部科技实验田，总面积约 230 平方公里，主要分布在新区南部地区，水源丰富、土质肥沃；另外还包括 3 个国有农场。根据《贵州省贵安新区土地利用总体规划（2013~2020 年）》，贵安新区基本农田保护规划面积约 510.36 平方公里。

新区现有生态红线范围内的面积约 452 平方公里，占土地总面积的 23.8%。生态红线范围主要包括：中部红枫湖水源地一、二级保护区，河湖滨岸风景名胜区以及高峰山景区核心区，东部阿哈水库、花溪水库、松柏山水库的一、二级保护区，以及天河潭景区、平坝西部天台山景区、九溪河景区、云峰寨景区、九龙山国家森林公园等，金银山－大云坡一线的斯拉河景区及乐平河北部的山体。

三　城市化背景下环境保护面临的压力与形势

未来 10 年贵安新区的社会经济将保持中高速增长，特别是城镇化率稳步提高，经济和人口总量继续增长，生态空间占用、资源能源消耗和污染物排放增长的压力长期存在。城市建设与生态敏感用地保护矛盾突出，环境资源超载，大气区域性、复合型污染尚未有效缓解，城市水体污染面临较高的风险，高风险企业数量多、类型复杂等。

（一）生态环境质量本底好，城市化背景下环境压力明显增大

贵安新区 2013~2015 年大气环境质量总体保持良好。124 个监测站点的污染物日均值平均浓度统计结果表明，其中 15 个站点细颗粒物超标，占站点总数的 12.1%；其次分别为可吸入颗粒物、二氧化硫、总悬浮颗粒物，涉及站点分别为 7 个、5 个、2 个，占总站点数的 5.6%、4.0%、1.6%。夏季空气质量明显好于冬季，夏季 92 个监测点均满足国家相关标准。新区空气质量处于全国前列，直管区内环境空气质量长期满足空气质量Ⅰ、Ⅱ类功能要求。2014 年，在省直管区地区生产总值同比增长 45.4% 的情况下，地区空气质量基本优良。由于贵安新区位于贵阳主城区盛行风的下风向，过境河流和中心城市的上游地区，环境容量约束性强。在地形和气候的相互作用下，新区大气流动性较弱，静风、逆温天气出现频率较多，如遇不利气象条件，冬季采暖期局部地区，细颗粒物、可吸入颗粒物、二氧化硫、总悬浮颗粒物、一氧化碳均有不同程度的污染。其中一类环境空气功能区内，细颗粒物、可吸入颗粒物、二氧化硫、总悬浮颗粒物 4 种污染物的样本日均值浓度超标率分别为 75.51%、75.51%、40.82%、34.69%；冬季二类环境空气功能区内，细颗粒物、可吸入颗粒物超标率分别为 33.71% 和 10.29%。

贵安新区 2013~2015 年地表水环境质量基本达标，但存在一定的污染风险，污染项目为 COD、氨氮、TP、粪大肠菌群四项。其中，夏季主要超标指标为 TN、粪大肠杆菌和氨氮，TP 和 COD 超标不严重；冬季主要超标指标为 TN 和 TP，氨氮、COD 和粪大肠菌群超标不严重。根据监测样本值统计，TN 在夏季超标严重程度远超过冬季，如最大超标倍数，夏季和冬季分别为 11.5 和 9；样本超标比例，夏季和冬季分别为 94% 和 71.8%。新区主要河流，如麻线河、马场河、甘河、车田河、冷饭河监测断面 COD、氨氮等基础指标基本达到《地表水环境质量标准》Ⅲ类水平，松柏山水库饮用水源水质稳定，达到Ⅱ类水环境质量标准。新区现有各类生态用地面积占新区总面积的 38.1%，其中林草覆盖率 33.69%，均已超过国家生态市、

县创建和环保模范城考核指标。

未来随着工业化、城市化加快推进，新区进入以较低污染基数为起点的高速发展阶段，环境风险压力明显增大。根据《贵安新区总体规划（2013~2030）》有关数据初步推算，到2020年，在总规要求的城乡建设用地总量基本不变的情况下，城镇建设用地将是2012年的3.2倍，城镇人口比例由21.6%增加到47.6%。城乡人口增加到110万~130万人，人口密度是2013年的1.3~1.5倍，达到613~724人/平方公里。在耕地面积基本保持稳定的情况下，畜禽养殖的数量将有所增加，以满足人口增长对农业生产发展的要求。预计到2020年化学需氧量、氨氮、总氮、总磷的产生量分别达到50039.58吨、7346.17吨、17367.69吨、2072.9吨，生活垃圾产生量达到363800吨（约为2013年的1.54倍）。

目前，新区大部分河流COD、氨氮、总磷均有容量，仅有冷饭河及甘河存在小幅度超标，所有河流总氮无容量，总体超标2.94倍。2020年发展情景下，化学需氧量和氨氮均有容量，但是总氮、总磷超标情况较为严重，主要超标河段为羊昌河、乐平河和花溪水库上游河流，且体现出了较为明显的面源污染特征。在未来COD、氨氮得到有效控制的情况下，总氮、总磷超标，氮磷比失衡将会是新区未来水环境富营养化的重要隐患。同时，因新区发展定位于低污染的高端制造业、发展生态农业，在对农业面源污染严格控制的情况下，未来污染防治压力将主要来自城镇人口增加带来的生活源和消费型环境问题。

（二）主要饮用水源地人口经济密度高，城市饮用水安全保障压力大

新区水源敏感区域面积大。全区近93%的区域位于贵阳市主要水源的上游，近72%的面积位于红枫湖汇水范围。新区境内一、二级水源保护区面积235.7平方公里（占12.52%），其中红枫湖是贵阳市最大的水源地。水环境高敏感区占到新区用地的一半以上。红枫湖与松柏山水库的一、二级水源保护区所在乡镇是贵安新区人口最稠密的地区，其平均人口密度接近或超过成都平原和华北平原南部。饮用水源保护区共有103个村镇，环境污染源66个（其中工业企业25家），畜禽粪便产生量332400吨，耕地

面积 262.7 平方公里（占新区耕地总面积的 28.6%）。目前，仅红枫湖保护区及一公里范围内有村寨 79 个、常住人口 110919 人，环境污染源 19 个（其中工业企业 12 家）。二级保护区内，重点风险源 2 家，处于人口高密度区内重点风险源 5 家。新区现在及未来饮用水环境质量安全保障压力大，短期难以缓解，水源地污染风险高，保护任务艰巨，人口迁移、农村产业转型成本高、阻力大。

受面源影响，新区夏季水质超标率高于冬季。在夏季，化学需氧量、氨氮、总磷（TP）、粪大肠菌群四个指标均有超标现象。其中，粪大肠菌群超标较为严重，最大超标倍数超过 1.4 倍，站点超标率、样本超标率和监测站点三日平均值超标率均为 66%。氨氮最大超标倍数为 1.80，样本超标率为 15.3%，农村居民健康受到威胁。新区入湖库河流的局部河段存在季节性水质超标问题，除红枫湖、松柏山水库以外，地表水体存在富营养化的风险。新区冬季径流量大为减少，至春耕和雨季到来之前，河流湖库水位下降明显，水环境容量大为减少，部分人口经济密度较大村镇的沟渠、小支流水质不达标，有富营养化现象和黑臭河段出现。

（三）城市化背景下农业活动对城市环境的影响有所下降，但不容忽视

在城市化发展过程中，随着城镇人口的增加和城镇规模的扩大，农业源的污染物产生量较基准年会有所下降，但是由于其污染排放基数较大，在短期内仍然是贵安新区城市环境质量的重要影响因素。

农村的种植、养殖业、旅游业是影响这些地区水环境质量最主要的污染源。由于贵安新区农村人口比例高达 77.84%，农业废水占新区废水量的 67.8%，农业源污染物分别占 COD、氨氮、总氮、总磷产生总量的 75.6%、75.9%、89.7%、91.8%，生活源的 COD、氨氮产生量列第二位，上述四项指标分别占 15.8%、20.8%、10.3%、8.2%。其中，农业源中 COD 和氨氮排放的 54.1% 和 71.4% 来自种植业，总氮和总磷排放的 89.68% 和 91.77% 来自农业源，是贵安新区水环境污染控制的关键污染源。贵安新区现状条件下水田和果园的化肥施用量约为 750 公斤/（公顷·年），旱地约为 500 公斤/（公顷·年），农家肥养分折纯后的施用量约为 783 公斤/（公顷·年），

超过国家级生态乡镇创建指标要求的化肥施用量的 2.5 倍（250 公斤／公顷·年）。由此可见，畜禽养殖数量大和农药化肥施用量高以及由此所导致的面源污染物流失，是导致新区水环境污染问题的主要因素。加之贵安新区乡镇和农村居住区规模小，点多面广，重点乡镇未修建污水处理设施导致生活源污水普遍直排入水体，农村和小乡镇随意排放的垃圾漂浮物是雨季影响新区饮用水安全的主要因素。

因此，农业和农村的废弃物，特别是生活垃圾、禽畜粪便污染治理、秸秆综合利用和农村饮用水安全保障应是贵安新区着力优先解决的问题，其中重点解决农村的种植、养殖业，其次是农村生活源的污染减排问题。

（四）城市环境风险源分散、种类多，环境安全风险防范不容乐观

新区环境监测预警网络尚未覆盖重点环境风险控制区域，部分规划产业和基础设施还存在一定环境风险。根据调查研究，新区环境类企业中涉及重点风险源的有 5 类，分别是炼焦业、建材业、化学原料及化学品制造业、医药制造业等，涉及重大危险源的企业有 7 家，一般危险源的企业有 6 家。其中饮用水源保护区内有重大污染源企业 1 家（贵州久联民爆器材发展股份有限公司），一般污染源企业 3 家。新区内有 2 家放射源使用单位，33 家射线装置使用单位（其中 28 家医院使用Ⅲ类射线装置、5 家企业使用Ⅱ类工业探伤机）。现有垃圾填埋场渗滤液污染地下水，医疗废弃物管理等尚处于未受控阶段。

此外，在未来新区规划中，装备制造产业中如涉及电镀，会排放含总铜、锌、铬、镍等重金属污水，规划生物制药会排放一些含难降解有机物的有机废水，对污水处理要求严、成本高，如未妥善处置，这些废水会对饮用水源地造成影响。部分规划道路、油气输送管线与敏感目标关系密切。例如，中石化成品油管线、中缅油气长输管线、中贵油气管道（中卫－贵阳联络线）经过新区，道路交通运输中输送管道、调压站等发生泄漏、火灾、爆炸等安全事故，会对新区饮用水安全带来威胁。规划中靠近饮用水源二级保护区和位于饮用水源保护区上游的工业用地也存在突发水污染事故，影响水源地水质的风险。

（五）城市环境监管能力得到强化，但与发展需求尚有差距

目前贵安新区环境保护局现有工作人员 20 名，含 3 名编制人员，新区环保局无直属的环境监察支队，环境执法监管工作基本由省环境监察局协助配合完成；省直管区环境监测站尚未筹建，省直管区地表水、大气环境质量日常监测工作主要以向社会购买服务形式，委托具有监测资质的公司定期开展。与同时期批复的四川天府新区相比，贵安新区对环保机构的设置较为重视，单独设局，行政级别较高，但与成立了一段时期的重庆两江新区相比，贵安新区的人员数量和综合配备均较落后，还有很大的发展空间。

新区环境管理人员、机构能力现状难以适应新形势下环境保护的工作需要。作为国家级新区的环保局，人员编制明显少于辖区内相关四县区环保局和两湖一库管理局的人员编制。直管区内，有 125 家工矿企业和 81 家畜禽养殖场，涉及危险源的企业 12 家。以 2 人现场执法的最低要求看，监督执法人员严重不足，更难以应对前述环境风险应急、排污登记、巡查等日常环境管理需要。四区县监察执法系统硬件、交通工具、取证设备、应急取证设备与国家有关标准对比，尚存在较大不足。目前，新区范围内大气在线监测站 9 个，其中直管区 5 个，非直管区 4 个；水质在线监测站 5 个，均在非直管区内。多数监测监察机构未达到标准化建设要求。除了国控和省控源外，企业达标排放率，在线监测覆盖率未知。新区和相关四区县的环保人才队伍专业化程度亟待提高，如平坝区和西秀区的监察大队本科以上学历者比例均未超过 50%，花溪区、平坝区和西秀区的环境类专业人员比例均未超过 50%，监测人员专业化水平与岗位要求不匹配。

第三节　基本规划思路

一　新区发展的战略定位

2015 年 6 月，习近平总书记视察贵安新区时强调："新区的规划和建设，一定要高端化、绿色化、集约化，不能降格以求。项目要科学论证，

经得起历史检验。"贵安新区位于黔中经济区中部，属于《全国主体功能区划》中的重点开发区，但是根据《全国生态功能区划》和《贵州省生态功能区划》，贵安新区大部分区域属于生态敏感、脆弱区域，限制开发要求较多。要"强化石漠化治理和大江大河防护林建设，推进乌江流域水环境综合治理，保护长江上游重要河段水生态及红枫湖等重要水源地，构建长江和珠江上游地区生态屏障"。

2012年，《关于进一步促进贵州经济社会又好又快发展的若干意见》（国发〔2012〕2号）提出要把贵安新区建设成为内陆开放型经济示范区，并在《西部大开发"十二五"规划》（发改西部〔2012〕189号）中明确把贵安新区建设成"以航空航天为代表的特色装备制造业基地、重要的资源深加工基地、绿色食品生产加工基地和旅游休闲目的地，区域性商贸物流中心和科技创新中心，黔中经济区最富活力的增长极"。2014年1月，贵安新区获得国务院正式批复成为第八个国家级新区，提出把贵安新区建设成为经济繁荣、社会文明、环境优美的西部地区重要经济增长极、内陆开放型经济新高地和生态文明示范区。经国务院原则同意的《贵州贵安新区总体方案》（发改西部〔2014〕298号）明确了新区到2020年的发展战略目标，即"内陆开放型经济体系基本建立，现代产业体系基本形成，综合竞争实力大幅增强，多种经济成分充分发展繁荣共生。区域生态环境显著改善，生态文明发展模式全面确立，建成国际知名的休闲度假旅游胜地，基本建成功能完善、环境优美、幸福宜居、特色鲜明的国际化山水田园生态城市"。

城环总规作为城市发展的总体规划之一，是贵安新区未来处理环境与发展关系的主要依据，也是贵安新区在国家新型城镇化方向下转变城市发展方式的重要参考。因此，城环总规的作用不仅是解决未来城市总体上的环保工作范围、方式和力度问题，还应该对转变城市发展方式产生重要影响，为此，需要先分析贵安新区环境及环境与发展关系的特点，得出贵安新区环境与发展总体目标的确定思路，然后才能确定贵安新区城环总规的工作目标和主要内容。也正是基于这样的考虑，城环总规的总体作用在于分析经济发展与环境保护关系并提出全区处理二者关系的对策，而非单纯地分析环境状况和提出环保部门的对策。

总规的内容设置基本遵照环境保护部《总规编制技术要求（试行）》的要求，根据贵安新区环境与发展关系的特点和主要问题进行了适当调整，以更好地应对并解决贵安新区未来所面临的城市环境问题。

二 指导思想

以中共十八大，十八届三中、四中、五中、六中全会和十九大精神为指导，按照"五位一体"总体布局和"四个全面"战略布局，落实"五大新发展理念"，守住发展和生态两条底线。以改革创新为动力，以提高环境质量为核心，实施最严格的环境保护制度，以强化环境监管能力，提高城乡环境基本公共服务水平，防范环境风险、保障生态安全，创造良好的宜居环境为重点，以生态空间管控、产业生态化改造、农村环境综合整治、环境基础设施运行监管和智慧环保监管能力建设为主要抓手，注重解决城镇化、工业化和农业现代化协同推进中的生态环境建设与保护问题，探索政府主导下的社会协同治理与市场化机制相结合的生态环境综合治理体系，推进生态环境领域治理体系和治理能力现代化，不断提升生态文明建设水平。

三 基本思路

贵安新区环境保护规划将落实党的十八大，十八届三中、四中、五中、六中全会和十九大有关精神，以《贵安新区总体规划（2013~2030）》有关环境保护总体目标为基础，结合《国家新型城镇化规划（2014~2020年）》、国家《"十三五"生态环境保护规划》以及相关环境保护中长期规划、国家和地方颁布的有关规划和规范文件、国家有关主要部委关于生态文明建设与生态环保创建中有关污染防治、农村环境整治和生态安全保障方面的目标要求，以及环保部有关环境管理战略转型要求，基于贵安新区的自然地理、生态环境基础、资源条件和产业布局，从贵安新区的"三个"定位角度，分析贵安新区在加快发展形势下的环境战略定位。针对规划区域的突出环境问题、区域社会经济发展水平和发展阶段，探索新区城市环境保护总体规划与新区经济社会发展规划、土地利用规划、城市总体规划相融合的途径和方法，设计严格监管与经济激励相结合，经济社会成本可承受的环境管理政策，提出规划目标指标体系、重点任务，设计重点工程项目。

　　在规划任务与保障措施方面，重点围绕一个"综合治理体系"、两个"基础"、五个"管控"展开。一个"综合治理体系"体现四个"结合"，即产业管控与污染治理相结合、资源化利用与末端治理相结合、点源治理与面源治理相结合、污染防治与生态恢复相结合的环境综合治理体系。两个"基础"，即同步构建环境监管机构能力和智慧环保系统软硬两个相互支撑的管理"基础"。五个"管控"：通过生态空间管控、环境容量－总量排放管控、产业环保政策管控、环境基础设施管控、环境风险管控，实现环境保护，优化新区经济发展和城市建设。

　　在重点工程项目安排方面，主要包括工业领域结构减排增容措施、治污工程减排增容措施、农业领域减排控制措施、农村环境综合整治、环境保护能力建设工程和重点示范工程等。

四　基本原则

（一）源头控制，预防为主

　　新区生态环境脆弱，生态平衡一旦遭到破坏，短期内难以恢复甚至不可逆转，因此，必须注重解决城镇化、工业化和农业现代化协同推进中的生态环境建设与保护问题。严把环境准入关口，引导新区绿色发展，避免走"先污染后治理""先破坏后修复"的老路，从源头预防城镇化进程中的生态环境问题。

（二）守住底线，绿色发展

　　贵安新区经济发展水平尚低于全国和贵州省的平均水平，因此，必须坚持在保护中促进发展，在发展中落实保护。以环境保护优化经济发展质量，严守发展和生态两条底线，以保证环境质量和生态功能不下降为底线，以资源环境承载力为基础，合理规划生态、生产、生活空间、产业及城市发展规模和布局，精明开发、精明增长，促进环境与经济发展的协调、共赢。

（三）质量核心，综合治理

　　坚持向管控要效益，为发展腾容量，建立空间－总量－项目准入"三位一体"的环境准入制度，以生态空间管控、环境容量－总量排放管控、产业环保政策管控、环境基础设施运行管控、环境风险管控为核心，强化环境监管能力，构建城乡一体化、全过程多污染协同控制的环境综合治理体系。

（四）分区管控，精准发力

根据主体功能区划和生态环境功能分区，实行差别化的环境管理政策，在全面监管所有污染源、所有环境介质和多污染物的前提下，建立环保监测预警网络，识别并确定环境安全敏感区和高风险区，精准发力，抓好重点行业和企业的环境污染治理，降低环境保护的社会经济成本，着力解决区域突出的环境问题。

第四节　控制指标体系

到 2020 年，贵安新区以资源环境承载力为基础，基本实现城镇化、工业化、农业现代化与环境保护协同推进，生产空间、生活空间、生态空间（以下简称"三生"空间）良性互动，生态文明发展模式基本确立。

到 2030 年，建成城区生态功能完善、生态环境优美、幸福和谐宜居的国际化山水田园生态城市。

一　"三生"空间控制指标（见表 2-1）

表 2-1　生态保护红线控制指标

统筹"三生"空间				生态用地面积	生态红线面积
"三生"空间	主要内容	面积（平方公里）	指标类型	水源保护区、林地、草地、水域、生态恢复地、园地、风景名胜区	风景名胜区、河湖滨岸带敏感性红线区、生物多样性保护功能红线区、石漠化敏感性红线区、水土流失敏感性红线区、水源涵养功能红线区、土壤保持功能红线区
生态空间	生态保护红线、生态恢复地、绿色基本农田、河湖生态截污带、污染控制关键源区	828.4	约束性		
生产空间	工矿＋交通	176.4	约束性		
	基本农田	713.4	约束性		
生活空间	生态宜居建设用地	181.8	约束性		
合计		1900		1136.41	611.84

二　基于水环境质量改善的污染物环境承载力控制目标

该目标共涉及 2 个指标，即河流生态基流流量及环境自净需水量指标（见表 2-2）。

表 2-2　河流生态基流流量及环境自净需水量指标

河流名称	生态基流流量（立方米/秒）				河流自净需水量（亿立方米/年）				指标类型
	COD	氨氮	总氮	总磷	COD	氨氮	总氮	总磷	
乐平河	0.33	0.4	—	2.66	0.10	0.13	—	0.84	约束性指标
羊昌河	4.67	12.25	—	44.35	1.47	3.86	—	13.99	约束性指标
麻线河	0.135	0.142	—	5.42	0.04	0.04	—	1.71	约束性指标
马场河	0.01	0.03	—	1.79	0.003	0.009	—	0.56	约束性指标
花溪水库上游	0.01	0.01	—	0.96	0.003	0.003	—	0.30	约束性指标
松柏山水库上游	0.03	0.05	—	1.42	0.009	0.016	—	0.45	约束性指标
合　计	—	—	—	—	1.63	4.06	—	17.85	

环境承载力控制指标，共 4 类（见表 2-3）。

表 2-3　新区污染物总量控制规划指标体系与规划目标值

指　标	排放基数	2020 年环境承载力控制目标		2030 年环境承载力控制目标	指标类型
		丰水年	枯水年		
化学需氧量（吨/年）	40370	15907.15	6874.58	≤ 2245.76	约束性指标
氨氮（吨/年）	6094.3	560.62	148.74	≤ -392.54	约束性指标
总氮（吨/年）	16278.4	-5796.38	-3442.4	—	参考性指标
总磷（吨/年）	1742.3	-99.5	-149.68	—	参考性指标

贵安新区各乡镇水环境年超载量削减指标有 4 个（见表 2-4）。

表2-4 贵安新区各乡镇水环境年超载量削减指标

单位：吨

区县名	乡镇名	COD	氨氮	TN	TP	指标类型
花溪区	麦坪乡	−68.67	−3.43	30.79	1.86	约束性
	石板镇	−88.12	−4.40	39.51	2.42	约束性
	党武乡	−78.96	−2.48	30.92	2.28	约束性
	湖朝乡	−526.33	−24.77	222.97	13.62	约束性
平坝区	夏云镇	−270.93	1.24	189.07	6.28	约束性
	羊昌乡	−144.09	4.30	128.15	2.50	约束性
	高峰镇	−334.01	−13.80	106.39	1.03	约束性
	马场镇	−1432.43	−61.37	374.24	16.75	约束性
	白云镇	−309.11	9.36	275.98	10.02	约束性
	城关镇	−304.34	1.61	219.02	9.22	约束性
	乐平乡	−250.45	−11.82	89.14	6.49	约束性
	十字乡	−704.57	−31.65	261.75	18.37	约束性
	天龙镇	−286.73	−3.39	172.35	8.39	约束性
清镇市	红枫湖镇	−844.03	−26.28	353.39	12.86	约束性
西秀区	蔡官镇	−247.43	−10.72	94.64	6.49	约束性
	大西桥镇	−249.40	7.53	222.56	8.27	约束性
	黄腊乡	−62.99	1.91	56.24	2.00	约束性
	旧州镇	−259.61	7.86	231.79	8.28	约束性
	刘官乡	−109.98	3.33	98.20	3.48	约束性
	七眼桥镇	−275.49	8.24	245.29	9.07	约束性

说明：表中负值表示该乡镇发展过程中不需要额外增加水环境容量，并且还可通过农业、工业、生活污水排放等控制措施，腾出更多的发展容量空间。

贵安新区各流域水环境容量控制指标共4个（见表2-5）。

表 2-5　贵安新区各流域水环境容量控制指标

流域名称	COD/t/a	NH3–N/t/a	TN/t/a	TP/t/a	指标类型
乐平河	1471.39	71.81	–507.09	–37.52	约束性
羊昌河	2222.12	–67.26	–1983.97	–69.55	约束性
麻线河	590.00	29.29	–149.34	0.04	约束性
马场河	1060.27	52.72	–167.38	–0.78	约束性
花溪水库流域	804.61	40.21	–360.80	–21.79	约束性
松柏山水库	699.19	21.97	–273.82	–20.08	约束性

三　基于大气环境质量改善的污染物环境承载力控制目标

环境承载力控制指标共 4 类（见表 2-6）。

表 2-6　新区污染物总量控制规划指标体系与规划目标值

指标	排放基数	2020 年环境承载力控制目标		2030 年环境承载力控制目标	指标类型
		下限值	上限值		
二氧化硫（吨／年）	15619.8	28080	31200	≤ 47017.5	约束性
氮氧化物（吨／年）	10203.25	46440	51600	≤ 55220	约束性
PM10（吨／年）	8845.7	45990	51100		约束性
PM2.5（吨／年）	6137.55	11340	12600		约束性

"十三五"时期各乡镇大气环境污染物减排指标共 4 个（见表 2-7）。

表 2-7　"十三五"时期各乡镇大气环境污染物减排目标

所属区县	乡镇名称	SO_2（吨／年）	PM10（吨／年）	PM2.5（吨／年）	NO_x（吨／年）	指标类型
贵安新区直管区	党武乡	–1600	–2400	–600	–2100	约束性
	高峰镇	–2000	–3400	–800	–3400	约束性
	湖潮乡	–2300	–3400	–800	–2700	约束性
	马场镇	–4300	–6600	–1500	–6300	约束性

续表

所属区县	乡镇名称	SO₂（吨/年）	PM10（吨/年）	PM2.5（吨/年）	NOₓ（吨/年）	指标类型
花溪区	麦坪乡	−800	−1500	−400	−1300	约束性
	石板镇	−1100	−1700	−400	−1600	约束性
平坝区	白云镇	−2200	−3400	−900	−2800	约束性
	城关镇	−600	−1600	−600	2000	约束性
	乐平镇	0	0	0	−4100	约束性
	十字乡	−3800	−4600	−1200	−3600	约束性
	天龙镇	−1800	−2500	−600	−2100	约束性
	夏云镇	−900	−2100	−400	−2700	约束性
	羊昌乡	0	0	0	−2400	约束性
清镇市	红枫湖镇	−200	−4500	−1200	−5200	约束性
西秀区	蔡官镇	−3900	−4900	−1200	−3800	约束性
	大西桥	300	0	0	−2400	约束性
	黄腊乡	−2400	−3000	−700	−2400	约束性
	旧州镇	−2200	0	0	0	约束性
	刘官乡	−1400	−1800	−500	−1300	约束性
	七眼桥	0	−3700	−800	−3400	约束性

四 城市生态宜居控制指标

城市生态宜居控制指标包括建设用地总面积、常住人口、城镇人口、人均城乡建设用地面积等 7 项指标（见表 2-8）。

表 2-8 城市生态宜居控制指标

序号	指标类型	2013 年	2020 年	2030 年	指标类型
1	建设用地总面积（平方公里）	181.82	287.5	287.5	约束性指标
2	常住人口（万人）	84.8	112	160.6	预期性指标
3	城镇人口（万人）	18.83	89.6	128.5	预期性指标
4	人均城乡建设用地面积（平方米）	214.41	200	200	预期性指标

续表

序号	指标类型	2013 年	2020 年	2030 年	指标类型
5	城镇人均公园绿地面积（平方米）	—	10	12	预期性指标
6	生态宜居人口密度（人/平方公里）	4663	5000		预期性指标
7	经济可行人口密度（人/平方公里）	—	—	5479~6164	预期性指标

五　资源利用强度和效率指标

环境资源利用强度和效率指标有 6 个（见表 2-9）。

表 2-9　新区资源利用强度和效率指标体系与规划目标值

序号	指标	现状值	2020 年目标	2030 年目标	指标类型
1	万元 GDP 能耗（吨标准煤/万元）	1.488	0.802	0.703	约束性
2	万元工业增加值用水量（立方米/万元）	—	11	10	激励性
3	城镇再生水回用率（%）	—	≥ 50	≥ 50	约束性
4	城乡生活垃圾资源化利用率（%）	46.90	≥ 75	≥ 80	激励性
5	农膜回收率（%）	60.30	≥ 80	≥ 85	激励性
6	秸秆综合利用率（%）	56.40	≥ 85	≥ 90	激励性

第五节　生态安全格局

一　划定城市生态安全格局，明确"三生"空间建设底线

严格落实国家和贵安新区主体功能区战略，以贵安新区乡镇行政边界为基准，划定网格化管控责权单元，建立贵安新区生态空间管控体系。明确贵安新区发展定位、空间结构和基本路径，提出强化区域竞争力，构建区域科学发展的理想空间框架和实施保障体系。划定生产空间、生活空间和生态空间管控区边界，融合土地利用总体规划与城市总体规划的禁止开发边界，坚守边界，保护禁止和限制开发区，提出建立生态环境补偿、地区间横向援助等财政创新政策，以及"以图管地"的环境空间管理新模式，明确规定区县、乡镇街道政府部门的职责，加强对生态安全格局的保护和城乡建设的指导。

以永久基本农田和生态保护红线及水体保护线、绿地系统线、历史文化保护线框定生态安全格局。要率先划定永久基本农田和生态保护红线，实现对生态空间、农业生产空间的保护，对不合理城市建设行为的约束。在宏观层面，要划定永久基本农田和生态保护红线，保障农业发展生态安全格局。针对城市扩张大量侵占优质耕地而导致的城乡失衡问题，划定永久基本农田，严格实行特殊保护，扎紧耕地保护的"篱笆"，筑牢国家粮食安全的基石。严格按照优化开发、重点开发、限制开发、禁止开发的主体功能定位，在重要生态功能区、陆地和水体生态环境敏感区、脆弱区等区域划定并严守生态保护红线。在中观层面，提升水体保护线、绿地系统线、历史文化保护线在城市规划中的地位，优先划定上述三线，保护城市内部有限的水体、绿地等生态空间和历史文化传承的建筑风貌。在此基础上根据城市建设用地的适宜性评价结果，在满足基本农田和生态保护红线约束的前提下，根据城市的人口发展规模和生态宜居城市的建设标准，划定生态宜居的城市生活空间和工业生产空间。

到 2020 年，贵安新区的生态宜居生活用地（生活空间）总量为 181.8 平方公里，生态宜居的人口总量为 112 万人，2030 年生态宜居建设用地的总量为 287.4 平方公里；生态空间的用地（生态空间）总量保持在 828.4 平方公里；生态宜居的工业生产空间用地总量不超过 176.4 平方公里；基本农田保护用地总量控制在 713.4 平方公里。其中生态空间主要包括生态保护红线、生物多样性保护安全格局、地质灾害安全格局以及河湖生态截污带，生产空间主要包括工业企业用地、交通建设用地以及基本农田种植区。

贵安新区各乡镇"三生"空间指标见表 2-10。

表 2-10　贵安新区各乡镇"三生"空间控制指标

单位：平方公里，%

区县名	乡镇名	生态空间面积	所占比例	生活空间面积	生产空间面积	所占比例
花溪区	党武乡	21.86	34.34	24.54	4.85	7.62
	石板镇	24.36	49.05	9.60	13.34	26.86
	麦坪乡	4.86	9.84	16.49	15.47	31.32
	湖潮乡	13.45	16.01	20.32	47.43	56.47
合　计		64.53	—	70.95	81.09	—

续表

区县名	乡镇名	生态空间面积	所占比例	生活空间面积	生产空间面积	所占比例
平坝区	城关镇	13.81	20.82	12.49	32.94	49.65
	白云镇	19.65	22.88	11.36	30.74	35.80
	羊昌乡	13.7	18.61	22.33	24.72	33.59
	天龙镇	18.82	29.64	15.25	20.23	31.86
	乐平乡	74.08	59.13	7.38	22.75	18.16
	十字乡	45.39	41.78	8.48	41.15	37.87
	夏云镇	61.06	73.56	9.47	48.95	58.97
	高峰镇	36.03	34.59	7.88	45.90	44.07
	马场镇	101.85	52.84	33.16	65.15	33.80
合计		384.39	—	127.8	332.53	—
清镇市	红枫湖镇	177.10	76.23	18.76	69.93	30.10
—		177.10	—	18.76	69.93	—
西秀区	黄腊乡	15.30	38.65	4.85	9.08	22.94
	黄腊乡	12.07	37.85	2.67	18.50	58.01
	刘官乡	7.01	17.40	2.28	23.23	57.65
	旧州镇	56.13	56.86	9.95	53.34	54.04
	七眼桥镇	56.76	54.16	14.07	57.28	54.66
	大西桥镇	19.31	26.07	22.19	29.19	39.41
	蔡官镇	35.84	30.55	13.92	37.93	32.33
合计		202.42	—	69.93	228.55	—

二 严格城市生态空间管控，抑制城市扩张冲动

（一）严格落实管控区管制要求

在各类空间管控区内实施有条件开发，实行更加严格的环境准入标准，加强开发内容、方式及控制强度。原则上不再新建各类工业企业或扩大现有工业开发的规模和面积，避免大规模城镇建设和工业开发，严格控制围垦、采收、堤岸工程、景点建设等对河流、湖库、岛屿滨岸自然湿地的破坏，必要的建设活动不得影响主导生态系统功能。区内禁止建设大规模废水排放项目和排放含有毒有害物质的废水项目，工业废水不得向该区域排放。

（二）强化各类空间管控区内污染治理和生态修复

逐步关停区域内高污染、高排放企业，现有污染源实施倍量削减政策，逐步减少污染物排放。提高污染排放标准，区内现有村庄实施污水处理与垃圾无害化处理。推进生态公益林建设，改善林分结构，严格控制林木采伐和采矿等行为。开展自然岸线生态修复，提升岸线及滨水绿地的自然生态效益，提高水域生态系统稳定性。开展城镇间隔离绿带、农村林地、农田林网等建设，细化完善生态绿道体系，增强生态系统功能。

（三）构建"三横一区"的陆域生态廊道

"三横"指西北部山区生态屏障走廊、中部山前生态安全走廊、东南部平原生态保护走廊。"一区"指红枫湖沿岸山区生态核心通道。生态节点包括红枫湖、花溪等国家级风景名胜区及天台山－斯拉河省级风景名胜区、屯堡文化市级风景名胜区、九龙山国家级森林公园、松柏山国家级水利风景区等。

（四）构建"三横三纵"的水域生态廊道

"三横"指北部乐平河生态走廊、中部邢江河－羊昌河生态走廊、东部花溪水库上游车田河和冷饭河生态走廊；"三纵"指中部麻线河生态通道、东南部马场河生态通道以及松柏山水库上游干河生态通道。水域生态廊道以邢江河－羊昌河为纽带，聚集乐平河、麻线河、马场河、冷饭河、车田河、干河等主要水系，通过生态廊道建设，构筑独具特色的景观带，支撑构筑经济带和创新带。

第六节　分类精细管理

一　确定能源消耗底线，推动能源及产业结构调整

深入推进能源革命，着力推动能源生产利用方式变革，优化能源供给结构，提高能源利用效率，建设清洁低碳、安全高效的现代能源体系，维

护新区能源安全。到 2020 年，将新区的能源消费总量控制在 555.95 万～633.51 万吨标准煤，万元 GDP 能耗强度控制在 0.703~0.981 吨标煤的水平。具体措施如下。

（一）推动能源结构优化升级

坚持生态优先，继续推进风电、光伏发电发展，积极支持光热发电。加快发展生物质能、地热能。完善风能、太阳能、生物质能发电扶持政策。加强对高耗能行业管控，大力推进煤炭清洁高效利用。2020 年实现单位 GDP 能源消耗强度下降 20%，煤炭消费总量控制在 559.95 万吨标煤以下。扩大高污染燃料禁燃区，将大气环境空间管控区纳入禁燃区。

（二）推进产业结构战略性调整

优质高效发展现代服务业，增强先进制造业核心优势，培育壮大战略性新兴产业。结合"退二进三"和"三旧"改造，按照产业结构调整指导目录，严格限制平板玻璃、皮革、印染、水泥等行业规模。2020 年之前，限制石油化工类企业扩建与增加产能。

（三）构建现代能源储运网络

统筹推进煤电油气多种能源输送方式发展，加强能源储备和调峰设施建设，加快构建多能互补、外通内畅、安全可靠的现代能源储运网络。加强跨区域骨干能源输送网络建设，优化建设电网主网架和跨区域输电通道。加快建设陆路进口油气战略通道。推进油气储备设施建设，提高油气储备和调峰能力。

（四）积极构建智慧能源系统

加快推进能源全领域、全环节智慧化发展，提高可持续自适应能力。适应分布式能源发展、用户多元化需求，优化电力需求侧管理，加快智能电网建设，提高电网与发电侧、需求侧交互响应能力。推进能源与信息等领域新技术深度融合，统筹能源与通信、交通等基础设施网络建设，建设"源－网－荷－储"协调发展、集成互补的能源互联网。

二　建立大气环境治理总体战略，实施分行业精细化管理

按照系统化、精细化的总战略，突出结构、空间、行业三大主线，推进能源结构战略性调整，优化升级产业结构，深化治理重点行业，精细化治理移动源。以控制 NOx、PM2.5、PM10、VOCs 为重点，实施包含烟粉尘、VOCs 和颗粒物的总量控制工作体系，以有力措施保障污染物减存控增，推动实现环境质量全面改善（见表 2-11）。

（一）优化新区产业结构

强化重点行业污染控制和区域大气污染综合防治。采取"环境容量－排放总量"多污染物协同控制、分区分类管控措施，划定空气质量管理区。根据环境功能区和大气环境承载力的区域差异，制定不同的产业准入标准，提高传统基础性产业的节能环保准入门槛，健全重点行业准入条件，制定内外资投资准入负面清单并实施动态管理，严格限制或禁止废气排放项目在大气环境容量敏感区内落地；加快淘汰不符合新区产业发展总体定位，且环境绩效低于全国平均水平的落后产能；优化现有工业园区的行业结构，鼓励产业集聚发展，推进能源梯级利用、废物交换利用，推动现有工业园区的低碳、循环、绿色化改造，为新产业发展腾出环境容量。

表 2-11　贵安新区结构减排、技术改造及末端治理工程实现污染物削减排放量

单位：吨

污染物	结构减排	技术改造增容		保留重点污染源脱硫脱硝除尘工程	合计	
		达全国行业平均水平	达全国行业优秀水平		达全国行业平均水平	达全国行业优秀水平
化学需氧量	142.5	217.84	229.26	—	360.34	371.76
氨氮	91.66	81.27	82.85	—	172.93	174.51
二氧化硫	2667.47	3268.84	3536.49	66.51	6002.82	6270.47
氮氧化物	2598.12	3565.21	4118.56	—	6161.33	6716.68
烟粉尘	1905.92	922.34	1013.07	271.28	3099.54	3190.27
PM2.5	331.58~358.69	—	—	—	331.58	358.69
PM10	823.36~869.54	—	—	—	823.36	869.54

（二）重点废气排放行业深度治理

（1）实施工业污染源全面达标计划。全面实施工业污染源自行监测和信息公开。2018年，编制辖区内工业污染源达标率年度目标并逐年提高、落实，加大核查力度。2019年，工业企业全面开展自行监测或委托第三方监测，建立企业环境管理台账制度，实施"阳光排污口"工程，编制年度排污状况报告，向环境保护行政主管部门申报，向社会公开。2020年，基本实现工业排放源稳定达标。

（2）全面整治燃煤小锅炉，加快推进集中供热、"煤改气"、"煤改电"工程建设，到2017年前，基本淘汰每小时10蒸吨及以下的燃煤锅炉。直管区内预计淘汰现有燃煤锅炉69台（合计158.85蒸吨），每年可实现替代煤32.47吨，减少二氧化硫排放4100吨，减少烟尘排放3300吨，减少氮氧化物排放900吨。禁止新建每小时75蒸吨以下的燃煤锅炉，推广应用高效节能环保型锅炉，鼓励实施清洁能源改造。到2017年，在工业园区通过集中建设热电联产机组逐步淘汰分散燃煤锅炉。每小时20蒸吨及以上的燃煤锅炉要实施脱硫除尘。

（3）加快重点企业、工业园区脱硫脱硝除尘技术改造。燃气和热力生产企业、化工企业、医药制造企业、铝化工企业都要安装脱硫设施，每小时20蒸吨及以上的燃煤锅炉要实施脱硫。新型干法水泥窑要实施低氮燃烧技术改造并安装脱硝设施。燃煤锅炉和工业窑炉现有除尘设施要实施升级改造。新型干法水泥窑要实施低氮燃烧技术改造并安装选择性非催化还原（SNCR）脱硝设施，按照减排核查认定50%脱硝效率估算，苗岭建材、台泥（安顺）和尧柏集团（花溪）等三家水泥企业可新增年氮氧化物削减能力3701吨。燃煤锅炉和工业窑炉现有除尘设施要实施升级改造。

（4）实施农村清洁能源替代工程，以现代生态农业规模化养殖企业建设为重点，加快大、中型沼气池的建设，提高生物质能在农村生产、生活用能中的比例，预计到2020年可减排SO_2和NO_x分别为273.4吨和21.4吨。规范城市餐厨垃圾的管理，进行资源化和无害化利用。完善农村沼气技术服务体系，稳步推进户用沼气替代散煤工程建设，到2020年，农村使用清洁能源的居民户数比例达到国家级生态乡镇创建目标要求，同时可减少

SO_2 和 NOx 排放 475.9 吨和 37.2 吨。

结合新农村建设，以村为单元，启动实施以秸秆沼气集中供气、秸秆固化成型燃料及高效低排放生物质炉具等为主要建设内容的秸秆清洁能源入农户工程，预计到 2020 年可实现 SO_2 减排 41.4 吨，NOx 减排 3.2 吨。研究完善促进秸秆能源化利用的相关政策、配套措施，加大各级政府及相关部门资金支持力度，引导社会力量和资金投入，建立多渠道、多层次、多方位的融资机制。

（5）加强园区环境监管，因地制宜地进行园区空间规划，根据主导产业需求，建立适合新区发展的产业准入制度，对于符合产业准入条件的建材（水泥、陶瓷）业、燃气生产和供应、铝化工、电镀等重点行业全面推行清洁生产改造，确保各项环保相关要求的落实。加快推进企业清洁生产，严格按照强制性清洁生产名单要求，按时完成直管区内企业清洁生产审核工作。建设一批清洁生产技术产业化服务中心，加强重大清洁生产技术的产业化应用示范。

（6）开展有毒有害原料的代替，围绕工业生产所需要的原材料及有关最终产品，减少含汞、六价铬、铅、镉、砷、氰化物及 POPs 等有毒有害物质的使用，研究制定原料及产品中有毒有害物质减量化与代替的实施路径，促进生产过程中使用低毒低害和无毒无害原料，降低产品中有毒有害物质含量。

（三）移动源精细化管理

加强施工扬尘监管，积极推进绿色施工，建设工程施工现场应全封闭设置围挡墙，严禁敞开式作业，采用预拌商品混凝土使用、道路机械化清扫、施工湿法作业等低尘、控尘作业方式。渣土运输车辆应采取密闭措施，并逐步安装卫星定位系统。大型煤堆、料堆要实现封闭储存或建设防风抑尘设施。开展餐饮油烟污染治理，餐饮服务经营场所应安装高效油烟净化设施，推广使用高效净化型家用吸油烟机。

在冬季大气污染超标高风险区，平坝区北部和中部 5 个乡镇及街道（天龙镇、乐平乡、安平街道办事处、十字乡、高峰镇）、西秀区西部（旧州镇、大西桥镇、蔡官镇）和新区东部（石板镇、湖潮乡、麦坪），采取激励措施禁止燃煤散烧，采取经济激励措施禁止使用灰分大于5%，挥发分大于3%，含硫量超过1%的型煤。

在推进新型城镇化的过程中，优化新区功能和布局规划，推广智能交通管理。实施公交优先战略，全面改善自行车、步行出行环境，通过鼓励绿色出行、增加私家车使用成本等措施，降低机动车使用强度，提高公共交通出行比例。提升燃油品质，加强油品质量监督检查。城乡同步加快淘汰黄标车和老旧车辆，在2017年全部淘汰黄标车，建立城乡联网的机动车环境标识、年检管理系统。加强机动车环保管理，严厉打击销售环保不达标车辆的违法行为。大力推广清洁燃料和新能源汽车，公交、环卫等行业和政府机关率先垂范。推广应用新交通科技和环保技术，因地制宜发展车用替代燃料；制定优惠政策鼓励发展小排量、低油耗、低污染机动车型。

（四）推进挥发性有机物（VOC）污染治理

按《大气污染防治行动计划》、新修订《大气污染防治法》以及国家"十三五"规划纲要等相关要求，全面推进挥发性有机物污染治理，包括禁止使用和生产含挥发性有机物材料和产品、VOCs有机废气治理、建立工业涂装台账以及泄漏管理等，采取源头削减、过程控制和终端治理的全过程措施，减少VOCs排放。利用税收和价格杠杆，推广和鼓励使用水性涂料，鼓励生产、销售和使用低毒、低挥发性有机溶剂；全面落实石化企业综合整治方案，开展"泄漏检测与修复"（LDAR）工作；建立涂装行业工业台账，开展蓄热式催化燃烧等技术治理；限时完成加油站、储油库、油罐车的油气回收治理，在原油成品油码头积极开展油气回收治理；遏制新污染源排放，把VOCs治理情况列为建设项目环境影响评价的重要指标；加强对VOCs排放企业的监管，结合环境税费改革，完善排污收费和环境税征收配套措施，在石化、有机化工和涂装等重点行业企业按VOCs总量和关键物种定价适时课征VOCs排污费或环境税。

三 确定大气环境承载力上限，实施大气环境分区管控

到2020年，将贵安新区SO_2、NO_x、PM_{10}、$PM_{2.5}$等大气环境污染物排放量分别控制在3.12万吨／年、5.11万吨／年、1.26万吨／年以及5.16万

吨／年之内，保证环境容量不超载，满足大气环境承载力的限值。根据贵安新区大气环境承载力空间分布情况，并结合新区的自然条件、环境功能和环境保护战略对策的差异性，对新区实施环境承载力分区调控。

（一）环境空气质量功能区一类区（不含与生态红线重叠的区域）

环境空气质量功能区一类区，总面积814.1平方公里，占全区陆域国土面积的43.0%。在该区域内严格执行生态保护红线和生态环境管控区的管制要求，加强乐平河沿线、东部水库区生态带保护与建设，严防贵安新区北部、花溪大学城过度开发影响城市由北向南生态过渡区的安全，保护和提升生态功能。禁止设立各类开发区及新建排放大气污染物的项目，禁止建设与资源环境保护无关的项目。现有不符合要求的企业、设施须限期搬离。

（二）颗粒物重点控制区

颗粒物重点控制区，即贵安新区现状PM2.5和PM10高值区中的13个乡镇，总面积1213.83平方公里，占全市陆域面积的64%，主要分布于中心城区北部及西南部地区，根据产业性质和污染排放特征实施重点减排。在冬季大气污染超标高风险区，平坝区北部和中部5个乡镇（天龙镇、乐平乡、安平街道办事处、十字乡、高峰镇）、西秀区西部（旧州镇、大西桥镇、蔡官镇）和新区东部（石板镇、湖潮乡、麦坪），采取激励措施禁止燃煤散烧，以及禁止使用灰分大于5%，挥发分大于3%，含硫量超过1%的型煤。

（三）二氧化硫重点控制区

二氧化硫重点控制区，即评价出的对区域空气质量影响大的源头敏感区和聚集脆弱区。总面积674.95平方公里，占贵安新区陆域国土面积的35.6%，主要包括新区西北部和高峰镇地区，共涉及7个乡镇。在该区域内要突出新区高端定位，大力发展特色金融、高端制造及高端农业等产业，限制废气排放量大的电力、热力、冶炼等项目。区内禁止新建除热电联产以外的煤电项目，禁止新（改、扩）建钢铁、建材、焦化、有色、石化、化工等高污染行业项目；禁止新建 75 蒸吨 / 小时以下的燃煤、重油、渣油锅炉及直接燃用生物质锅炉；禁止新建涉及有毒有害气体排放的项目；优先淘汰区域内现存的上述禁止项目。

第七节　实施流域管控

一　建立严格的河流生态需水量调控管理制度

根据贵安新区河流 COD 和 NH_3–N 的水环境容量及承载力计算结果，为了保证受污染河流水体的生态功能及自净能力，到 2020 年，贵安新区核心区可利用的水源包括地表水源和外调水源，总量应达到 4.06 亿立方米 / 年，因此，需要通过建立最严格的水资源管理制度来保证河流水体环境质量安全。

（一）严格用水总量控制

制订贵安新区取用水总量控制方案，并逐年下达年度水量分配方案、新增取水许可控制指标和用水计划。水资源用户全部实行有效计量。建立区域总量管理、河道节点控制、用户端监控三个层面耦合构架，实行"红线"控制管理。严格控制增量。考虑各地区水资源承载力和经济社会发展用水增长趋势，建立新增取水许可控制指标体系，严格新增取水审批。鼓励通过节水挖潜和水量置换实现用水结构调整，逐步实现区域水资源供需平衡。实施用水户取水总量、用水效率和退水控制管理，到 2020 年将人均用水量控制在 280 立方米 / 年。明确取水户用水总量控制指标，加强定额管理。建立用水户用（节）水审计制度和办法，实行水平衡测试制度，对市级重点监控对象按年度进行用（节）水审计。完善建设项目配套建设的节约用水设施评估制度，达到省内同行业先进水平。用水大户重点监控，健全水资源计量体系。市及区县有关行政主管部门依据管理权限制订下达重点用水户年度用水计划。

（二）完善取水许可监管

完善水资源规划体系。建立健全水资源、节水型社会建设、饮用水源地安全保障、排污口整治、水资源监控体系建设等综合性和专业规划，提高规划的针对性和可操作性，切实发挥规划的管理导向和刚性约束作用。建立取水许可区域限报制度。取水量达到或者超过用水总量或年度用水控制指标的，县（市）水行政主管部门应当对该区域内新建、改建、扩建取水项目实行限报。严格取水许可监督管理。实行取水许可分级审批制度，对于已办理取水许可证的用水户，按照实际用水情况和区域取水许可总量控制要求，重新核定取水许可水量。对于非法取水户，依法进行水资源管理专项整治。

（三）强化水资源论证制度

把水资源管理红线指标作为水资源论证的前置性条件，严格用水水平、节水工艺、废污水排放等方面的论证，明确取用水准入标准。严格执行建设项目水资源论证制度，完善公众参与机制，强化报告书预审、审查工作，建立建设项目水资源论证后评估制度。积极推进规划水资源论证制度，开展工业园区、重大产业布局和城市总体规划等规划水资源论证试点。

（四）健全水资源监控体系

建立健全与最严格水资源制度相适应的监控体系。到 2020 年，建立区域内重点断面和关键控制断面的水量水质监测计量站网建设。完善地下水动态监测，建设地下水动态监测专网，重点是地下水超采区监测专网，编制地下水动态季报和年报。完善取水户水量（质）监测设施，对年取水量 10 万立方米以上非农取水户实现实时在线计量监控，年取水量 10 万立方米以下取水户推广使用 IC 卡等智能化计量设施。建立饮用水源地实时监测监控系统，提高预测、预报和预警能力。

（五）推进外调水源建设

黔中水利工程一期贵阳渠道调水量 28391 万立方米／年，扣除沿途损失水量后水厂调水量 19614 万立方米／年。黔中水利工程二期贵阳借库提水工程调水量 6435 万立方米，扣除沿途损失水量后水厂调水量 5470 万立方米，主要供给观山湖区和清镇百花新城。综上分析，黔中水利工程可为贵阳城区和贵安新区新增可供水量约 25084 万立方米／年。

二 实施水环境承载力分区调控

到 2020 年，将贵安新区 COD、NH_3-N 等水环境污染物排放量控制在 6847.58 吨／年和 148.74 吨／年，由于总氮和总磷的环境容量已超过地表水环境的承载力上限，因此，应通过境外调水增加河流自净能力、控制农业面源污染排放等措施降低 TN、TP 的排放量，维持河流水环境质量稳定。根据新区水环境的承载力空间分布情况，并结合新区的自然条件、环境功能和环境保护战略对策的差异性，环保部门对新区实施环境承载力分区调控。

（一）西北部和东部水库区域水环境承载力调控

该区域主要包括：石人坡生态保育区、邢江河－羊昌河中游生态保育区、东部水库生态保育区等。在该区域内严格执行生态保护红线和生态环境管控区的管制要求，加强乐平河沿线、东部水库区生态带保护与建设，严防贵安新区北部、花溪大学城过度开发影响城市由北向南生态过渡区的安全，保护和提升生态功能。

严格限制河流集雨区变更土地利用方式；关闭上游入河排污口，完善雨污水处理基础设施，限制畜禽养殖规模；加强水源涵养与水土保持，对上游地区实施生态补偿，保护战略水源地。东部水库区大力减少工业、生活污废水排放，降低氨氮、总氮、总磷入河量，维护山水新城清洁水质。邢江河－羊昌河水系沿线实施严格的总量控制政策和水资源管理政策，加强工业入园管理，推进循环工业园区、生态农业区建设，促进餐饮业废水达标排放，推进河涌截污管网和污染修复工程建设，大幅度削减环境污染负荷，逐步恢复水环境功能。

（二）东部及中部重要湖库区域水环境承载力调控

该区域主要包括红枫湖、百花湖、阿哈水库、花溪水库、松柏山水库等饮用水源区以及凯掌水库、鹅项水库、克酬水库、大松山水库、连架河水库等地表水源保护区、重点风景名胜区、森林公园和水利风景区等。在该区域内大力推进水土流失治理。坚持系统防治、综合治理的原则，以改造坡耕地为基础，以小流域为单元，运用工程措施、生态措施和耕作措施，对山、水、田、林、湖进行统一规划和综合整治，使全区的水土流失基本得到治理，土地生态环境显著改善。把石漠化综合治理的途径、措施及技术示范与区域发展结合起来，形成多层次、多功能、高效益的综合防治体系，形成生态型经济产业链条和治理成果支撑。

（三）西部和中部万亩大坝聚集区水环境承载力调控

该区域主要包括位于新区西部的大偏山生态治理区、飞虎山－五马塘生态治理区、北湖生态治理区和高家河生态治理区，以及安顺城区东部七眼桥和大西桥一线的安东生态治理区。在该区域内实施保育生态、重点开发策略，承接中心城区人口和产业疏散。突出新区高端定位，大力发展特色金融、高端制造及高端农业等产业。

发挥生态资源优势，维护高品质山地生态乡村旅游品牌，实施农业面源污染精细化治理，严格管控高坡山地、植被覆盖度较低区域的生态修复和生态安全。严格保护存量耕地资源，将农田景观作为重要的自然生态景观和环境文化景观予以保护，发展高效生态农业。

（四）中部城市建成区水环境承载力调控

中部城市建成区主要指贵安新区直管区全境范围，面积约470平方公里。该区域为贵安新区城市发展中心区，是承载贵安新区中心城市功能的核心区域，区域内人口密度大，开发强度高。地处城市东南部重要生态服务功能保护区之间。主导环境服务功能是维护人居环境健康安全，为社会发展、经济建设、科研教育和文化精神生活提供生产、生活空间。总体战略为坚持优化发展，合理调配中心城区人口与功能。该区域环境资源相对紧缺,生态环境承载力部分超载。实施治污减排、优化开发的调控策略,重点发展现代商贸、金融保险、文化创意、医疗健康、商务与科技信息和总部经济等现代服务业,改善人口产业过度集聚状况。

加强"马场河－松柏山水库"自然生态体系保护,强化麻线河水道和城市内河水生态、水环境、水景观保护。建立完善的雨污水收集处理系统,提高污水处理厂排放标准,建设生活污水三级深度处理系统,强化治理内河河涌污染,大幅度削减生活污染负荷,建设亲水空间。

三　强化污染源全要素全过程的协同治理

以水质达标为核心,水陆共管、治理为主、防治结合,保好水、治差水、带中间,一河一档、一河一策,削减存量、抑制增量,实现治理一条河、达标一条河的目标。继续深入实施 COD 和氨氮主要污染物总量控制,新增实施总氮、总磷总量控制。以水体及所属控制单元为对象,严格水体环境属性分类管理,治理市民身边的重污染水体,强化饮用水源安全保障。

(一)降低农村和生活源的污染贡献率

建立无公害、绿色和有机食品基地,加大生态示范区和生态农业的建设力度,建立精准施肥示范基地,以及专业化有机肥料、有机农药的生产、供应、施用技术服务体系,严格控制不合理使用化肥、农药、农膜等农业化学品。鼓励发展规模化有机肥生产,对散养户和养殖场推广实施户用粪肥储存(6~10 立方米)和大型沼气－有机肥联产工程(300~500 立方米),形成年资源化利用秸秆 39.75 万吨、畜禽粪便 23.96 万吨(以猪粪计)以上的生产能力;促进餐饮业和家庭的厨余垃圾资源化利用,确保养殖场废水达标排放。提高测土配方施肥技术覆盖率,科学指导农用肥料使用方式等,在保证农民经济投入不增加、农业不减产的情况下,采用平衡施肥技术,实现总氮、氨氮和总磷负荷分别削减 66.1%、67.7% 和 22.3%,同时 COD 有一定协同削减效果,主要河段总氮、氨氮和总磷浓度基本达到Ⅲ类水质标准。农业面源负荷削减,为工业发展置换容量。

（二）系统配置点源与面源的生态治污措施

按流域开展区域协同治理，推动跨界出入境断面考核与问责。夯实河长制，以削减流域污染负荷为基础分配乡镇水质目标责任和排放许可额度。严格限制审批新、扩建纺织、造纸、化工、医药、食品发酵等高污染、高耗水行业项目，现有行业企业达到先进用水定额标准。优选"低成本、高效率、简管理，优出水"的农村分散式污水处理模式，规模以上农村居住区加快推进污水收集管网配套及生活垃圾集中转运处理工程建设。中心镇开展污水垃圾处理收费制度改革试点。提高污水管网收集率、危险废物安全处置率。加强污水处理厂污泥、垃圾焚烧灰分的次生环境污染物的安全处置能力及相关风险防范工作。加快湖滨、河岸带的生态恢复，划定饮用水源地保护的污控隔离带，发挥湿地、植被缓冲带的生态截污作用，全面禁止各类排污口直排地表与地下河道、湖库塘坝。

基于"清洁生产、种养平衡、区域统筹"的基本思路，针对农田、农村和畜禽养殖污染源，到2020年，基本建立流域全过程的生态治污措施体系，针对以化肥流失为代表的农田面源污染，要削减化肥使用量（源头减量），提高肥料利用水平，构建农田径流污染控制工程技术体系，降低农田面源径流负荷（过程截留）。在农田面源污染控制方面，以肥料高效利用为核心，推广应用化肥减量技术、缓控释施肥技术、测土配方施肥技术、局部施肥技术、水肥一体化技术等；以低污染种植结构为核心，推广应用作物布局优化技术、坡地带状种植技术、生物篱技术、种植模式优化技术等。在工程控制方面，以径流阻控为核心，构建坡地径流导流、灌区排水控制、农田排水氮磷生态拦截沟渠系统与湿地净化等工程措施。同时，应用有机肥、秸秆、生物炭等提升土壤有机质，改善土壤结构，提高土壤固持氮磷等养分的能力，从而降低养分流失风险。针对人为干扰较强的近河道耕种区（生态农业综合整治区）、农村生活及畜禽养殖污染控制区（污染治理区）、高坡度强降雨水土保持控制区（生态修复区）三类区域，分区配置多种管理措施，精准定位管控目标和管控区域，以降低饮用水质安全保障的经济社会成本，实现经济社会与环境保护双赢。

（三）强化重污染水体治理

完善污染源信息动态更新机制，全面厘清全市域"污染源 – 排污口 – 河道"对应关系。科学规划，加大投入，实施精细化治理，强化河涌综合整治，消除黑臭，恢复城市水生态。

2017 年底之前，贵安新区开展城市重污染水体污染源解析和水资源评估，全面解析各重污染水体汇流范围内污染物"产 – 排 – 汇"空间和量传导关系。重点对贵安新区境内 7 条主要河道——邢江河 – 羊昌河、马场河、麻线河、乐平河、冷饭河、干河、车田河等的重污染支流河道进行治理。

到 2020 年，基本消除城市水体河涌黑臭，主要地表水体水质基本达到环境功能要求，省控断面、跨市河流交界断面水质达标率 90% 以上，贵安新区和贵阳市跨界水体断面 100% 达标，邢江河 – 羊昌河河段水质稳定达到Ⅲ类。

到 2030 年，继续深化治理，城市水体基本消除劣Ⅴ类，大部分水体达到环境功能要求，水生态得到恢复。

四　严守饮用水源地保护红线

（一）构建贵安新区城乡一体化的多水源布局，优化城乡一体化供水格局，降低格局性水源安全风险

优化整合贵安新区内北部、东部、南部各片区"多点分散式"的现用水源地，优化小型分散或水质长期不达标水源地，建立起全区分片联网、互为备用的一体化供水格局，提升各区供水保障水平。延伸城市供水管网，提高农村市政自来水覆盖率，完善农村自来水改造工程建后管养机制，保证农村供水。

（二）精准管控饮用水源地环境安全

根据规划时间到 2020 年的目标，考虑空间管控和精细化管理原则，针对饮用水源一级保护区、重点河库污染控制红线、水污染高风险区以及饮用水源二级保护区分别采取工程措施和管理措施结合的管控政策，确定四级风险区。2020 年以前以工程建设排污控制为主，2020 年以后将逐渐

实现人口合理迁出。

建立饮用水保护污染高风险区内的环境风险源清单，确定整治主体，设定整治时限，建立大型设施建设"红线保护区一票否决"制度，严格规范红线内三产开发规模，并加强环境管理，重点防范饮用水源地富营养化风险，实施分区管控，做到"不破坏，无污染，能生活，好监管"。各级风险区的管控措施见表2-12。

（三）加快应急备用设施建设，提高备用水源保障能力

加强水源地周边河道整治，强化流域性保护。控污、截污、治污协同进行，完善水源保护区及周边区域污水收集系统，防止暴雨期黑臭河水溢流污染水源地水质。将船舶餐厨垃圾、废水等污染源纳入监管，消除监管盲区。实施河流生态恢复和生态建设工程，加强生态公益林建设，在农田与水体之间设置植被缓冲带，减轻农田径流面源污染。到2020年，城市常规水源和备用水源水质稳定达标，乡镇及农村水源水质基本得到保障。到2030年，城市常规水源和备用水源水质全面稳定达标，乡镇及农村水源水质稳定达标，形成完备的饮用水源安全保障体系。

（四）加强源头节水，降低清洁水需求

严格实施重点行业用水定额管理，按期淘汰高耗水落后工艺、设备，大力推广循环用水、串联用水和中水回用系统，优化企业用水网络系统，提高工业用水重复利用率，降低新鲜水消耗量。改造城镇自来水管网，提高供水系统水利用系数。积极推广中水冲厕，新建小区配套建设中水管网，污水处理厂足量生产中水，有序提升居民生活节水水平。积极应用农业节水灌溉技术，增加节水灌溉面积，提高灌溉水利用系数。

五　加强土壤环境监管及修复

以改善土壤环境质量为核心，以保障农产品质量和人居环境安全为出发点，坚持预防为主、保护优先、风险管控，突出重点区域和行业，实施分类别、分用途、分阶段治理，严控新增污染、逐步减少存量，形成政府主导、企业担责、公众参与、社会监督的土壤污染防治体系。开展土壤

表2-12 饮用水源环境风险控制区基本概况及政策配置

风险分级	分区特征	管控政策			
		工业企业	养殖场	农田	村庄
一级风险区	饮用水源一级保护区，饮用水源二级保护区内的河湖岸污控红线	禁止准入区，实行最严格管理。严格禁止新设排污单位，以及经营范围内排废水、污水的餐饮、住宿	畜禽禁养区	全面实施退耕还林，建设生态截污带	生活污水、垃圾零排放，配置生态截污带，积极引导人口迁入，禁止人口迁出
二级风险区	饮用水源二级保护区内的污染高风险区，饮用水源一、二级保护区之外的河湖岸控制红线	禁止准入区，实行最严格管理，搬迁工业企业，实施污染场地清理与生态修复工程。禁止采取严格准入制度，新建、改建、扩建有污染的生产建设项目	分散式、规模化养殖场逐步退出	逐步实施退耕还林，严禁施用农药化肥，发展有机农业，建设生态截污带	所有村庄设置分散式生活污水处理站，实行水污染物特别排放限值，生活垃圾零排放，100%无害化和资源化利用
三级风险区	饮用水源二级保护区内除污染高风险区和河湖岸控制红线之外的区域	限制准入区，禁止新建、改建、扩建有污染农业，允许生态农业、旅游开发等项目，现有基础设施等项目，企业实施强制清洁生产	禁止分散养殖，规模化畜禽养殖场实现污水、粪便零排放和资源化处理	严禁施用农药化肥，发展有机农业	规模化居住区设置集中式生活污水处理厂，执行《城镇污水处理厂水污染物排放标准（GB18918-2002）》中一级A类标准，其余村庄设置农村生活污水处理站，村镇、居民点垃圾无害化处置率和污水处理率达到100%。流经污控隔离带（植被缓冲带）的排放水质标准不能低于受纳水体的环境质量等级

续表

风险分级	分区特征	管控政策			
		工业企业	养殖场	农田	村庄
四级风险区	饮用水源一、二级保护区之外的污染高风险区	禁止新建、改建、扩建有污染的建设项目，如印染、造纸、酿造、制革、电镀等水污染严重的项目，鼓励现有工业企业实施清洁生产，所有企业配备污水处理设施，达到一级A出水标准，建立完善的污水排放应急预案	发展有机肥和有机沼气生态产业链，畜禽粪便无害化和资源化利用率达到100%	采取平衡施肥技术，减少农业种植污染	设置分散式农村生活污水处理站，垃圾无害化处置率和污水处理率达到100%。流经污水控制隔离带（植被缓冲带）的排水水质标准不能低于受纳水体的环境质量等级

环境质量调查，掌握重点行业企业用地中的污染地块分布及其环境风险情况，建设土壤环境质量监测网络，完善土壤背景值调查，摸清土壤环境现状和本底，分级、分区域定期开展土地环境质量例行监测工作，2020 年底前完成土壤环境质量监测点位所有县（市、区）全覆盖。建立土壤环境基础数据库，构建土壤环境信息化管理平台。推进土壤污染防治立法，建立健全法规标准体系。实施农用地分类管理，保障农业生产环境安全。强化未污染土壤保护，严控新增土壤污染。加强污染源监管，做好土壤污染预防工作。开展污染治理与修复，改善区域土壤环境质量。制定稳定长效的土壤环境监管资金保障机制，建立土壤环境监测专项资金渠道并纳入财政预算，确保土壤环境质量监测工作正常开展。

开展城区搬迁企业原址场地环境风险评估，制定土壤及污染原址场地的治理与修复计划，发挥市场机制的主导作用，启动土壤修复工程，实施贵州水晶化工（集团）有限公司厂址及周边青龙山地区土地修复工程、天峰化工磷石膏渣场清运及生态环境修复工程、贵州平坝宏大铝化工有限公司二期赤泥堆场生态修复工程等重点示范工程。

以保障农产品安全和人居环境健康为核心，以源头阻断为重点，实施农用地分级管理和建设用地分类管控，加强农业污水灌溉水质、重要农产品产地周边企业达标排放、农药化肥及饲料重金属含量、城区土地、工业企业和工业园区原址场地、重要农产品产地，以及新增建设用地和废弃污染场地的土壤污染监管。

第八节　应急救援体系

一　加强环境风险防控体系建设

（一）全面开展环境风险隐患排查

对危险化学品生产经营、运输和仓储经营企业进行拉网式排查，摸清辖区内涉危险化学品储运的重大环境风险源，对安全隐患"零容忍"。尤其要加强红枫湖流域、饮用水源保护区、重点工业场地及居民聚集区等区域的风险管控。

（二）实施基于环境风险的产业准入策略

贵安新区全区建成区内不再新建危险化学品生产储存企业，中心城区现有相关企业全部搬出。鼓励发展低环境风险的产业，限制石化等中高环境风险的产业发展，禁止发展高于可接受风险水平的高环境风险行业，禁止引进技术含量不高、污染严重的高风险行业。

（三）优化高风险行业发展布局

完善统一规划和用途管制要求，优化相关产业布局和城市商住用地规划。危险化学品储运企业、化工石化企业等高风险源布局要远离居民区等敏感受体，集中布局，逐步进入工业园区。积极开展风险治理，实施风险源搬迁、受体搬迁或加装隔离。强化化工园区环境管理和风险防范，强化燃气管道、填埋场、生活垃圾焚烧处置设施等风险源的科学选址。

（四）严格落实环境风险防范安全距离

重大风险源安全防护距离内要严格控制人口输入。根据风险源类型，安全防护距离外设置必要的缓冲地带，合理规划人口聚集、敏感目标布设及建设开发活动。加强过境通道、运输航道等运输过程环境风险监控，强化环境风险预警与应急体系建设。

（五）提高危险化学品管理专业化水平

推进安监、环保部门协同监管，完善环境风险数据动态更新和共享机制。全面掌握高环境风险产业园区、人口聚集区和商住用地的空间利用状况，实现环境风险双向防控。强化危化品仓储经营单位管理，完善涉危化品企业环境风险评估，严格项目环评审批和日常督查。

（六）提高环境风险管理法治水平

提高企业、社会公众环境安全意识，完善企业环境信用评价制度和奖惩措施，完善政府监督管理责任体系，建立健全属地人民政府环境风险目标责任制。不断加大环境应急预警体系建设，完善各级环境突发事件应急预案体系，完善环境预警应急指挥中心，加快形成统一、高效的环境应急决策指挥网络。深化建立高环境风险企业环境责任保险等市场化风险管理机制，完善环境污染损害评估和责任追究制度。

二　构建工业园区环境风险管控体系

根据规划，新区产业主要集中在湖潮、夏云、乐平、马场、蔡官及清镇园区。其中，航空航天、汽车及零部件，能矿机械等装备制造产业，主要分布在湖潮、夏云、乐平园区；新一代信息技术产业，主要分布在马场、湖潮园区；新材料产业，主要分布在清镇园区；生物医药产业，主要分布在蔡官、清镇园区；特色轻工业，主要分布在蔡官园区。

加强工业园区风险防控应做到，以生态保护红线划定为指导，遵循系统功能最优和环境风险最小组合原则，优化工业园区产业布局。加强工业园区规范化建设，加快工业企业入园；提高企业入园环境标准，严格环境监管，建立高污染企业退出制度。加强工业园区环境基础设施建设，加快建设完成工业园区集中污水处理厂及配套管网、固废暂存、收集和处置中心、绿化安全防护带等环境基础设施；建设新区重点风险源大气自动监测预警网络。制定工业园区环境风险预警机制和加快应急体系建设，建立环境风险防范管理工作长效机制。

三　建立地下水环境监测网络

重点围绕饮用水水源保护区、主要河流沿线范围内石油化工行业企业、油气输送管线，如中石化成品油管线、中缅油气长输管线、中贵油气，大中型矿山开采及加工区、地市级以上工业固体废物堆存场和填埋场、规模较大的生活垃圾堆放场、大中型再生水灌区及工业园区等地下水环境风险较大的重点污染源，建设地下水环境监测网络体系。充分利用现有监测井并合理布点和新建监测井，满足在每个污染源地下水背景区至少布置一个监测井和下游区至少布置三个监测井的要求。已开展地下水环境调查评估的污染源周边的现有监测井，统一纳入地下水环境监测网络进行管理。新（改、扩）建可能产生地下水污染的建设项目，需同步建设地下水监测井，并纳入该项目竣工环境保护验收中予以管理和落实。

四　严把产业环境准入标准

新区范围内规划的产业园区应通过环境保护主动优化区域发展，根据环境容量和环境敏感程度，充分发挥环保的引导调控作用，建立空间准入、总量准入、项目准入"三位一体"的环境准入体系。把区域空间管理、总量控制纳入审批制度当中，建立规划环评和项目环评联动机制，促进经济发展与资源环境承载力相适应。总量准入细化到各发展区域和行业，使各区域、行业发展整体规模、布局等与环境承载能力相适应。

（一）设定项目引进原则

坚持高起点，发展技术含量高、附加价值高，引进符合国家产业政策和清洁生产要求、采用先进生产工艺和设备、自动化程度高、具有可靠先进的污染治理技术的生产项目；提高产品关联度，发展系列产品，力求发挥各项目间的最佳协同效应；鼓励具有先进、科学的环境管理，符合贵安新区产业定位的企业入区；注意生产装置的规模效益，鼓励在产业园内建设具有国际竞争能力、符合经济规模的生产装置；根据新区环境承载能力控制新区产业在合理的发展规模，严格控制高耗水、高排水的项目；根据各产业园区基础设施配备情况确定进区企业的时序；在项目选择上应优先引进无污染、轻污染的工业企业入驻，严格禁止污染排放较为严重的企业，特别是生产工艺中有特异污染因子排放的项目。

（二）设置最低环境准入条件

制定最低环境准入条件，属于下列的生产能力、工艺和产品禁止进入新区。

①国家明令淘汰的落后生产能力、工艺和产品；国家淘汰、削减或限制的产品和生产工艺；国家明确禁止建设的"十五小"项目，"新五小"项目。

②高耗水项目，2020年前单位工业增加值用水量达到35立方米以上/万元；2020年后单位工业增加值用水量达到18立方米以上/万元。

③废水、废气或固体废弃物排放中含重金属、有毒有害物、高浓度有

机物的项目。

④不符合新区规划行业的项目。

⑤其他国家和地方产业政策禁止的项目。

（三）鼓励引进的项目和优先发展行业

根据贵安新区产业发展规划，在引进项目时，要严格把关，坚持发展高起点、高技术含量、高附加值的项目。优先发展低污染深加工型产品和三废易于治理的项目，优先引进先进的生产技术装备，优先采用先进的环境保护技术，优先引进具备先进的环境管理水平的项目，优先采用有效的回收、回用技术，包括余热利用、各种物料回收套用、各类废水回用等；优先引进能利用产业区内其他企业的产品、中间产品和废弃物为原料的，或能为其他企业提供生产原料，构成"产品链"、能实现"循环经济"的项目；优先引进具备当地特色的产业集聚项目。

（四）新区鼓励、限制、禁止项目清单（见表 2-13）

五　建立环境突发事故应急响应体系

（一）突发环境事故应急监测系统

环境事故应急监测系统主要面向环境监测站用户，与水环境事故应急指挥系统无缝对接，在应急事故中，将应急监测数据实时同步到应急指挥系统中，并接收应急指挥系统下发的调度指令。

（二）突发环境事故应急指挥调度系统

应急指挥调度系统遵循"预防为主、常备不懈"的方针，采用"平战结合"思想，建立环境应急各类数据集中统一管理，同时建立数据更新维护机制，摸清不同级别、不同类型的环境风险源底数。

建立信息接报、影响评估、级别判断、上报通知、指挥调度、事后恢复的流程式向导式的决策指挥系统，一旦发生突发性环境污染事故，通过系统迅速、准确地掌握事故现场的视频及应急监测数据，基于应急信息管

表 2-13　新区规划产业鼓励、限制、禁止项目清单

规划产业	鼓励项目类别	限制项目类别	禁止项目类别
电子及新一代信息技术产业	32波及以上光纤波分复用传输系统设备制造、10GB/S及以上数字同步系列光纤通信系统设备制造、数字集群通信、接入网系统、数字集群通信系统设备及网关等网络设备制造；支撑通信网的路由器、交换机、基站等设备，集成电路装备制造等	激光视盘机生产线（VCD系列整机产品）；模拟CRT黑白及彩色电视机项目	—
先进制造业	通用飞机、无人机、教练机、数控机床、工程机械等先进制造产业，特种矿用设备、农业收获机械、大型施工机械，石油及冶金装备、轨道交通装备、信息系统、制冷空调装备及关键零部件、危险废物（含医疗废物）集中处理设备、安全饮水设备	2臂及以下凿岩台车制造项目、装岩机（立爪装岩机除外）制造项目、3立方米及以下小矿车制造项目、直径2.5米及以下绞车制造项目、直径3.5米及以下矿井提升机制造项目、40平方米及以下滤分机制造项目、直径700毫米及以下采煤机制造项目、800千瓦及以下采掘机制造项目、矿斗容3.5立方米及以下矿用挖掘机制造项目、矿用搅拌、浓缩、过滤设备（加压式除外）制造项目、低速汽车（三轮汽车、低速货车）（自2015年起执行与轻型卡车同等的节能与排放标准）、车起动机用柴油机制造项目、配套单缸柴油机的皮带传动小四轮拖拉机、配套单缸柴油机的手扶拖拉机、滑动齿轮换挡等	热处理铅浴炉、热处理氯化钡盐浴炉（高温氯化钡盐浴炉暂缓淘汰）；TQ60、TQ80塔式起重机；QT16、QT20、QT25井架简易塔式起重机，KJ1600/1220单筒提升绞机；3000千伏安以下普通标准刚玉冶炼炉；4000千伏安以下固定式棕刚玉冶炼炉；3000千伏安以下碳化硅冶炼炉；强制驱动式简易电梯；以氯氟烃（CFCs）作为膨胀剂的烟丝膨胀设备生产线

续表

规划产业	鼓励项目类别	限制项目类别	禁止项目类别
食品加工	天然食品添加剂，天然香料植物饮料新技术开发与生产；高附加值植物饮料的开发与生产；大豆、果渣、薯渣等的综合加工原料基地建设；营养健康型大米、小麦粉及制品的开发与生产；传统主食工业化生产，薯类变性淀粉、菜籽油生产线	白酒生产线、酒精生产线，产能在5万吨/年及以下且采用电离交叉工艺的味精生产线、糖精生产线，浓缩苹果汁生产线，大豆压榨及浸出项目，年加工玉米30万吨以下、绝干收率98%以下的玉米淀粉湿法西式肉制品加工项目，产能3000吨/年及以下的酵母加工项目，产能在2000吨/年及以下	生产能力12000瓶/小时以下的玻璃瓶啤酒灌装生产线；生产能力150瓶/分钟以下（瓶容在250毫升及以下）的碳酸饮料生产线；日处理原料乳能力150吨/班（两班）20吨以下浓缩、喷雾干燥等设施；产能3万吨/年以下酒精生产线（废糖蜜制酒精除外）；产能3万吨/年及以下味精生产装置；产能2万吨/年及以下柠檬酸生产装置；年处理10万吨以下、总干物收率97%以下的湿法玉米淀粉生产线；小麦粉增白剂（过氧化苯甲酰、过氧化钙）的添加工艺
民族医药	民族药物开发和生产，中药现代制剂，道地中药材、绿色生物保健品；新型医用诊断中药剂仪器设备，微创外科和介入治疗装备及器械，医疗急救及移动式医疗装备，康复工程技术装置，家用医疗器械，新型计划生育器具（第三代宫内节育器），新型医用材料，人工智能关键元器件产品及医疗影像产品及医疗信息和生产，数字化医学影像产品及医疗信息技术的开发与应用	新建、扩建古龙酸维生素C原粉生产装置，新建药品、食品、饲料、化妆品等用途的维生素B1、维生素B2、维生素B12（综合利用除外），维生素E原料生产装置；新建紫杉醇（配套红豆杉种植除外），植物提取法黄连素生产装置；二步法生产药品生产证书的药品生产企业；新开办无菌原料药生产证书的药品生产企业；新建改扩建原料含有尚未规模化种或养殖的濒危动植物药材的产品生产装置等	手工胶囊填充工艺，软木塞瓶精包装药品工艺，不符合GMP要求的安瓿拉丝灌封机，塔式重蒸馏水器，无净化设施的热风干燥房；劳动保护、三废治理不能达到国家标准的原料药生产装置

理系统快速获取风险源详细资料，判断污染物种类、污染源浓度，污染范围及其可能的危害；自动生成各种事故情况报告和分析建议报告供决策分析，决策层调度各类应急资源、指挥现场完成事故的救援处置。

第九节　环境一体治理

一　建立环境公共服务体系

建立包含环境质量、环境设施、环境监测、环境信息以及公众参与的环境公共服务体系。统筹环境公共服务资源在区域之间、城乡之间的合理配置。

（一）完善环境治理的公共财政投入机制

发挥政府投资的引导和撬动作用，采取直接投资、投资补助、资本金注入、财政贴息、以奖代补、先建后补、无偿提供建筑材料等多种方式支持环境基础设施建设。逐步提高环境公共服务支出比例，合理分担污水收集处理设施建设等服务费用，探索社会资本合作等新模式。建立区域环境基本公共服务均等化财政政策。

（二）统筹环境公共服务资源在区域之间、城乡之间的合理配置

针对性补齐中心城区污水处理基础设施等在运营、维护及服务方面的短板，完善新区直管区内及直管区外等城乡融合区软硬件，大力提升环境基础设施和管理水平，高水平建设直管区内等环境公共服务体系。完善环境公共服务供给方式，将环境公共服务的有关内容纳入乡镇、村建设规划。

（三）充分发挥市场机制作用

通过委托、承包、采购等方式向社会购买环境保护规划、垃圾收运处理、污水处理、河道管理等公共服务。推行城市生态修复、生活污水、垃圾、畜禽养殖废弃物等环境治理整县捆绑 PPP 模式，以规模化治理提高社

会资本收益能力；推进资源再生回收与现代物流业务捆绑开发，综合降低资源再生回收成本；建立财政补贴、村集体与农户缴费相结合的费用分摊机制。

（四）加强环保社会组织的推动效应

环保社会组织要发挥其公益性、志愿性、民间性等特点，不断提高专业化水平和加强环保时政的学习，增强机构间联合协作，力所能及地开展环境调研与监督，发现和收集环境违法行为和现象，及时发现环保部门监管的盲点，向环保部门反映情况，加强与政府的交流互动，成为环保部门可靠的搭档。同时，环保社会组织要积极动员和组织公众参与环境保护相关活动，提高公众参与的效果，灵活运用新媒体曝光环境信息，倒逼环境质量改善，推动各方环境行为的改善。

二 完善环境治理设施体系

（一）完善固废资源化利用和安全处置系统

建立健全危险废物全口径管理体系，补齐处置能力缺口，提高处置能力水平，保持安全处置率100%。大力推进生活垃圾分类回收处理，加强餐厨垃圾源头管理，完善收运体系，大力推进处理设施建设。完善农村生活垃圾收集处理模式。到2020年，垃圾收集处理设施覆盖中心城区、各区中心区、主要乡镇和工业园区。到2030年，城乡环境设施完备，生活垃圾实现全部收集并无害化处理。

（二）完善城乡排水体系

全面补齐中心城区污水收集能力短板，逐步补齐镇村处理能力短板。持续提高雨污分流率，建设完备的污泥干化减量设施。推进建设城镇面源治理生态基础设施，推进海绵城市建设，治理暴雨径流污染，因地制宜地开展农村污水治理。到2020年，污水处理厂平均负荷率达到85%以上，城镇污水处理率达到95%，其中水环境空间管控区内农村污水全覆盖处理；到2030年，基本实现新区整体全覆盖。

（三）依法加快淘汰落后工艺和产能，关闭污染严重、不能稳定达标排放的造纸等行业生产线

加大工业清洁生产推行力度，积极开展清洁生产审核，鼓励创建清洁生产示范企业和工业园区，加快推进企业清洁生产技术改造，从源头和生产全过程降低资源能源消耗，减少污染物的产生。加大排污企业工艺改造和废水治理力度，提高废水循环利用效率。加快红枫湖、羊昌河、乐平河沿线矿山有序退出，推进矿山环境修复。

三 加强环境监管能力建设

（一）执法重心下移，强化乡镇环境监管

针对新区农村环境污染量大面广、城乡一体化规划建设的特点，加强乡镇一级环境保护工作能力是加强新区环境保护工作的重要方面。实行"区、乡（镇）、村三级环境日常行政事务管理，环境监测、执法垂直管理"的管理机制。明确乡镇环境保护职责分工，明确乡镇机构的环保公共服务职能，以及新区环保机构对乡镇环保工作的监督管理职责。乡镇党委和政府做好落实责任，重点流域、重要饮用水水源地周边村庄的环境整治纳入"河长制"管理的重要内容；对其他村庄实行"分片包干"责任制。乡镇人民政府每年向乡镇人大报告农村环境整治工作情况。污染源密集或者位于敏感区域、重点区域的乡镇，可设置独立的环保办，接受新区环保部门的业务指导。加强乡镇环境执法日常巡查能力建设，推动环境监督管理工作向农村延伸，强化农村生态环境执法检查。推行农村环保协管员制度。

（二）建立联防联控，区域环保一体化

区域联防联控机制是一项系统工程，为了实现区域环境质量的整体改善目标，应强化顶层设计，以"可持续绿色发展、协调控制、科学治理、从严处罚"为构建原则，构建区域环保一体化制度框架，加快建立统一协调的区域联防联控工作机制，实施统一规划机制、重大项目环境影响评价会商机制、联合监测机制、联合执法监督机制、环境信息共享机制和区域大气污染预警应急机制，并将大气污染联防联控作为优先领域予以加强。

建议成立包括四区县有关领导在内的新区环境保护联防联控领导小组，负责新区内环境保护联防联控工作，实现资源和信息共享。

（三）环保规划统一编制，统一实施

新区环境保护规划与所辖范围内四个区县乡镇环境保护规划统一编制是解决现行环境污染和防止新污染发生的基础性工作，只有统一规划，才能同心协力地解决现有的环境问题，不会出现工作矛盾、交叉；只有统一规划，才能步调一致地规划未来，防止重复、交叉建设。建议新区环境保护规划所涉及的20个乡镇，在其所属区县编制环境保护规划时，不再编制其环境保护规划，其环境保护未来的决策安排，执行新区环境保护规划。20个乡镇的环境保护属地管理权属改为新区环境保护局。

（四）提高专业素养，制订培训考核方案

严格控制进入环保系统人员素质。对需要引进的人员，必须经人事部门批准，纳入人事计划范围。进入公务员序列的，要根据"国家公务员暂行条例"的规定，采用公开考试，严格考核办法，择优录取；对进入环保系统事业单位的技术人员，要求具备环保专业大专以上学历；一般行政人员或公职人员，要具备相应的工作经历及业务水平。加强职业教育与培训，不断提高各类人员的政治、业务素质和职业道德，以适应环境保护繁重工作任务的需要。制订培训和考核计划，成绩纳入年终考核。区、乡镇环保机构都要制定和完善内部各项规章、制度、准则和工作程序以及工作人员行为规范，增强约束性，对违反规定以权谋私或不负责任造成严重影响的要严肃处理。

四　健全环境信息公开制度

建设项目环境影响评价体系应当向社会公开环境影响评价文件的全本和简本。应进一步明确企业在环境信息公开发布方面的责任和义务，实现企业污染排放信息、污染防治信息、合规信息等有效、全面公开，为公众参与监督提供可靠依据。要加快建立统一的环境信息公开共享平台，向社会公众提供及时、科学、全面的环境信息，提高环境信息公开的权威性；

加快搭建公众参与平台，优化系统功能，完善公众举报制度，为公众利益诉求的合理表达提供有效途径；进一步完善意见反馈机制，实行环境问题举报投诉限期办理制度，保障公众参与环境治理意愿的不断提升。

环保部门要做好信息发布工作，及时向社会公开监测及治理信息。信息公开不到位，易造成监督缺位，从而错失环境问题监管、环境污染治理的最佳时机。同时，要支持环保社会组织健康有序地参加环境保护工作，畅通环保社会组织监督的渠道，规范程序，对环保社会组织反映的环境问题做出积极回应，加强互动，完善处理机制，为环保社会组织提供参与环保的平台，最大限度地形成污染治理和保护环境的合力。

第十节　重大工程设计

对《贵安新区总体规划（2013~2030年）》《贵安水系及涉水专项规划（2013~2030年）》《贵安新区土地利用总体规划（2013~2030年）》《贵安新区生态文明建设规划（2017）》等相关规划进行衔接，分别对贵安新区未来的水环境污染控制工程、水系统修复工程、土地利用修整等8项重大工程做出安排，工程总投资约为187.9亿元。在保证以上规划工程完全落地实施的情况下，贵安新区城市环境质量改善基本能够实现并保证环境空间格局安全的目标基本实现。

第十一节　实施保障机制

一　规划衔接与融合机制

本规划同贵安新区国民经济和社会发展规划、经济产业发展规划、城市总体规划、土地利用总体规划等规划在空间管控、环境承载力、环境质量目标、基础数据底图、空间数据库等方面进行衔接，搭建规划协调技术平台，建立完善规划沟通协作常态化机制。本规划确定的生态空间、生活空间及生产空间，是城市总体规划、土地利用总体规划划分禁止建设区和限制建设区的基本依据之一。城市增长边界不得突破"三生"空间约束范围。

二 规划实施机制

（一）本规划由贵安新区管委会印发实施

批复后的规划是贵安新区协调经济发展与环境保护的基础性和引导性文件之一，是城市编制环境保护规划、污染防治规划、环境整治规划等专项规划的依据。重点区域应编制环境控制性详细规划，落实上位规划要求。规划划定的生态保护红线、环境空间管控、环境资源承载力和环境质量目标是区域资源开发、项目建设的基本依据，相关规划、资源开发和项目建设等活动，要符合本规划空间布局、规模、产业类型等方面要求。

（二）本规划的解释权属于贵安新区管委会

本规划一经批准，任何单位和个人未经法定程序无权变更。可变更情形包括：①上级人民政府制定的环境规划发生变更，提出修改规划要求。②行政区划发生调整确需修改规划的。③经市人民政府评估需修改规划的。④其他法定情形。

三 规划监督与评估机制

贵安新区管委会将规划相关目标、任务、措施纳入本地区国民经济和社会发展规划。构建政府负责、环保部门统一监督管理，有关部门协调配合，全社会共同参与的规划实施管理体系。

贵安新区管委会负责监督规划实施。贵安新区管委会每隔五年对规划实施情况进行评估，规划评估内容纳入政府绩效考评体系。

第三部分　**体系篇：**
绿色发展质量研究

伴随着全球经济的发展，环境和资源问题日益凸显，这不利于人类的可持续发展，环境保护迫在眉睫，绿色概念由此兴起。2016年8月，贵州省获批国家生态文明试验区（三个省份之一）。贵安新区作为贵州省黔中经济区的发展引擎和西部地区重要增长极，又是以生态文明示范区为使命的国家级新区，必须坚持"绿色崛起"的发展理念，必须坚持以绿色质量为发展内核。习近平主席到贵安新区视察时指示贵安新区务必精心谋划、精心打造，坚持高端化、绿色化、集约化，不能降格以求，实质上是要求贵安新区必须走绿色质量发展的道路。

贵安新区作为一个年轻的国家级新区，具有良好的生态环境，在经济发展过程中需要做好环境保护工作。贵安新区的发展不能一味追求高回报率的项目，要综合考虑环境因素，降低全社会发展的总成本。2016年6月国务院将贵安新区设立为绿色金融改革创新试验区，为贵安新区的绿色发展驱动指明了方向。贵安新区作为绿色金融改革创新试验先行区，环境和资源有限性及不可逆性促使其必须发展绿色金融。贵安新区需要政府主导，金融机构、环境监管部门及社会各界的参与，以较少资金撬动社会资金进入绿色产业，创新绿色金融工具，弥补资金缺口，促进绿色金融发展。贵安新区开发建设4年来，主要围绕城市功能进行，初步构建了"绿色金融＋绿色产业、绿色人居、绿色消费、绿色能源"（1+5）城市绿色发展质量体系。

要看 GDP，但不能唯 GDP

（二○○四年二月八日）

要科学制定干部政绩的考核评价指标，形成正确的用人导向和用人制度。各地的实际情况不同，衡量政绩的要求和侧重点也应有所不同。要看 GDP，但不能唯 GDP。GDP 快速增长是政绩，生态保护和建设也是政绩；经济社会发展是政绩，维护社会稳定也是政绩；立竿见影的发展是政绩，打基础作铺垫也是政绩；解决经济发展中的问题是政绩，解决民生问题也是政绩。总之，我们要从坚持立党为公、执政为民的高度来考评干部的政绩，坚持抓好发展与关注民生的结合、对上负责与对下负责的结合、立足当前与着眼长远的结合，科学设定考核政绩的内容和程序，完善考评体系和方法。坚持按客观规律办事，重实际、鼓实劲、求实效，不图虚名，不务虚功，不提脱离实际的高指标，不喊哗众取宠的空口号，不搞劳民伤财的假政绩，扎扎实实地把各项工作落到实处。

发展循环经济要出实招

（二〇〇五年五月十一日）

发展循环经济是走新型工业化道路的重要载体，也是从根本上转变经济增长方式的必然要求。我省资源相对短缺，而发展需要的资源量又很大；环境承载容量相对较小，而庞大经济总量所带来的废弃物又很多；经济结构的层次相对较低，而群众对生活质量的要求又很高。这些矛盾迫使我们必须在发展循环经济上先行一步，努力在资源的高效利用和循环利用上出实招、见成效。要加大宣传力度，在全社会树立循环经济的理念，转变单纯追求 GDP 的观念。要加强政策引导，充分发挥税收、金融、价格和财政等经济政策的作用，探索建立鼓励发展循环经济的政绩考核体系和相应的激励导向及约束机制。要完善法规体系，建立有利于促进资源多重利用和节能、节水、节地、节材的法律法规，逐步将发展循环经济纳入法制化轨道。要深入研究发展循环经济的技术支撑和保障，开发生产清洁化、环境无害化、能耗节约化的科学技术，开展这方面的信息咨询、技术推广和培训服务等。要抓试点示范和不同层面的有序推进，围绕减量化、再利用、资源化的基本原则，积极倡导清洁生产和绿色消费，形成企业间生产代谢和共生关系的生态产业链，在典型示范中引导公众参与建立循环型社会。

破解经济发展和环境保护的"两难"悖论

（二〇〇六年九月十五日）

经济发展和环境保护是传统发展模式中的一对"两难"矛盾，是相互依存、对立统一的关系。在环境经济学中，"环境库兹涅茨曲线理论"指出，在经济发展的初级阶段，随着人均收入的增加，环境污染由低趋高；到达某个临界点（拐点）后，随着人均收入的进一步增加，环境污染又由高趋低，环境得到改善和恢复。对于我省欠发达地区来说，优势是"绿水青山"尚在，劣势是"金山银山"不足，自觉地认识和把握"环境库兹涅茨曲线理论"，促进拐点早日到来，具有特殊的意义。但是，要特别防止这样一种误区：似乎只要等到拐点来了，人均收入或财富的增长就自然有助于改善环境质量，因而对环境污染和生态破坏问题采取无所作为的消极态度。显然，这种错误认识将使我们不得不重蹈"先污染后治理"或"边污染边治理"的覆辙，最终将使"绿水青山"和"金山银山"都落空。欠发达地区只有以科学发展观为统领，贯彻落实好环保优先政策，走科技先导型、资源节约型、环境友好型的发展之路，才能实现由"环境换取增长"向"环境优化增长"的转变，由经济发展与环境保护的"两难"向两者协调发展的"双赢"的转变；才能真正做到经济建设与生态建设同步推进，产业竞争力与环境竞争力一起提升，物质文明与生态文明共同发展；才能既培育好"金山银山"，成为我省新的经济增长点，又保护好"绿水青山"，在生态建设方面为全省做贡献。

——摘自《之江新语》

第三章

贵安绿色金融发展

本章首先分析了美国、欧洲、日本及新兴国家绿色金融创新发展的经验，特别是美国和欧洲，绿色金融的发展相对成熟，对我国及贵安新区的绿色金融发展有很大的启示；其次剖析了贵安新区绿色金融发展存在的问题及背后的原因，问题主要在于金融机构对绿色金融的认知程度、理解深度不够，绿色金融工具匮乏，发展制度不完善，政策优惠力度不够几个方面，原因则与产业结构、规模，绿色金融发展规划建立及配套措施等方面相关；接下来对绿色金融创新发展路径进行了探究，从宏观、中观、微观三个层面出发，对绿色金融创新发展路径做出了构思和设计；最后提出了绿色金融改革创新的一些举措，主要涵盖了强化绿色金融机构体系建设，鼓励绿色金融产品服务创新，细化绿色金融重点支持方向，构建绿色金融风险管控系统，健全绿色金融政策支持体系五个方面。

第一节　绿色金融创新发展的国际经验

一　美国绿色金融创新发展经验

美国作为世界上第一发达国家，将绿色环保写入国家相关环境法律中，且制定了相应的绿色金融法规，运用法律法规等相关制度促进绿色金融发展。至今美国绿色金融的相关制度已相当完善。从 1970 年起，美国国会在环境方面提出了关于大气污染管理、废物处理管理、废气排放、污染物销毁及低碳行动等对环境保护的政策，对污染源头以及环保管理机构实行严格要求。1980 年，美国提出对于企业在生产过程中造成的大气污染、废弃物排放等引起的二次污染，企业应自行承担相应责任。美国在绿色金融创新过程中发行绿色债券，许多地方州政府积极响应，对绿色债券在发行中给予一定的优惠奖励。1988 年，美国又提出了绿色保险服务产业的推广，为绿色金融的多渠道、多元化发展提供更大的空间。1992 年，美国颁布了《能源政策法》，该法案提出"到 2010 年，美国的可再生能源要比1988 年减少 75%，并对可再生能源的开发和利用采取了相应的优惠及减免税政策"。2000 年，美国对二氧化硫的排放制定出相关法律约束。

2003 年，美国参与宣布了实施"赤道原则"。赤道原则旨在使企业通过自身的社会责任感压力，采取相应的环境保护措施提升自身的信誉度。2009 年，美国国会对可再生能源以及电力传输技术相关的绿色项目采用了贷款担保方式，并写入当年的经济法案中。近几年，美国能源部表示会给企业绿色行业发展提供相应的贷款担保，从一定程度上降低企业的投融资成本，给企业带来更多样化的绿色商业化发展模式。美国能源部在可再生资源上提供更多的创业机会，吸引社会资金投入可再生能源的生产。2001~2011 年，美国宾夕法尼亚州政府为地方多个节约能源的项目提供数万美元的贴息政策支持。《美国清洁能源与安全法》对清洁能源的利用和可再生能源的生产给予了肯定，并提出"电力公司的发电从 2012 年开始，6% 的电力都来源于可再生能源，此后每年会递增，直到 2020 年，预计将会达到 20%，2025 年将会达到 25%"。美国对于可再生能源提供了明文的法律规定，给美国绿色经济创造了更大的发展空间。2014 年，美国纽约州立绿色银行成立，主要投资对象涉及清洁能源、清洁工具以及绿色产品开发等领域。同年成立的州立绿色银行还有新泽西州的能源适应力银行，该银行旨在通过银行的融资技术支持，来增强地方能源设施的适应和恢复能力。美国通过一系列法案将绿色金融提到新高度，成为国际发展绿色银行的先行者。

二　欧洲绿色金融创新发展经验

欧洲国家对绿色金融的发展也十分重视。欧盟在早期就有相关绿色金融的法律法规出现。随着国际绿色金融的发展，欧盟国家在绿色金融上的研究也日趋成熟。2005 年，欧洲排放体系开始运行，欧盟在减排方面积极落实行动。2009 年，欧盟在哥本哈根的协议中承诺：直到 2020 年，欧盟碳排放量相比 1990 年将至少降低 20%。德国复兴信贷银行在 2014 年对环保与可再生能源领域的贷款额度相对提高。德国政府在绿色金融政策上采取一定额度的贴息政策和利率优惠政策。德国政府和德国复兴银行联合成立碳基金，共同投资于节能减排项目。德国政府出台相关环保政策，支持绿色金融的发展。德国金融体系按照"赤道原则"严格执行，在节能减排上加大投融资力度，以行业里 EHS Guidelines 为评判标准，对绿色贷款提出相关要求，且提出了降低风险的相关理论。

2012 年，英国绿色投资银行主要投资于绿色基础设施项目的开展。与德国相比，英国政府实施的是"贷款担保计划"。绿色金融在实践过程中有了政府的支持，能更好地带动其产业及相关产业的可持续性发展。《英国绿色投资银行》在 2012~2013 年的年报中指出，其绿色投资的直接投资额达到 16.3 亿英镑。政府联合私人资本，在一定程度上降低了私人资本的风险，给私人资本提供了更大的担保。与此同时，由于政府融资的前期准备较足，最大限度地降低了私人资本融入国家绿色金融创新发展的成本。

欧盟国家近几年在环境金融上不断完善法律制度，在绿色金融的创新发展上逐渐成熟，为我国及贵安新区绿色金融发展提供了宝贵的经验。

三　日本绿色金融创新发展经验

日本非常重视绿色金融的发展，在制定绿色金融法律规定上，政府与民间共同推进环保政策的实施，政府运用财政政策，实施有效的管理措施。在 2013 年，日本公益财团法人出台环保融资的利息补贴政策，给环保企业给予优惠的补贴政策，增强企业在环保上的投资效率，在二氧化碳的排放上也给予利息补贴。作为被补贴的对象企业，要承诺在三年之内减少 3% 的二氧化碳排放量，没有达到标准的企业就要退还一定的利息或补贴。政府对企业还有建立环保制度的要求，对于没有达到排放标准的企业要建立环保型的融资政策。日本政府还推出了面向全社会的环保事业补贴，家庭、企业机构以及政府融合，在环境保护上共同携手。2015 年，日本财政部的补贴总预算达到了 18 亿日元。环保补贴的租赁者不需自行直接办理补贴相关的申请手续，而是租赁公司机构在签订租赁合同时将其作为特约条款从租赁费中扣除。在其他优惠政策上，日本还实施了绿色汽车的减税制度和生态住宅返点制度等。

四 新兴国家绿色金融创新发展经验

一些新兴国家开始注重绿色金融的发展。目前为止，巴西大约有 10% 的银行贷款被列为绿色贷款项目。孟加拉国也提出治理环境污染、废弃物排放，研发新能源，提高企业经济效益的相关制度。南非政府在 2011 年出台了保护环境、提升可持续发展动力的监督管理准则。马来西亚在 2014 年制定了机构投资者的规章准则，并要求企业在公司发展经济的同时，要满足环境保护的发展要求，应将可持续发展提到公司的发展章程中来。此外，印度尼西亚对金融机构快速兴起的股票市场提出了绿色评级的要求及标准。印度还制定了能源购买制度，政府支持涉及能源购买计划的违约保险，为融资项目建立套期保值相关工具。除此之外，新兴国家还注重绿色金融的创新条件，激发绿色市场的活力，加快推进绿色金融在服务实体经济上的作用，积极推进绿色金融市场创新产品的开发。新兴国家不断完善金融在产业链及低碳资源上的配置，积极探索碳金融理财的相关产品，建立低碳环境清洁发展机制，进行开发绿色债券以及研发碳交易金融产品等金融结构性创新。

第二节 绿色金融发展问题及成因分析

一 贵安新区绿色金融发展现状分析

根据 2008 年颁布的《绿色信贷指南》，我国走上了绿色金融发展的道路。此后又出台了一系列政策，例如：《关于落实环保政策法规防范信贷风险的意见》、《关于加强上市公司环境保护监督管理工作的指导意见》与《关于环境污染责任》绿色信贷、绿色保险和绿色证券三项环境经济政策等，这些都促进了我国绿色金融的进一步发展和完善，并以江苏、广东、湖北等多个地区为试点，且取得了一定的成效。2017 年 6 月，国务院决定在贵州、浙江、江西、广东和新疆等五个省（区）选择部分地区，设立绿色金融改革创新试验区。贵州省确定以贵安新区作为绿色金融改革创新试验区。由此，贵安新区成为西部地区唯一获准开展绿色金融的国家级试点，贵州贵安新区成为全国首批，同时也是西南地区唯一获准开展绿色金融改革创新的国家级试验区。

目前，贵安新区绿色金融的发展相对于一些发达的城市而言，理论和实践都处于相对落后的状态，但是贵安新区也有其独特的优势。首先，贵安新区具有良好的地缘、资源、环境等方面的优势，贵安新区建造了与大数据等有关的产业结构，这些结构不仅符合绿色金融的发展方向和要求，也是推动发展绿色金融的一个良好平台；其次，贵安新区为绿色金融进行了多次融资，将融入的资金投入新能源等项目，并引进、收购金融服务公司为绿色金融的发展提供支持，建立了"绿色金融港"。这对贵安新区绿色金融的发展具有一定的推动作用，也为绿色金融理论和实践的创新奠定了基础。

二 贵安新区绿色金融发展问题分析

贵安新区绿色金融发展处于一个初始阶段，还存在很多问题和不足，总的来说归结于以下几个方面。

（一）金融机构对绿色金融认知程度较低

贵安新区处于西部欠发达地区，经济与金融发展较为落后，绿色金融发展相对于其他地区起点较低。在绿色金融发展初始阶段，虽然贵安新区的很多金融机构已经在尝试发展与绿色金融有关的业务，但是大多数金融机构将绿色金融的短期盈利作为发展目标，在战略制定方面缺乏长远性。这主要源于贵安新区的相关金融机构对于绿色金融的认知程度比较低，没有认识到贵安新区未来的发展以及保护环境的社会责任，对于环保企业或者环保项目的投资缺乏主动性和积极性。

（二）对于绿色金融定义理解不透彻，缺乏完整的顶层设计

由于目前学术界和社会各界对绿色金融的含义和概念无法给出一个完整的框架和清晰的内容，绿色金融相关内容的传达也存在很大缺陷。顶

层领导部门与各个实际参与的金融机构在理解方面存在很多不同之处，二者的目标存在不一致，导致双方出现很多概念冲突，政策无法得以良好应用。此外，针对以上问题，政府部门缺乏顶层设计，尚未建立相关的协调机制和协调部门，帮助政府积极落实政策，使得相关政策才能充分体现在实践中。

（三）绿色金融工具匮乏

贵安新区发展绿色金融的融资方式主要是借助绿色信贷。对于贵安新区来说，绿色信贷并不是最佳的融资方式，对于绿色金融发展要求还远远不够。因为绿色金融工具不仅包括绿色信贷，还有绿色债券、绿色保险、绿色融资租赁等多种绿色金融工具。贵安新区不能仅仅局限于现有的融资方式，发行绿色债券、绿色股权融资、绿色投资基金等才是合适的融资渠道。目前，贵安新区在绿色金融融资渠道方面还有待扩展，还需要进一步创新绿色金融发展工具，为绿色金融发展提供更多的绿色金融工具。

（四）绿色金融发展制度尚未制定完善

首先是法律方面的缺失，虽然贵安新区出台了一些相关政策，但对于绿色金融的具体实施方案并没有完整的法律政策规范，这使绿色金融的发展缺少应有的规范性和约束力。总的来说，贵安新区绿色金融发展的相关体系还不够完善。现有的法律法规中，与绿色金融相关的政策也存在不少的缺陷，已有的政策体系无法与绿色金融的创新性完美匹配。例如，对于环保产品价格的界定无法与绿色金融的要求相适应，这说明政策相对落后，难以准确地反映稀缺资源、环保产品的应有价值。其次是由于绿色金融发展制度尚未完善，贵安新区参与绿色金融的金融机构较少，大多数参与主体是银行。而其他的相关机构，如保险公司、证券公司以及绿色企业等，不愿积极参加绿色金融发展。

（五）对环保产品的政策优惠力度不够

由于金融机构和企业的主要目标仍然是赚取利润，如果没有相关激励政策的支持，很难推动金融机构参与到绿色金融的发展中来。由于贵安新区金融机构设立不久，对绿色金融发展缺少全面性的理解，不能从实质上理解绿色金融的含义，尚未制定长远的战略和规划，加上没有政府优惠政策的支持，使得各个金融机构和企业缺乏应有的积极性，都持有观望态度，致使贵安新区的绿色金融发展缓慢。

三 贵安新区绿色金融发展问题的成因分析

贵安新区绿色发展之所以存在上述问题，其主要原因可以归结于以下几方面。

首先，贵安新区产业规模较小，产业结构不合理。产业发展规模和产业结构是经济发展和金融发展的基础。由于贵安新区成立时间只有三年，其产业集聚量偏小且产业体系不完整。据统计，贵安新区的产业规模小且对抗风险能力不强。这不利于贵安新区绿色金融和绿色投融资的发展。此外，贵安新区的产业发展缺少技术创新，这是因为贵安新区的地理位置所致，相对于发达地区，贵安新区在产业发展上不具优势，在人才和创新方面存在很大的不足，缺乏新兴产业发展的底蕴，不能为绿色金融发展提供产业基础，导致绿色金融无法快速发展。

其次，绿色金融发展规划尚未建立。尽管贵安新区是贵州省贯通东西南北的重要中间地区，具有重要的枢纽作用，也成为绿色金融改革创新的国家级试验区。但是，对于贵安新区而言，发展绿色金融还是一个比较新鲜的事物，很多事情都需要去磨合和探索。贵安新区作为一个年轻的国家级新区，基础设施建设尚未完善，自成立以来，把基础设施建设作为首要任务而忽略了绿色经济和绿色金融的发展。如果不能将绿色金融提升到战略发展层面，不能合理地制定绿色发展的战略目标和发展规划，贵安新区绿色金融将不能得到有效的推进。

最后，缺乏绿色金融发展政策配套措施。当前贵安新区的绿色金融政策目标主要是对一些企业发放绿色信贷，对绿色金融缺乏完整的战略安排和政策配套。各个机构对绿色金融的核心概念了解不透彻，对相关政策的理解不够全面，与贵安新区政府的沟通较少，存在很多认知方面的障碍和冲突。同时，贵安新区各个机构对国内外绿色金融发展趋势、环境风险评估技术和环境风险管理经验的了解尚不全面，学习不深入。

第三节　绿色金融创新发展路径

一　宏观层面：建立绿色金融制度框架

建立绿色金融相关法律法规。国内绿色金融的发展相对于发达国家来说，在制度框架的各方面都不完整，只有在几个一线城市中，提出了绿色金融的相关制度。但是完整的法律法规仍未正式出台，对于绿色金融的相关指示也尚不明确，而绿色金融市场体系的完善，需要法律的推动，要积极借鉴发达国家和发达地区的有关法律法规。首先，贵安新区相关部门要通过学习和了解发达国家的类似案例，并针对贵安新区绿色金融发展中存在的问题和漏洞，从绿色金融的监管和实施等方面提出建议，规范绿色金融的发展方向以及促进绿色金融相关内容的实施。其次，参与绿色金融的相关主体的义务和权利的规定现在还不清晰，缺乏较为统一的适用原则，这些都加大了绿色金融市场发展的风险，因此必须使法律法规健全，在促进相关制度完善的同时，也要遵循公平、效率等原则。

完善绿色金融优惠政策。政府的相关部门应当制定绿色金融发展的鼓励政策，从发达国家的发展情况来看，绿色金融的发展离不开政府的激励和扶持，比如降低与绿色金融相关的税收、补助等，通过这些优惠的鼓励政策为贵安新区的绿色金融的发展提供一个良好的环境和市场，以激励绿色金融的发展，使绿色金融市场更具有发展的活力。但贵安新区各级政府并没有将这一点积极落实，对于绿色金融的投入还远远不够。基于以上情况，首先，贵安新区政府有关部门应当出台相关鼓励措施促进绿色金融的发展，在制定相关政策时，涉及环境污染等方面，应当严加制止和加大惩罚力度，并促进环保企业的发展，加大环保企业的激励政策，积极扶持与绿色金融相关的债券，鼓励贵安新区各个法人金融机构通过合法渠道发行绿色债券，将筹集的资金用于环境保护。其次，在制定优惠政策时，贵安新区也要将绿色金融作为其考虑的因素，优惠政策对于绿色金融的发展有着重要作用，有效的优惠政策会为绿色金融的发展带来很多机遇。贵安新区的政府部门应当积极组建一些金融机构，为绿色金融的发展提供投融资，进一步引导资金的流动，通过一系列优惠政策使其他金融机构能够提高对绿色金融投资的积极性和参与度。

二　中观层面：推动绿色金融体制机制创新

首先要积极开发绿色金融衍生工具。金融创新能够推动经济的发展，绿色金融的核心就在于通过例如基金、股票、保险、贷款等金融工具将社会上的闲置资金汇总到环境保护、节能上来，通过相关政策将人们的投资偏好转移到环保节能项目中去。所以在制定信贷政策以及执行银行业务的时候，贵安新区应当将绿色环保的概念和精神融入，并向市场大力推广这种绿色证券、绿色保险等产品。如今我国的绿色金融市场的发展处于过渡期，绿色金融市场体系也逐渐走向成熟，与此同时，金融衍生品交易也有了很多经验。因此，贵州新区可以参考借鉴发达国家和我国发达地区的经验，对传统的衍生工具进行进一步的开发，与绿色金融相结合，推出绿色金融衍生产品。

其次要加大绿色金融人才培养和引进机制。贵安新区要积极推动绿色金融领域能力建设，需要从国内外相关机构和部门培养和引进一批优秀的金融人才和管理人才，利用这些绿色金融人才进行绿色金融技术创新和产品开发。各级政府也需加大资金投入，进一步培育这些人才，对绿色金融人才进行创新加以鼓励和支持。

三　微观层面：建立绿色金融市场体系

参与主体多元化。在贵州省和贵安新区政府的积极推动下，绿色金融市场已经有越来越多的参与主体。但是金融机构参与程度不高，绿色金融参与主体主要是银行，而除银行以外的金融机构对此没有太多参与，贵安新区应当积极鼓励金融机构参与绿色金融的发展。首先贵安新区政府部门应当加大对绿色金融相关的银行等金融机构的支持，向社会表明发展绿色金融的决心和信心，积极引导资金和资源向绿色金融流入。在此过程中，也要保证信息的充分披露、制定合理的风险管理系统。此外，为了促进企业加入绿色金融的建设中，可以制定合理的标准和等级对企业进行绿色评级，商业银行也应当积极配合，将环保节能等作为企业征信的一部分。政府不能只鼓励企业不断盈利，也要让企业的研究开发团队意识到环保的重要性，将此付诸实践，让企业也承担起它们的社会责任，践行绿色发展。

注重绿色金融的监管。首先，要成立绿色金融发展管理部门，学习和探索绿色金融的发展方向和内容，协调绿色金融发展的各个部门，提出绿色金融发展意见。其次，要做好风险管理，对绿色金融发展的重要部门和服务进行密切的监管，提前做好金融风险防范，防止金融风险的发生。最后，政府相关部门和有关企业要加强联系和沟通，以便推动相关政策的进步和落实，了解绿色经济与绿色金融发展中存在的风险，提前采取风险管理措施。

完善绿色金融发展的融资形式。第一，贵安新区各级政府要积极鼓励商业银行和政策性银行参与绿色金融发展，让这些银行为具有发展前景的环保绿色项目和企业提供资金支持；第二，可以建立绿色产业基金，通过对部分企业、工厂收取污染费来筹集资金，并将资金投入绿色企业的产品生产，对这些绿色企业的生产经营等方面进行支持，使绿色金融的技术促进绿色企业又快又好地发展起来；第三，可以加大对外招商引资力度，将国内外资本引进贵安新区绿色企业发展中，大力引进环保技术，促进环保绿色企业发展，并对环保绿色企业的进口和出口给予优惠政策。

第四节　绿色金融改革创新举措

一　强化绿色金融机构体系建设

大力发展金融总部经济。由省金融办牵头，人民银行贵阳中心支行、省银监局、省证监局、省保监局配合，支持和引导各类金融机构在贵安新区设立总部机构、后台服务中心（包括数据中心、灾备中心、清算中心等），不断增强贵安新区金融业的集聚力和辐射力。

积极推进本土金融机构设立。由省金融办牵头，人民银行贵阳中心支行、省银监局、省证监局、省保监局配合，大力支持省内优质企业在贵安新区发起新设各类以绿色为主题的金融机构，增强本土金融机构的市场影响力。

鼓励金融机构在贵安新区设立绿色分支机构。由省金融办牵头，人民银行贵阳中心支行、省银监局、省证监局、省保监局配合，推动各类金融机构在贵安新区设立绿色专营机构、专业子公司、绿色金融事业部。

培育各类金融机构发展。鼓励有条件的大型企业集团成立财务公司，提高资金运用于绿色产业的效率和水平；支持金融机构、民间资本在黔参与或独立发起设立绿色村镇银行、担保公司、小贷公司、融资租赁公司等各类金融机构，为全省从事绿色产业的中小微企业和个体工商户提供全面绿色金融服务。

二　鼓励绿色金融产品服务创新

鼓励银行业金融机构探索创新绿色业务。由人民银行贵阳中心支行、贵州银监局牵头，鼓励省内各家银行业金融机构研究借鉴赤道原则有关内容，提高绿色信贷水平，推动建立绿色银行评级制度。探索创新针对大数据、大文旅、大健康、新能源新材料、生态农业、节能减排等产业的绿色投融资服务。

探索多种绿色信贷方式。由省环保厅、人民银行贵阳中心支行等单位牵头制定《支持绿色信贷产品和抵质押担保模式创新的指导意见》，指导排污权抵押融资、国际碳保理融资、国际金融公司能效贷款、绿色中间信贷等产品创新，探索将特许经营权等纳入贷款抵（质）押担保物范围。

鼓励推动绿色企业运用资本市场发行绿色证券。由贵州证监局牵头，鼓励贵州绿色企业在国内主板、中小板、创业板、区域股权交易市场和境外上市融资，发行绿色证券，支持全省绿色企业借助资本市场做大做强。

积极创新绿色保险产品和服务。由贵州保监局牵头指导，支持在黔保险机构发展绿色保险业务、创新绿色保险产品和服务、支持绿色投资。鼓励保险机构设计专门产品和定制特色服务，加大对大数据、大文旅、大健康、新能源新材料、绿色建筑、生态农业、节能减排等产业的保险支持力度，助推绿色产业发展。在重点领域和产业推行环境污染强制责任险。

推动"险资入贵安"。贵州保监局、贵安新区管委会加强与保险资产管理机构对接，鼓励其在贵安新区设立分支机构，以贵安新区为贵州省绿色金融中心，支持保险资金以股权、基金、债权等多种形式投资贵州省绿色环保项目，为贵州省的生态文明建设提供绿色金融支持。

争取在贵安新区设立碳排放交易试点。由省发改委牵头，力争在贵安新区设立碳排放交易试点，推动全省碳交易发展。

三 细化绿色金融重点支持方向

设立贵安新区绿色金融大数据中心。由贵安新区管委会牵头，结合贵安新区大数据与服务贸易融合发展示范区特色以及大数据产业优势，设立贵安新区绿色金融大数据中心。

支持贵安新区"1+5"产业发展。由省政府金融办、贵安新区管委会牵头协调，大力支持在贵安新区发展以绿色金融为主体，绿色产业、绿色建筑、绿色基础设施（含绿色交通）、绿色能源、绿色消费为支撑的绿色产业体系，并将该模式推广、复制至全省。支持和鼓励各类金融机构围绕以上绿色产业提供金融服务。

着力发展绿色能源产业。由贵安新区管委会、省电力公司等单位牵头，充分发挥贵安新区新能源产业优势。在贵安新区重点培育太阳能、储能、车桩网一体化、电池银行等相关产业，突出发展贵安新区绿色特色产业。

四 构建绿色金融风险管控体系

开展全省企业信用创建工作。由省经信委、贵安新区管委会等单位牵头协调，发挥贵安新区大数据产业优势，整合资源，结合省金融办"金融云"，推广信用报告、信用评估成果在行政许可、资质认定、招标投标、银行贷款、债券发行、公司上市等方面的查询应用。加强社会信用体系基础设施建设，完善行业部门有关信用信息系统和地方公共信用信息平台，加大非信贷信息采集工作力度，实现工商、税务、法院、环保、社保、质量技术监督、交通、公用事业、卫生计生等部门有关社会信用信息的采集建档和共享，实现信用信息互联互通、信息共享。

健全风险防范机制。全省各监管部门要严格依法打击金融犯罪活动、逃废金融债务行为、骗保骗赔行为，取缔非法集资、地下钱庄、地下保单、非法发行股票及证券等非法金融活动。强化对资金流向的跟踪监管，加大金融支持绿色经济发展力度，引导并监督企业营造诚信环境。另外，要运用大数据等现代手段编制贵州省生态产业主要数据、预测投资中可能遇到的金融风险，采取规避防范措施等，以帮助金融机构在绿色金融业务中加强风险管理。

五 健全绿色金融政策支持体系

进一步加大财政支持力度。由省财政厅牵头，省级财政每年安排不低于 5 亿元的专项资金，支持贵安新区绿色金融发展。

设立绿色产业发展基金。由省政府金融办、省财政厅、贵安新区管委会等相关单位牵头，与各家金融机构联合设立规模不低于 200 亿元的绿色产业发展基金，支持贵安新区绿色产业发展。

设立贵安新区金融监管局。由省编委办、省政府金融办、贵安新区管委会牵头，在贵安新区设立贵安新区金融监管局，统筹协调贵安新区绿色金融发展相关工作。

加大绿色金融创新人才培养力度。由省教育厅、省政府金融办牵头，在贵州财经大学设立绿色金融创新发展研究院，增设绿色金融专业，力争 2018 年招生，加强贵州绿色金融人才培养。

设立贵安新区绿色金融研究院。由省金融办、贵安新区管委会、贵州财经大学等单位牵头，设立贵安新区绿色金融研究院，加强与国内外绿色金融研究机构的交流与学习，为贵州绿色金融提供专业化技术支持。

参考文献

马俊：《论构建中国绿色金融体系》，《金融论坛》2015 年第 4 期。

林欣月：《我国绿色金融的内涵、现状和发展对策》，《现代经济信息》2016 年第 7 期。

侯佳儒：《美国可再生能源立法评介》，《风能》2010 年第 5 期。

刘艺：《美国可再生能源税收激励政策及借鉴》，《中国中小企业》2010 年第 8 期。

P Aguiarsouto, J G Mirelis, L Silvamelchor, "Guidelines on the Management of Valvular Heart Disease", *European Heart Journal*, No.19,

2012.

杨继瑞:《大学创业教育的国际借鉴》,《光明日报》2011年2月23日。

刘冰欣:《日本绿色金融实践与启示》,《河北金融》2016年第7期。

清水聪、柳弘:《马来西亚机构投资者发展状况》,《南洋资料译丛》2014年第2期。

王彤宇:《推动绿色金融机制创新的思考》,《宏观经济管理》2014年第1期。

邓翔:《绿色金融研究述评》,《中南财经政法大学学报》2012年第6期。

李仁杰:《市场化与绿色金融发展》,《中国金融》2014年第4期。

易金平、江春、彭伟:《我国绿色金融发展现状与对策研究》,《特区经济》2014年第5期。

王小江:《提升绿色金融政策执行力的途径》,《环境保护》2009年第15期。

第四章

贵安绿色发展质量体系

本章主要介绍了贵安新区花溪大学城的质量发展取得的成果和不足之处，并针对存在的问题提出了合理的解决措施，力争把大学城建成为"功能齐全、服务完善、交通便捷、环境优美、管理科学"的一流现代化科教新城，同时对贵安新区绿色制造、绿色人居环境、绿色消费、绿色能源进行梳理，结合美国、加拿大、日本、韩国、欧盟等国家和地区在此方面取得的成果进行对比和分析，针对贵安新区在绿色制造、绿色人居环境、绿色消费、绿色能源方面的发展现状、发展中存在的问题提出了一系列有针对性的建议措施，初步形成贵安新区绿色发展质量体系。

第一节 绿色大学城建设

花溪大学城位于贵安新区东南部，是贵安新区核心职能聚集区的五大新城之一，规划面积 63.46 平方公里，其中建设区 30.37 平方公里，生态保护区 33.09 平方公里，规划总人口 60 万人，其中学生 25 万人，该大学城被定位为贵州省的"人才高地、科创基地、生态园地"。2016 年，贵州省委、省政府主要领导高度重视花溪大学城建设发展，三次研究花溪大学城规划，要求大学城"立足贵安、服务全省、面向全国、走向世界"，把其建成"功能齐全、服务完善、交通便捷、环境优美、管理科学"的一流现代化新型城市，为花溪大学城注入强劲的动力。

一 花溪大学城发展概况

长期以来，贵州省属高等院校大多处在贵阳市城区中心地段，由于城市建设的不断拓展，这些学校的校园面积大多呈现不断缩小的状态。由于校园土地的制约，无法提供优良的教学科研环境，成为阻碍全省教育科研发展的关键瓶颈。为破除瓶颈，推动贵州科研教育水平提高和教育事业跨越发展，2011 年省委、省政府选址党武乡建设高校聚集区，将贵阳市区内的省属高校整体迁移，2013 年 4 月 1 日，国家级新区贵州省贵安新区成立并接管花溪大学城。花溪大学城迅速成为贵州省强功能、聚人气，最迫切、最急需的核心功能板块。如今 9 所高校入驻，入驻师生近 15 万，区域人口达 18 万，骨干路网覆盖区域 42 平方公里，建成区域面积超过 11 平方公里，累计完成投资 400 亿元。当前，大学城已经成为贵州省科教资源最为集中和科技创新最为活跃的重要区域，人流、物流、信息流、资金流等区域经济发展要素快速聚集。花溪大学城的建设者们正按照"生态立城、产业兴城、文化铸城、创新强城"的发展理念，积极探索"大学城 + 大学生 + 大数据 + 大创意"模式，实施"强功能、兴产业、聚人才、提品质、抓双创、建新城"六大举措，为把花溪大学城建成为一流现代化新型城市努力奋斗。

二 2016~2017 年花溪大学城发展亮点

（一）绿色引领——建设生态之城

中央城镇化工作会议强调"体现尊重自然、顺应自然、天人合一的理念，让城市融入大自然，让居民望得见山、看得见水、记得住乡愁"。按照省委、省政府建设大学城总体目标和发展定位——"功能齐全、服务完善、交通便捷、环境优美、管理科学"的现代化新型城市，花溪大学城将成为贵州城市建设的一颗明珠。花溪大学城总规划面积 63.46 平方公里，划定生态保护区 33.09 平方公里，区域内无工业企业，多低丘缓坡地形地貌，上风上水、清河绕城、植被茂密，年平均气温仅 15℃，夏无酷暑、冬无严寒，空气质量良好。

1. 以规划为龙头，推动绿色发展

花溪大学城坚持"高端化、绿色化、集约化"要求，遵循绿色低碳的建设理念。2016 年初花溪大学城规划提升工作启动，经过多轮比选，在广泛征求高校校长、教师、学生及社会各界意见后多次讨论并修改完善，《花溪大学城总体规划》于 2016 年 10 月完成。总规划面积 63.46 平方公

里，其中城市建设用地为 30.37 平方公里（不含马场片区 1.94 平方公里），生态保护区 33.09 平方公里，以"人才高地、科创基地、生态园地"为规划理念和目标定位，空间结构和功能布局为"一脉一芯两谷三片区"。"一脉"即松柏山脉（松柏山水源生态涵养区），"一芯"即高校聚集智芯，"两谷"即思丫河文化创意谷和翁岗河科技创新谷，"三片区"即北部综合服务片区、党武文创旅游片区和金牛湖科学城片区。《花溪大学城总体城市设计》《花溪大学城控制性详细规划》于 2016 年 12 月通过新区规委会审议，2017 年 6 月《花溪大学城控制性详细规划》公示完成，目前正在组建报批，在保留自然山水肌理的同时，强化了城市的空间立体性、平面协调性、风貌整体性。花溪大学城依托两条河——思丫河和翁岗河来打造两大公园——泓文公园和金牛湖公园，使整个大学城成为一个大景区。两河两园整体项目包含三大内容：修建性详细规划、景观设计工程与相关专项工程。其中修建性详细规划对整个两河两园的发展定位、主导功能、空间结构、景观体系等方面进行总控，指导具体景观方案的设计与实施，景观设计工程对两河两园景观概念、景观硬景、植物、景观给排水、景观电气、海绵城市、标识系统等进行设计。相关专项工程主要涉及河道整治、湖体扩容、地质灾害整治、市政工程、水土保持工程等专项内容，为整个项目提供实施与工程方面的支撑。用好生态特色，坚持道法自然、以自然为美，不挖山、不填湖，多为城市"种绿"、多为生态"留白"，保持共生共存的原生态自然风貌，把好山好水融入城市中。

2. 遵循自然规律，实施绿色工程

2016 年，花溪大学城统筹推进产业发展、城市开发和生态保护，注重生产、生活、生态"三生融合"发展，促进生产空间集约高效、生活空间宜居适度、生态空间山清水秀；实施大学城"山、水、林、田、湖"生态保护和修复工程，基本建成主题鲜明、景致优美，集休闲、娱乐、游憩、绿色、环保为一体的思丫河、翁岗河、金牛湖公园、弘文公园"两河两园"一期工程；同时依托"绿色贵安三年会战"，实施大学城全域景观绿化提升工程，大学城内各高校也加快各自区域内山头绿化建设，山头景观提升涉及山头近 60 座，其中有 44 座需人工改造，总面积约 1300 公顷，预计总投资 28 亿元。大学城内各高校还大力提倡低碳出行、风光互补、中水回用等，每家高校内都有专门的电瓶车环线以满足师生出行需求。学校的路灯利用风光互补发电的原理，在节约能源的同时体现了美化环境、保护环境的理念。学校的景观用水则是利用了中水回用，将学校的生活用水经过处理后作为景观用水和绿化灌溉。

（二）产城融合——建活力之城

为了构建一流的产业发展体系，花溪大学城依托贵安数字经济产业园建设，打造花溪大学城数字经济产业集聚区，围绕"一区、两园、三镇、四基地"的产业布局，做强载体，做实平台，加大招商引资力度，着重推进项目落地实施，以"大数据"为主导的关联产业快速集聚，经济发展基础进一步夯实。

截至 2017 年 7 月，花溪大学城累计注册企业和师生创业团队 181 家，年度总产值 17183.68 万元，年度纳税总额 913.091 万元；29 万平方米的数字经济产业园，已正式投入使用，累计注册企业 100 家；谋划启动约 5 万平方米师大联合创新基地，目前已确定落户 FAST 数据处理中心、上海生命科学研究院贵安新区生物医学大数据中心、微软创新实践中心及贵安超算中心。

1. 招商引资规模效应显现

截至 2017 年 7 月，大学城招商引资项目共 172 个，已签约项目 93 个，在谈项目 36 个，意向性项目 57 个，总投资 369.3456 亿元。已入驻大学城双创园企业 75 家，签约入驻数字经济产业园企业 20 余家，其中世界 500 强企业 3 家（HTC、百度、现代汽车）；重点落地中国科学院上海生命科学研究院贵安新区生物医学大数据中心项目、阿里巴巴创新中心（贵安新区）项目、猪八戒网"云创大学城"、贵州射电天文台及 FAST 数据处理中心、"数据回家"（中国）大数据惠民行动计划项目、达内西南总部基地项目、贵安数字泛娱乐智造中心项目、神工众志互联网家装众包服务平台项目、大数据技术服务中心、贵安超算中心建设项目、普兰金融大数据项目和贵安数字娱乐项目等；招商引资企业兑现 5 家，兑现资金 2408 万元，正在积极办理大周互娱公司申请人才引进、融资奖励资金 290 万元，上海新致软件服务器购置补贴 120 万元，上海贝格第二批用工补贴 370 万元，HTC威爱教育落户奖励500万元等政策兑现。项目资金申报成果显著，2017年上半年累计完成五十余次项目申报工作，有"贵安新区花溪大学城省级双创示范基地项目"、"贵安大数据清洗加工基地"和"贵州省省级数字经济试点示范园区"等示范园区项目获批。

2. 有序推进服务贸易工作

落地数据宝平台项目、新致云数据产业园项目、空中网项目、猪八戒众包小镇项目、大数据技术服务中心项目、贵安数字泛娱乐智造中心项目、达内教育集团、韩国首个海外大数据中心等服贸项目。联合猪八戒网共同打造服务外包基地，与大学城双创园共同打造2700平方米的服务众包平台；通过与贵州师范大学、贵州财经大学、贵州轻工职业技术学院等高校开展紧密合作，采取"3+1""2+2"模式，引进中外联合办学项目，推动服务贸易人才的培养，落地微软IT学院、IBM学院、印度NIIT培训学院等专业机构，培训学员共计1200余人。

（三）项目推动——建便利之城

着眼于给大学城师生提供良好学习环境、便利生活条件，满足师生工作、学习和生活中的实际需求，花溪大学城把抓项目建设作为城市建设的总抓手，针对广大师生提出的交通出行、入学就医、生活便利等问题，大学城管委会抓痛点、攻难点、补弱点，全力以赴推进基础设施、公共服务、商业配套等建设项目。截止到2017年7月，大学城在建项目32个，拟建项目20个，在建项目总投资399亿元，拟建项目总投资429亿元，建成区达11平方公里。

1. 基础设施建设取得重大突破

在已建成25公里市政路网基础上，续建人才路、文化路、科技路、博士路、花燕路南段5条道路，总长约18公里；新建王羲之路、花燕路南段延伸线，总长约1.6公里；筹备祖冲之路、科学路、松柏环线、创业路、思雅路南延伸段、思雅路北延伸段、思杨路北延伸段7条道路。截止到2017年7月，大学城通车里程达32公里，年内完成博士路、花燕路、王羲之路、祖冲之路等城市道路建设后，通车里程将达45公里。大学城垃圾收运站土建施工及设备安装已完成；大学城北枢纽站正在编制区域交通组织专项设计，待审查通过后深化设计方案；大学城全域 WiFi 工程一期已完成，覆盖师大、医科大、中医、轻工、财大及栋青路沿线，二期已启动；天网工程二期正有序施工，预计 2017 年内完工；思丫河截污管道工程已完成管沟开挖 1.6 公里、管道铺设 1.1 公里。

2. 社会管理和公共服务设施不断完善

建设完成"天网工程"，实现了无线 WiFi 全覆盖；成立了治安巡防队，实现网络化、网格化管理；大学城社区医院投入使用；大学城第一幼儿园、小学已进入施工收尾阶段，预计 2017 年 7 月底完工，9 月招生入学；大学城第一初中正在进行基础及部分单体主体施工；师大附中正在进行基础施工；贵阳中医学院附属医院一期场平基本完成，正在进行孔桩施工。大坝井安置点完成一期回迁安置，翁岗安置点主体工程基本完成。

3. 商住产业配套有序推进

群升大智汇 20、25、28、29 号地块正在有序施工，2016 年 12 月开盘后，已推出 25 号地块三个组团 2600 余套住房、160 个临街商铺；碧桂园学府 1 号一期 123 亩（16 万平方米）商住小区首期实施的 3 个单体主体基本完工，6 月开盘推出 1100 余套住房、50 个临街商铺；东盟小镇 9 号地块基础施工完成 75%，地下室完成 60%，局部施工至 2 层，14 号地块土石方施工完成 15%；中影贵安国际影视城主体施工完成 50%，已开盘；恒大花溪童世界一期地价评估和土地成本核算已完成，近期进行土地挂牌；中国 – 东盟教育交流周永久会址及配套酒店已建成并投入使用。投资近 18 亿元 29 万平方米贵安数字经济产业园项目装修建设正有序进行中，2017 年底建成投入使用。

（四）人才高地——建科技之城

经过 5 年发展，花溪大学城坚持"人才高地、科创基地、生态园地"发展定位，积极探索"大学城＋大学生＋大数据＋大创意"发展模式，用创新思维培养学生，塑造全方位、复合型人才。

1. 校地联动，共建平台

花溪大学城按照"多校一园区模式"，与高校联合共建贵州科教创新基地。充分发挥省发改委、省科技厅、省大数据局、省经信委、省教育厅的优势，各高校多方共建产学研合作平台，与贵州师范大学达成共识，共建贵州省校企科技创新基地，落地"两大一超"（生物医学大数据中心、FAST 天文大数据中心、贵安超算中心）新区大数据科技基础设施项目。按照"一校一品"模式，发挥各高校专业特色优势，共建孵化园区，与贵州医科大学共建大健康展示中心，与贵州财经大学、贵州师范大学共建创业大学。依托贵安数字经济产业园，广辟政产学研合作渠道，与猪八戒网共建云创大学城，为高校毕业生提供了更多创业就业平台。同时以"互联网+"为手段，重点打造 O2O 模式的大型综合检验检测服务平台，实现高校信息资源的共享。2016 年 6 月底，贵州省仪器公共在线服务平台正式上线，平台整合大学城各高校及服务机构 201 家，入网大型科学仪器设备 3000 余台，在线服务订单近 800 个，公开检测服务 1731 项。

2. 以人才为重点，培育数字人才

实施"324"数字人才培养工程，每年引进 10 家以上大数据人才培训机构；推动发起"助训贷款"项目，采取"一次核定、差异授信、余额控制、随到随贷、循环使用"的动态管理模式，推进专业培训先学习后还款模式。引进合作办学，落地 NIIT 学院、微软 IT 学院、贝格大数据公司、数据宝公司等培训机构及大数据企业为大学城培养大数据人才 3425 人。举办 2017 年春季招聘会，共有 270 余家省内外企业参加本次招聘会，提供 5200 余个就业岗位，6000 余名应届毕业生参加招聘会，2546 人与企业达成就业意向。其中，500 余名大学毕业生与新区 59 家企业达成初步就业意向。

3. 以企业需求为导向，推动校企合作

积极把高校的学科链切入园区企业的产业链，推进政产学研的全面战略合作。打造"订单式"人才培养模式，与 NIIT 学院合作，共建大数据人才联合培养模式。搭建企业博士后流动站平台，如贵州数据宝科技有限公司与贵州师范大学共建研究生、博士生工作站，实现企业与高校创新创业人才互通。建立网上人才市场，及时发布企业需求和毕业生求职意向，用大数据手段实现人才需求精准匹配。

4. 出台落户政策，让老师和学生留下来

出台了《关于鼓励促进师生落户花溪大学城政策措施》，主要给予师生购房、租房、家居、物管、培训等补贴。目前师生落户政策申报系统

基本搭建完成，正在组织申报兑现工作，目前政策申报195份，涉及金额276.7701万元。

5. "双创"平台——建创新之城

2016年5月，贵安新区被列为全国首批28个"双创"示范基地之一；同年8月，《贵安新区国家双创示范基地工作方案》正式出台，提出把新区建成全国大数据创新创业首选地、大创意产业转化目的地、大学生实训实践集聚地的总体目标。作为贵安新区"双创"的主战场，花溪大学城管委会创新体制机制，与贵安新区创新创业服务中心合署办公，构建了贵安新区创新创业服务中心。花溪大学城还依托各高校的教育、科研、人才资源，由花溪大学城管委会与贵州轻工职业技术学院联合打造了政、校、企三方合作示范基地和大学生创新创业孵化器，促进产学研合作及科技成果转化，营造大学城创新创业氛围，激发广大师生创新创业热情。2016年以来，花溪大学城着力实施"三抓"工程，全力打造国家双创示范基地。现落户花溪大学城创业企业256家，带动就业5000余人，拥有创业团队161个、孵化平台29个，设立创业服务机构43个，培养创业导师281名。

6. 抓实载体建设和创客项目

在建立4000平方米贵安创客联盟总部基地的同时，建成4万平方米的大学城双创园，承担大数据和大健康产业加速、高校师生创意创业孵化、双创综合服务职能，110家大数据企业和高校师生创业团队入驻办公，带动大学生就业1530人。建设"一园两镇两基地"，启动27万平方米的大数据小镇、140万平方米的创客小镇、35万平方米的北斗物联网大数据产业集聚区基地、26万平方米的知行·创客新天地项目建设。

7. 抓实双创活动和服务体系

按照"一周一论坛、一月一赛事、一季一嘉年华、一年一大会"活动机制，举办了创客嘉年华沙龙、骑行大赛、微软"创新杯"大赛、"三创"大赛贵州赛区总决赛、"互联网＋"大学生创新创业大赛、电子商务大赛、2016"创响中国"贵安巡回接力活动、双创开街及全国双创主题活动周贵安站活动。2016年共开展双创活动56场，其中大学生创新创业培训活动11期、创客嘉年华2场、创业论坛34期、创新创业大赛9场，吸引35000以上人次参与。完善贵安新区创新创业服务中心。入驻包括行政审批、国地税、公积金与社保中心等一批政务服务部门；设立创业服务超市，引进包括人力资源、知识产权、项目包装等在内的涉及创业初期 8 类主题服务的 11 家 24 项中介服务机构，为创业者提供精准化一站式服务。以政务部门服务 + 双创超市服务模式，搭建双创服务组织，发放双创宣传册 12000余份，加强双创政策宣传，狠抓双创奖励扶持政策落实。

8. 抓实引导就业

2016 年，联合举办两次大型招聘会，吸引 400 余家企业参与，提供岗位 5000 余个，现场咨询人数超过 10000 人次，拟达成签约人数 4000 余人。2017 年上半年，新增创业企业 97 家，其中大学生创业企业 51 家，带动就业 287 人，申请政策扶持 21 家，扶持资金兑现 17.285085 万元。截至 2017 年 7 月，累计入驻企业 312 户，其中大学生创业企业 102 户，累计带动就业 6200 余人，其中大学生 3600 余人。创新创业扶持资金累计兑现 705.05 万元。

三　花溪大学城建设发展的优势与挑战

花溪大学城是贵州省的大学城，是贵州实现后发赶超的智力保障，也是贵安新区科教功能的核心板块，当前，花溪大学城建设发展取得了突破性进展，但随着战略作用和功能的提升，也逐步暴露出一些问题，优势和挑战俱存。

（一）花溪大学城的优势

1. 区位优势

大学城原属贵阳市南部中心区域，是贵阳市花溪区南部新城核心区，划归贵安新区管理后，属贵安新区核心功能区之一。花溪大学城在区位上位于贵安新区直管区与非直管区接壤地带，是贵安新区连接贵阳市的桥头堡，距贵阳市中心区 28 公里、龙洞堡国际机场 35 公里，南环线、轻轨 S4 线、环城快铁穿境而过，栋青路、思孟路、思杨路、花燕路、思雅路、甲秀南路、黔中大道等城市骨干道路业已形成。

2. 教育科研资源优势

大学城聚集了贵州省最丰富的教育资源、最优质的人力资源和最强大的科研力量。规划入驻 12 所省属高校，涵盖理、工、农、医、文、经、管理、教育、历史等九大学科门类，拥有 3 个院士工作站，1 个博士后流动站，5 个博士学位授权点，1 个博士培养项目，38 个一级学科硕士学位授权点，238 个二级学科硕士学位授权点，15 个专业学位硕士点，27 个国家级重点实验室、研究中心、科研基地和学科，若干省部级科研机构或研究基地。从大学城高校聚集区的构成来看，除了本土的 12 所高校外，未来将引进 5~7 家国外教育机构到大学城合作办学。最丰富的教育资源、最优质的人力资源、最强大的科研力量是推动大学城产学研一体化发展的基础和保障，也是建设发展的动力源泉。

3. 国家级新区政策优势

贵安新区是国家"十二五"时期规划的西部五大新区之一，是实现贵州后发赶超、跨越发展的主战场，自筹建以来，得到了国家和省委、省政府的大力支持。花溪大学城是全国唯一一个位于国家级新区的大学城，不仅享受其他大学城的优惠政策和扶持，还享受国家级新区的政策支持，多重政策利好。

4. 后发赶超优势

20 世纪 90 年代初，全国开始探索建立大学城，其中既有成功典范，也有失败之例。花溪大学城建设虽然起步较晚，但有国内外著名大学城建设的成功经验可借鉴，不论是战略定位、总体规划，还是整体布局、运行机制、功能定位都可以做到更加合理、优化。花溪大学城能在短期内迅速崛起，正是贵州"跨越式发展"后发优势的有力印证。

（二）花溪大学城存在的问题

1. 大学城城市规划先天不足，区域划分不清

大学城建设最初目的主要是破除高校校园建设用地制约藩篱，按照高校聚集区进行规划，因此未对市政设施、公共配套等进行充分考虑，加之高校建设进度较快，现有高校集聚区已形成一定规模，但整体前期规划不足、区域功能划分不清、区域协调度不高。同时，区内高校办学方向、学科设置、文化脉络等迥异，造成整体规划融合性较差、管控不严谨、配套不健全，建筑风貌不成体系。

2. 城市功能不完善，配套建设需要再提速

大学城内区域联动的交通体系尚未完全形成，垃圾收集系统、电力供应等市政设施难以满足高校师生需要；大学科技园、大学生创业园所需要的硬件设施建设滞后；教职工居住、就医、文化休闲、子女入学、娱乐购物等公共服务配套设施匮乏，"学生住读、教师走教"情况较为普遍，公用设施太少，服务功能不健全。

3. 大学城政产学研结合不够，资源整合共享度不高

大学城党工委、管委会承担区域建设、发展和管理服务职能，但在内部机构设置上存在部门设置缺失问题，导致现行行政机构无法向辖区内服务对象提供完整的公共管理和社会服务保障，在统筹产学研协调发展方面显得力不从心。同时，区内高校校本观念较强，校际交流、资源共享、协同创新一体化体系尚未全面形成，缺乏统一的协调管理机构和机制；大学城和发达地区高等教育院校与机构合作程度低，高校资源潜力尚未充分发挥，区域优势互补良性互动机制尚未全面实现。

4. 大众创业万众创新的实践效果尚未凸显

目前，大学城大部分企业没有建立自己的企业技术中心，企业创新意识不强，研发投入不足；担负知识和技术传播任务的高校教育门类不全，力量薄弱，服务能力不强。科技政策体系不够健全，技术创新投入相对不足，科技资源的配置不尽合理，科技成果转化及产业化率不高，大学城内还没有完全形成大众创业万众创新的社会氛围。

四　花溪大学城建设发展趋势展望

花溪大学城"十三五"时期工作的总体思路是：坚持"人才高地、科创基地、生态园地"定位，探索"大学城＋大数据＋大创新"发展模式，全面推进城市现代化和新型城镇化，以"智能＋生态"作为建设发展主路径，统筹生产、生活、生态三大布局，政府、高校、企业三大关系和规划、建设、管理三大环节，着力提高城市建设发展的全局性和系统性，把大学城建成"功能齐全、服务完善、交通便捷、环境优美、管理科学"的一流现代化新型城市，努力把大学城建设成为贵州城市的一颗明珠。

强化规划引领，走科学发展城市化之路。2015年6月，习近平总书记视察贵安新区时强调指出："新区的规划和建设，一定要高端化、绿色化、集约化，不能降格以求。项目要科学论证，经得起历史检验。"因此，花溪大学城的规划要引入国际规划设计先进理念、一流规划设计单位和规划团队。一是全面优化提升控规和城市设计。尊重自然、顺应自然、保护自然，采取低冲击、紧凑型开发模式和组团式空间布局，充分应用智慧城市、生态城市、海绵城市等建设理念，保护好、利用好"山、水、园、林、湖"原生态优势。充分保护好、利用好山地特色的自然风貌、现代本土的建筑风貌、多姿多彩的文化风貌。花溪大学城要按照 2016 年《花溪大学城总体城市设计》《花溪大学城控制性详细规划》抓好实施，同步完成大学城城市风貌、道路风貌、生态风貌、文化风貌导则编制，形成"五位一体"城市风貌体系。二是要建立面向公众的规划信息服务平台和数字化规划管理系统。让公众了解规划、参与规划、监督规划。严肃法定规划权威，强化风貌导则和城市设计的管控作用，实现精细化、动态化、全覆盖管理。

（一）完善城市功能设施，走智能型城市化发展之路

坚持"绿色、循环、低碳"理念，充分运用物联网、云计算、大数据等先进技术，加快智能交通、智能管网、智能电网、智能水务、智能网络等基础设施建设，将各类基础设施整合衔接、集成管控，推进基础设施全域智能化、功能高端化，打造"互联网＋城市"样板。一是构建便捷的交通体系。建立与贵阳市、新区中心区互联互通的市政道路、快速通道、轨道交通一体化交通体系，建立大学城区域便捷公交系统和全域慢行系统，推广绿色公交、新能源出租车试点应用，推进电子车牌（RFID）、高清视频、GPS/北斗等感知体系建设，建设综合智能交通信息系统，实现交通诱导、指挥控制、调度管理和应急处理的智能化。二是全面实施城市地下综合管廊建设工程，统筹综合管廊规划建设、管理维护、应急防灾等全过程，实现地下空间、地下管网的信息化管理和运行监控智能化，真正守住城市运行的"生命线"。加强城市电力设施建设，应用先进的通信技术、传感器技术、信息技术，完善智能电网基础通信，发展智能电网高级应用，促进电网设备间的信息交互，实现电网安全可靠、经济运行、节

能降耗以及优质服务。构建覆盖供水全过程、保障供水质量安全的智能供排水和污水处理系统，建设智能水务管理系统平台和数据中心，实现水资源信息互通、资源共享及业务协同，提升供排水安全保障和水资源管理的支撑能力。三是宽带网络设施建设，大力推进光纤宽带网络、下一代网络（IPv6）、4G网络、无线宽带网络建设，着力实施"光网城市"工程，加快推动功能性信息服务平台、网络信息安全保障体系建设，推广应用信息终端和信息普及服务，建成"宽带、融合、泛在、共享、安全"的新一代信息基础设施。

统筹政产学研，走资源共享城市化之路。坚持以企业为主体、市场为导向、政府引导、院校支撑的合作机制，充分发挥市场优化配置创新资源的基础性作用，加强产业资本、知识资本和金融资本的有机结合，开展多层次、全方位、可持续的政产学研合作。一是着力提升高等教育水平，做大做强高校集聚区，引进国际国内知名大学和科研院所开展教育、科研、项目合作，推进理工类、高科技大学建设，设立与地方经济社会发展和新兴产业发展相适应的专业学科和科研机构，鼓励高校创新办学理念、学科设置、课程设置。二是构建产学研合作联盟，借助企业的市场、资金、人力、技术资源，联合高校院所整合优势学科和优势技术资源，组建一批产学研合作联盟、校企联盟等。围绕特色产业发展，面向基层寻找科研课题攻关克难，共同承接国家、省、新区重大科研课题，形成一批拥有自主知识产权的核心技术和创新产品，提升园区、企业和优势产业的核心竞争力。三是共建技术创新研发平台，加大政府资金引导力度，联合企业、高校院所根据市场需求以共同出资或技术入股的形式共建科技成果中试基地、产业研究院、重点实验室、院士工作站、技术研发中心等产学研联合体。深化产学研项目合作，高校院所和企业在自愿结合、互惠互利、共同发展的前提下，以委托研发、技术转让、产学研联合攻关等形式开展技术合作，促进创新资源、技术成果和资本要素的有机结合。建立和完善知识产权保护和协调工作机制，设立技术交易、点子交易、科技攻关协同平台等。打破校际"围墙"，培育新型人才。鼓励采取跨校联合培养等方式开展跨学科大数据综合型人才培养，大力培养具有统计分析、计算机技术、经济管理等多学科知识的跨界复合型人才。鼓励各高校轮流举办以人才、创新、教育、科研等为主题的活动，成立校际合作联盟，逐步实现学分互认、课程互选，鼓励学生跨学校、跨院系、跨专业选修课程；鼓励和引导教师多开课、开好课；鼓励高校之间互聘教学水平高、教学效果好的教师，建立"新区统筹、高校参与、齐抓共管"的工作体系。

（二）大众创业万众创新相结合，走多元型城市化之路

按照建设五大发展理念先行示范区的要求，着力开创发展升级新局面，在创新发展上先行示范，用创新的思路培育以大数据为引领的新产业，聚焦大数据核心关联衍生"三种业态"、聚力大数据商用政用民用"三链融合"、聚合大智造大健康大旅游"三大产业"；激发开发建设新动能，加快发展"头脑经济"、共享经济、平台经济、"双创"经济、楼宇经济，充分体现大学城、科学城、创新城等"脑经济"的特色，形成以创新为主要引领和支撑的经济体系和发展模式，大学城成为贵州创新驱动先行区和西部创客梦想实践地。建设综合孵化系统。坚持综合型与特色化、专业化相结合的多元发展方向，建立健全门类齐全、特色突出的孵化服务系统。积极推动"众创、众包、众扶、众筹"新模式，健全"创业苗圃＋孵化器＋加速器＋放大器"阶梯形的孵化链条。在做好大学城双创园提质增效和运维管理的基础上，推进大学科技园、大学生创业园、归国留学生创业园建设；打造大学城双创园孵化平台，鼓励大学生自主创业，吸引创业团队入驻大学城双创园。以大数据港为依托打造大数据及其衍生产业创业基地，以"两河两园"文化创意产业基地打造创意创梦实践实训基地，以金牛湖国际科学城为核心打造创业创新示范区，积极发展众创空间、孵化基地、科技企业孵化器、科技企业加速器、国家大学科技园等双创孵化平台，引进知名孵化平台来新区落户。在大学城形成"体系健全、协调发展、服务完善、成效显著"的创新创业发展新格局。加快现有载体运营转型升级。加快政府主办的孵化器由工业房地产运营模式向完全市场化运作机制和轻资产的新型运营模式转型。在人、财、物等资源的运用上给予充分自主权，借助市场力量整合各类创新创业载体，输出孵化标准、创业品牌、投资模式、管理方式等成熟经验。支持

国有孵化器引入社会资本，实行混合所有制，按照现代企业制度完全市场化运作。支持现有孵化器、加速器的运营主体创新服务模式，逐步从物业收益转变为增值收益，将现有载体转型提升为具备创业培训、投资、专业化服务等综合服务功能的新型创新创业载体。鼓励载体建设多元化。支持企业利用自有的工业房地产、商业房地产建设各类创新创业载体，支持各类主体在大学城收购或租用闲置厂房、办公用房实施创新创业项目，允许企业将闲置的自有工业厂房申请调剂使用，改造提升为创新创业载体。创建大学城统一规划、统一管理的创业创新体制，打造专业运营管理团队。支持载体"内培外引"。"引进来"与"走出去"并重，大力引入国内外知名创新型孵化器运营机构进入大学城建设载体，鼓励本土孵化器运营机构赴国内外创新创业活跃地区开展异地孵化。提高"双创"全方位支撑能力。搭建创新创业资源网络平台，对创新创业需要的住房、办公场地、资金、仓库等资源数据进行采集。利用"互联网+"搭建"贵安双创网"创新创业应用服务平台，满足创业者对政策、政务、服务、项目申报、人才资金等方面的需求，为创业者提供便利。搭建中小企业产业信息大数据服务平台，为创新创业企业提供行业动态、供需信息等产业链各个环节的基础性信息。鼓励民间资本参与载体建设管理。积极引导和鼓励民间资本，盘活现有闲置资产，新建、扩建或改建科技孵化载体；积极支持企业建设企业管理、政企联建企业管理等多种形式的孵化载体建设和管理模式，增加孵化载体建设和管理的灵活性，促进孵化载体健康快速发展，持续促进更多民间资本投入参与。形成主题活动常态化机制。按照"政府引导、高校主体、市场化运作"的方式，联动新区"两城三园"资源优势，深入推进"一周一论坛、一月一赛事、一季一嘉年华、一年一大会"活动机制常态化、品牌化。

参考文献

陈秉钊、杨帆、范军勇：《知识创新区：科教兴国与"大学城"后的思考》，《城市规划学刊》2005年第2期。

程斯辉、余学敏：《论建设大学城的几个问题》，《教育研究》2002年第 9 期。

何心展：《大学城对高等教育与区域经济协调发展的促进作用》，《宁波大学学报》(教育科学版) 2002 年第 1 期。

陆青：《大学城与城市新区发展》，《东北大学学报》(社会科学版) 2003 年第 2 期。

潘懋元、高新发、胡赤弟、张慧洁：《大学城的功能与模式》，《高等教育研究》2002 年第 2 期。

任春洋：《新开发大学城地区土地空间布局规划模式探析》，《城市规划汇刊》2003 年第 4 期。

唐静、朱智广：《创业教育对大学生创业影响的实证研究：以广州大学城十所高校为例》，《常州大学学报》(社会科学版) 2010 年第 3 期。

肖玲：《大学城建设对广州城市发展的促进分析》，《地理科学》2003 年第 4 期。

徐志伟：《现代大学城的性质、特征和作用》，《江苏高教》2001 年第 6 期。

张小良、唐安国：《大学城的运行目标与路径：独立与共享》，《教育发展研究》2002 年第 5 期。

第二节　绿色制造发展

本文对绿色制造的概念与特征进行了界定，而后对贵安新区绿色制造发展现状进行了分析与评价。基于以上研究，本文提出贵安新区绿色制造创新体系构建的思路、主要方面及保障措施。

一　绿色制造概述

(一)绿色制造提出的背景

随着人类社会经济的不断发展，生态环境也在恶化，国际社会对环境问题逐渐重视，关于社会经济发展与环境问题关系的研究也越来越多，绿色理念逐渐深入社会发展的各个方面，也深入产业发展中。早在 20 世纪 70 年代，绿色革命就已兴起。20 世纪 80 年代绿色计划已进入国家规划中。在中国，党的十七大首次将生态文明建设写入党代会的报告，党的十八大首次将绿色发展写入党代会的报告。绿色制造是生态文明建设、绿色发展的重要组成部分。2016 年 8 月，贵州省获批国家生态文明试验区。8 月底召开的贵州省委十一届七次全会提出了因地制宜发展绿色经济，大力发展生态利用型、循环高效型、低碳清洁型、节能环保型"四型产业"。

（二）绿色制造的内涵

联合国开发计划署将绿色制造定义为：防止和减少污染的产品、设备、服务和技术。孙晓霞（2016）认为："绿色制造是以绿色发展和生态建设与环境保护为理念，以绿色资源开发为基础，以增加生态资本为目标，以新技术、新工艺为手段，充分合理地利用自然资源，从事绿色产品生产、经营及提供绿色服务活动，满足人们对绿色产品消费日益增长的需求，获取较高生态经济社会效益的综合性产业群体。"何潇（2008）认为："绿色制造指立足于可更新资源的可持续利用，或虽然消耗不可更新资源但已达到环境标准或满足清洁生产标准的产业。"

联合国工业发展组织指出绿色制造的发展不是以自然体系的健康发展为代价来换取人类的健康发展。刘小清（1999）认为绿色制造也称环保产业。孙晓霞（2016）认为绿色制造是社会发展的基础产业，涵盖国民经济的各个产业部门，不是独立于传统产业之外的产业，它是一种新兴产业，也是高科技产业。

2016 年 10 月，贵州省发布了《贵州省绿色经济"四型"产业发展引导目录（试行）》，将绿色经济内涵表述为："以促进可持续增长和增进民生福祉为目标，以节约自然资源和保护生态环境为基础，不断提高自然资本在发展中的比重，体现人与自然共生共荣。"将贵州绿色制造划分为四型 15 种产业，具体细化为 400 个条目，包含了山地旅游业、大健康医药产业、绿色轻工业、再生资源产业、大数据信息产业、新能源汽车产业、节能环保服务业等。

（三）对绿色制造的界定

综合以上观点，笔者认为绿色制造是指能增添环境效益，实现经济与环境和谐发展的产业。它具有以下内涵与特征：涵盖了三次产业并不独立于三次产业之外；包含了环保产业，并不只是环保产业；既包括对传统产业的绿色改造，也包括新兴产业；科技替代物质资源作为主要的投入，是现代化产业。

二　要素资源评价

（一）自然条件与资源要素

贵安新区地势西高东低，平均海拔 1200 米。气候宜人，年平均气温 12.8℃ ~16.2℃，夏季平均气温低于 25℃。空气清新，常年空气质量指数低于 30，无恶劣天气。地形地貌类型多样，河流湖泊纵横交错，具有贵州典型的喀斯特地貌景观。湿地、地表河流域、自然风景区面积分别占总面积的 24%、80%、24%。植被覆盖率达 80% 以上。地质结构稳定，自然灾害风险低。地势平坦开阔，开发成本低，适宜建筑面积达 570 平方公里。贵安新区处于特殊的水环境位置，93% 的面积位于贵阳市饮用水源上游，72% 的面积位于红枫湖汇水范围，主要河流水库断面水质要求在Ⅲ类标准以上，水环境敏感性高。

贵安新区及周边地区自然和人文资源富集，拥有国家级风景名胜区（地质公园、森林公园）17 处，省级风景名胜区 3 处；国家重点文物保护单位 5 处，中国历史文化名镇 2 处，全国爱国主义教育示范基地 1 处，省级文物保护单位 8 处，省级历史文化名镇 1 处。贵安新区是"西电东送"的骨干电源地，企业用电平均价格低；是国家级互联网骨干直连点，中国 13 大互联网顶层节点之一。

贵安新区绿色能源较少，地热资源丰富，但是利用率低、产业化水平不高；水资源虽然丰富，但由于地势平坦、河流洪枯变化大、环境敏感性高等原因，不适宜水电开发；风力资源匮乏，不适宜风电大规模开发；太阳能资源条件总体较差，小部分区域可利用，不宜大规模开发。

（二）交通信息与区位要素

贵安新区位于贵州省贵阳市和安顺市接合部，区域范围涉及贵阳、安顺两市所辖 4 县（市、区）20 个乡镇，规划控制面积 1795 平方公里。贵安新区是黔中经济区核心地带，定位是西部地区重要的经济增长极、内陆开放型经济新高地和生态文明示范区。贵安新区是贵州的经济核心区，贵州虽然是全国最贫困的省份之一，但是近年来发展迅速，经济发展速度位居全国前列，是国家级生态文明示范区、内陆开放型经济试验区。发展基础虽然薄弱，但是发展空间大，贵安新区绿色制造发展大有可为。

贵安新区位于全国"两横三纵"城市化战略格局包昆通道纵轴南部，北接成渝都市群，南望东盟自由贸易区，处于西南出海大通道的中间位置，是连接大西南与泛珠三角的枢纽区域。境内沪昆高铁、贵广高速等快速通道横贯全境，使整个西南地区进入贵安新区辐射半径，三小时通达贵州周边省会，六小时抵达出海港口；东西两侧分别有龙洞堡国际机场和黄果树支线机场，使贵安新区成为连接东南亚、南亚和长三角、京津冀的重要航空枢纽。贵安新区虽地处内陆山区，但高铁、地铁、高速公路等交通体系的快速发展，拉近了贵安新区与周边及沿海城市的距离。

（三）人口与劳动力资源要素

劳动力富足。贵安新区目前有 65 万人，基本以农业人口为主，规划至 2030 年城乡人口达 350 万左右。通过就业培训，农业人口可以转化为产业工人，农民可以在家门口打工，产业发展可获得大量劳动力。

教育人才齐聚。贵州大学城和清镇职教城都位于贵安新区，拥有集聚化、多层次、全面发展的教育体系，可以为产业发展直接输送科学研发人才、职业技能人才、技术管理人才。

实践人才众多。贵州省众多的"三线建设"企业（如 011、061、083基地，黎阳，振华集团等）在过去几十年培养了大量的高级工程技术人才，高级技工人才相对富集。

贵安新区发展可谓占据了天时地利人和条件。作为国家级新区，贵安新区拥有获得优先发展的政策条件；毗邻省会城市贵阳，位于黔中经济区核心，具备经济发展和人才集聚的地理条件；大学城、职教城就像一个人才储备库，就近为贵安新区提供人才。

三　发展现状分析

（一）贵安新区绿色制造发展概况

贵安新区将绿色作为发展的底色，坚持产业生态化、生态产业化，沉下心发展绿色经济，搭建绿色制造平台，现已形成以大数据为引领的电子信息、高端装备制造、大健康新医药、文化旅游等绿色新兴产业为重点的产业体系，打造现代产业集群。

1. 电子信息产业

贵安新区将打造全国一流的大数据产业基地，成功引进了三大电信运营商、富士康、华为、腾讯、苹果等数据中心，公安部、国家旅游局等部委数据资源加速向贵安集聚；引进了高通、微软、IBM、浪潮、华大基因、联影医疗、中金数据、华为大数据学院等一批标志性引领项目，即将落地阿里巴巴创新中心、中兴通讯、美国思科、曙光信息等大数据项目，形成了产业集聚效应和领先优势；引进百度创新中心、阿里、贝格大数据、现代汽车数据中心等数字经济知名企业及中科院上海生命科学院生物医学大数据中心、贵州射电天文台及 FAST 数据处理中心、贵安超级计算中心等引领性项目入驻，数据增值产业的集聚，为数据中心的后期增值发力奠定了坚实基础。初步建立了从上游基础供给、中游应用环境到下游应用需求的全产业链，将建成全国最大的数据中心、全国战略新兴产业示范基地、国家智慧城市示范区，并打造长江经济带大数据存储、应用及信息服务产业承载核心基地。

2. 高端装备制造业

高端装备制造园区重点发展以新能源汽车、新能源新材料、军民融合、大数据＋智能制造、高端医疗器械为主导的五大产业，积极引进大数据运用和服务产业项目，在园区初步形成了以大数据为引领的高端装备制造产业聚群。目前，园区已签约企业49家，签约总金额约283亿元；其中，已投产企业 32 家，开工在建企业 12 家；入驻企业累计实现产值约 69 亿元，新增就业人口 3000 余人。贵安新区依托建设中的高端装备制造产业园，以航空航天装备、新能源汽车产业为基础，以激光及智能机器人技术为引领，以节能环保设备制造为依托，以智能输配电装备制造为带动，打造高端装备制造产业集群。贵安新区还规划了乐平特色装备产业园、夏云现代制造产业园、蔡官特色轻工业产业园等七大园区，重点发展生物医药、航空航天、民族工艺、汽车研发等高端特色装备制造、高端文化旅游养生、高端服务业等现代产业集群。

3. 大健康医药产业

贵安新区规划了新医药产业园、生物科技产业城、医疗器械及医用材料产业园。新医药产业园位于贵安新区的平坝新城，整体规划面积 9.29 平方公里。以"新医药研发、新医药产业孵化、医药制造、医药交（贸）易物流服务"为重点发展方向，建设"新医药研发孵化中心、医药生产基地、医药贸易物流中心、康健服务基地"，形成从产品研发、产业孵化、生产制造到贸易物流的完整产业链。目前，园区路网工程项目前期工作已基本完成。贵安生物科技产业城是在羊艾食品医药工业园基础上进行升级改造的，以健康、高效、安全为引领，以基因重组技术、原生质体融合技术等高新技术为支撑，以基因工程药物、生物疫苗及诊断试剂、新型制剂为重点发展方向，重点打造产业服务平台、孵化加速、中试基地、总部办公与研发预留、科研院所、服务配套等六个功能板块，成为集研发、孵化、中试、办公和服务为一体的现代生物科技产业城和贵州省乃至西南地区生物医药产业跨越式发展的重要载体。园区规划总用地面积约 2188 亩，净用地约 1300 亩，计划总投资 386892 万元，总建筑面积规模达到 117.94 万平方米，其中，园区产业功能板块 83.79 万平方米，配套住宅 34.15 万平方米。目前，园区规划方案已通过专家评审。

目前，贵安新区纳入贵州省大健康医药产业"6 个 50"重点工程的项目有 8 个。同济贵安医院正在进行主体施工；瑞康医院正在进行土石方开挖；贵阳中医学院附属医院及配套综合体项目正在进行场平，新西兰派客润家养生园、中国贵安·四季禾图生态农业文化旅游产业园、万水千山国际温泉休闲度假城、贵澳农业科技园等项目正在开展前期工作。此外，上海联影医疗影像大数据中心及设备制造项目已建成投产；云漫湖国际休闲旅游度假区一期已基本建成。

利用云计算、大数据、物联网、互联网等技术，以居民健康为核心，通过线上与线下服务相结合，贵安新区在社区建设健康管理服务中心，提供覆盖全人群、全生命周期的健康管理、医疗、康复、养老等服务。目前，星湖云健康管理中心投入运营。

4. 文化旅游业

贵安新区结合民族文化特色，发展乡村度假和手工艺加工，探索建立集旅游、文化、高效农业为一体的绿色制造链。建成了云漫湖国际休闲旅游度假区一期、贵澳农业科技产业园一期，进一步建设完善车田、龙山等景区，正在建设北斗七寨旅游商品一条街、高峰山 5A 级景区、"贵州记忆"、黔中农耕文化体验园，开工建设东盟小镇、乐华城国际欢乐度假项目。2016 年，贵安新区接待国内外游客约 380 万人次，旅游总收入 20 亿元，同比分别增长 90%、78.6%。

（二）贵安新区绿色制造项目

1. 绿色数据中心

贵安新区敏锐地抓住了绿色数据中心发展的全国先机，运用最新理念和先进技术成果，利用气候和地理优势，建造 PUE 值优于全国平均水平的节能数据中心，引入清洁能源降低数据中心碳排放，实现能耗少、碳排放低，在带来经济效益的同时也提升了能源环境效益，率先迈入绿色数据中心产业的发展阶段。目前，已有多家绿色数据中心入驻。贵安信投－富士康绿色隧道数据中心是世界上唯一不需要安装空调的数据中心，全国第一家获美国 LEED 铂金级认证的数据中心，PUE 值小于 1.1，采用动态自然冷却技术；中国电信云计算贵州信息园 PUE 值小于 1.34，采用高效水冷离心式冷水机组＋自然冷却的双冷源系统＋智能新风系统；中国移动（贵州）数据中心采用高效水冷离心式冷水机组＋自然冷却的双冷源系统；中国联通（600050）（贵安）云计算基地等绿色数据中心采用中央空调＋高效冷水机组＋变频水泵；苹果 iCloud 中国主数据中心是中国第一个使用可再生能源的数据中心；还有贵安新区生物医学大数据中心、中科院国家天文台

FAST 射电望远镜数据中心、华为七星湖数据存储中心、腾讯贵安七星数据存储中心等。

2. 新能源汽车产业

贵安新区与五龙集团签署新能源汽车产业（一期）项目合作协议。一期投资约 50 亿元，建设年产 15 万辆纯电动汽车的生产线，打造世界一流的纯电动整车智能化工厂。投产后，年产值将达 300 亿元以上。

贵安新区通过建设智能充电桩、智能桩联网平台、智能车联网平台和智能一体化超级充电站，整合汽车生产、互联网、汽车充电站，运用大数据建设新能源汽车分时租赁和服务中心及专属的新能源互联网支付平台，打造"充电 APP+ 城市智能充电网络 + 运营系统"的商业模式，搭建电动汽车运行和充电设备管理一体化的运营数据中心，在贵安新区实现新能源汽车"车 – 桩 – 网"产业链一体化运营。

目前，已建成中国最大规模的智能互联网充电站，也是国内第一个把充电、服务、支付联通起来的大型平台。中国贵安新区的高端园区首创了综合分布的充电示范区，成为第一个把园区和充电的能源结构整个打通的示范园区。全国首个 O2O 新能源汽车集中出行平台在贵安新区上线，首批新能源纯电动汽车在贵安新区投放使用。

3. 富士康第四代绿色制造园

与国内多个地区的超大规模产业园区不同，富士康在新区的第四代绿色制造园首次引进国外最前卫的园区建设理念，旨在打造一个集饮食、生活、运动、生产为一体的全方位产业园区。而引人注目的是该园区涵盖的电子信息产业园、节能环保产业园、国际数据中心等七大产业，无一例外地以绿色"环保牌"主打。

仅仅是厂房的建设，其中节能环保的设计就比普通厂房价格高 2~3 倍。初步估算，与成都、郑州等地的富士康产业园相比，贵安新区富士康第四代绿色制造园的厂房能耗比将下降 20% 左右。能耗成本往下走，绿色指数却节节攀升。目前，富士康第四代绿色制造园的绿地覆盖率达到了 70%，工地废弃物回收再利用率和厂房建材本地开采加工使用率都达到了 80%以上，厂房能源使用成本节约了 35%，厂房能源效率超过国际能源标准30%。

4. 贵仁生态砂

贵仁生态砂西南产业总部基地是由贵安新区与北京仁创集团共同投资建设的高新技术企业，总投资 5.6 亿元，主要生产市政绿化改造所用的路缘石、砂基透水砖、透水井砖砌块，硅砂系列产品具有透水迅速、绿色无污染和防止水土流失等显著优点。北京仁创是两家国家首批民营企业重点实验室之一。生态砂基透水系统能够将雨水高效率回收、净化，达到地表水Ⅲ类标准的高品质。目前，北京仁创在贵仁设置研发分部，贵安新区实现生态砂的自己生产、自己使用、自己研发。

生态砂是建设海绵城市的助力者。月亮湖公园就大量使用了贵仁生态砂。贵安大道建成了生态砂基透水系统和雨水收集利用系统，将雨水吸收、渗透进土壤补充地下水源。贵安大道每年可将 11.8 万立方米的道路雨水自动收集，经过过滤、蓄存、保鲜、渗透，水质可达饮用水水源标准，排放到水域面积达 2000 亩的月亮湖城市湿地公园，达到疏浚地面排洪压力、减轻城市热岛效应、雨水资源再生利用的目的。

5. 平寨绿色旅游业

贵安新区马场镇平寨村的通村路和民居都使用了"环保砖"和"生态木"，成为新农村建设的一大亮点。铺设在平寨村磨界组至克酬组的"环保之路"使用的是磷石膏砖，它是贵州开磷集团经多年的研究，变废为宝，实施循环经济的重大成果——以磷石膏废渣为主要原料、采用"磷石膏全废料自胶凝填充采矿技术"生产的砖块，强度高、耐水性好、干缩变形小；色彩多样、棱角平直、美观实用；保温隔热性能好。贵安新区美丽乡村建设中使用的另一主打材料——人造生态木，不含有害物质，没有刺鼻的气味，没有装修污染，不需要特别维修与养护，100% 可再利用；安装方便，采用插口、卡扣和楔接式设计，只需简易的拼装便可以创造出各式各样的拼装效果，正切合了新区美丽乡村建设大力倡导的低碳、环保、绿色理念。同时，在平寨社区还有贵安新区第一座"小型"微动力污水处理站，只需要 20 余平方米的地方，不仅噪声小没臭气，而且经过处理后的污水达到环保排放标准，不会造成污染。彻底改变了社区污水横流、臭味熏人的生活面貌。

贵澳农旅产业示范园位于贵安新区高峰镇狗场村，是集种、产、供、销、研为一体的现代化大数据中医药、农业旅游科技示范基地。核心区占地 500 亩，计划辐射带动 20000 亩精品果蔬基地发展。

园区始终坚持不施有害农药与化肥，均根据每种作物的生长周期对各类营养元素的需求不同，定量、定期进行微量元素配比，并以输液的形式直接注入栽培钵内。同时，园区范围内的用水和园区所用基质土均已通过有机检测，达到有机种植标准，已完全达到让游客直接入园采摘、在不用清水清洗的情况下即可食用的标准。该园区农产品自对外销售以来，每个出货的产品上均贴有一个独一无二的农产品安全追溯二维码，消费者只要通过扫描产品包装外的二维码，即可查看该款产品的生产信息、种植信息等几大可直接追溯至生产源头的资料。其中种植现场、分拣现场、线下体验店等均为实时视频监控，让消费者买得安心、吃得放心。

该园采取大数据＋大扶贫＋大旅游发展战略，通过构建"创服机构（凤岐茶社）＋基地（贵澳）＋村支部＋合作社＋农户＋电商"深度垂直的产业生态，已完成传统农业向大数据农业的转型升级，并摸索出一条用大数据助推大扶贫、用市场化推动大扶贫的精准扶贫新路子，与新区多个贫困村签订大数据扶贫协议。截至目前，已解决包括 36 个贫困户在内的 70 余名村民就近就业，累计用工 9000 余人次；广泛吸收省内外、国内外游客700 余批次，累计接待人数 100000 余人次。

6. 贵安禅茶观光园

贵安禅茶观光园位于贵安新区城市功能核心区，是高海拔、寡日照的优质生态茶园。茶园面积 5600 余亩，2016 年生产名优茶 200 余吨，实现产值 2000 万元，创净利润 100 余万元，创税收 60 余万元。

贵安禅茶观光园利用茶园得天独厚的生态环境、交通便利的区位优势、优良的茶树品种、传统的制茶工艺和现代化的光波茶业专业生产线，打造成集观光休闲、体验加工、品鉴销售于一体的现代都市景观文化茶园。

贵安禅茶观光园在建设运营中精准实施"大生态、大文化、大数据、大扶贫"战略，积极探索"国有资源＋国有企业＋专业化公司＋贫困户"的产业扶贫模式。2016 年引入贵安新区栗香生态农业有限公司进行市场化经营，将经营收益的 30% 共 30 万元分配给全区 673 户 1321 人，每户实现收入 445 元。同时解决贫困人口就业，带动周边 20 余个村共计 3000 余人参与季节性用工，人均实现工资性收入 6000 元。

四　贵安新区绿色制造发展评价

（一）产业发展起点高，但是产业基础薄弱

贵安新区作为国家级新区，要建成西部地区重要的经济增长极、内陆开放型经济新高地、生态文明示范区。因此，建设之初贵安新区就坚持扁平化、低冲击开发模式，产业发展高端化、绿色化、集约化。产业发展虽然起点高，但是由于贵安新区特别是直管区的产业发展都才刚刚起步，发展基础薄弱。一是基础设施。很多产业园区刚刚建成，有的园区还没有建好，园区内的有些生产设施不完善，配套的吃、住、行、医、学等设施还欠缺，园区周边缺少商业区，对入驻企业的生产生活造成影响，未形成成熟的生产生活社区。二是专业配套。产业集群发展必需的现代服务业发展滞后，没有形成规模效应与产业集群的协调化互助发展。三是软件标准。还缺乏统一的产业规范与标准。四是人才保障。贵安新区与北上广等地区在薪酬水平、产业基础、创新氛围等方面都存在一定的差距，对高端人才的吸附效应不够。而本地科研院所及高校缺乏相关专业性人才的培养，如大数据专业，产业人才匮乏。

（二）产业集聚已形成，但是产业分工协作不够

贵安新区的几大产业园区吸引了许多龙头企业入驻，已形成一定规模的产业集群。但是总体来看，企业间串联的产业链条较短也较少、缺乏分工协作，更多地表现为企业的地理扎堆，多数产品与服务只在单一企业内部完成，产业链之间难以形成协同效应。比如大数据产业，虽然包含了上中下游企业，但是企业间的分工协作较少，如新能源汽车产业，虽然形成了车、桩、网的产业链，但是还缺乏关联产业。此外，在各产业协同发展、产业与应用部门的协同创新上需进一步加强。例如大数据＋工业、旅游业＋清洁能源、大健康＋物流业等，形成各产业互促、协调、配套发展的产业体系。

（三）产业发展迅速，但是产业发展活力还需提高

贵安新区虽然成立时间短，但是已经形成以电子信息产业、高端装备制造业、大健康医药产业、文化旅游业等为主的产业集群。但是，产业发展存在"炒得热、市场冷"的现象。产业园区建起来了，知名企业也引进来了，但是产业产品还只是脑袋里高大上的概念，应用主要集中在公共服务，商业模式还有待进一步挖掘。

五　产业体系构建

（一）贵安新区绿色制造创新发展的总体思路与目标

综合利用资源优势，形成以大数据信息产业为引领，新能源汽车产业为重点，大健康产业、文化旅游业、现代服务业协调发展的绿色制造格局。促进绿色制造的创新，建设绿色制造链，推进产业融合发展，构建完善的绿色制造结构体系。

（二）贵安新区绿色制造创新发展的体系化和协调化建设

1. 建立产业联盟，完善产业链

没有一家公司能够拥有技术创新所必需的全部资源和能力。产业联盟就是为了资源或技术等的交换、分享或合作开发，达到降低成本与风险的目的，实现规模经济、专业化和交易费用的减少。产业联盟包含纵向联盟，即从上游企业的研发到下游企业的营销的联盟，也包含横向联盟，即与其他企业的资源与技术共享。像大数据、旅游产业可以作为横向联盟参与到其他产业中去。产业联盟的形式可以是以一家企业为核心的星形结构，也可以是多家企业机构互联互通的网状结构，形成包含原材料、科研、金融等系统性的产业联盟。

成立大数据产业创新联盟，促进大数据产业链协同和区域合作。通过政府、企业、科研院所等的有效结合，有效整合产、学、研等各方资源，推进大数据技术的创新和发展，培养大数据产业人才。利用花溪大学城和清镇职教城的资源优势，建立大数据研究中心，直接向贵安新区大数据产

业发展输送技术与人才。通过研究中心与企业的对接，引导关键技术及产品的研发及产业化，在实践中培育本土人才。联合产学研机构及行业合作伙伴，实现产业资源的汇聚和整合，建立能够供各类大数据科研机构使用的大数据创新公共服务平台。

充分整合并有效利用相关产业领域的要素资源，强化上下游产业链的互动，实现高效、集约的协同发展模式。引进大数据资源、技术、应用的上中下游产业，构建产业链。突出优势产业链条，带动产业协同发展。面向大数据应用需求，持续研发一批具有国际先进水平的基础软硬件产品，带动各环节产业发展。

大力引进新能源汽车电池、电机、电控、充电桩（站）等零配件生产产业，建设新能源汽车产业园及汽车产业联盟，带动产业集聚，建立以整车生产企业为核心，集合零部件企业、金融机构、科研机构等，形成包含整车、电池、电机、充电、金融等多个环节的产业链。加快新能源汽车互联网运营中心建设，进行城市充电网络平台、金融支付平台和车联网网络应用平台开发，打造新能源汽车"车－桩－网"全产业链一体化运营中心。

2. 促进产业创新，增进产业活力

利用"双创"等活动，集合社会力量推动绿色制造创新发展，引导相关技术研发与应用。以产业园区为载体，推动产业创新与企业集聚。引进龙头企业，重点围绕产业链上下游，挖掘产业领域内的优质项目，集中资源重点培育和扶持一批龙头骨干企业。打造中小微企业的孵化平台，鼓励中小企业特色发展。举办国际论坛及赛事，汇聚国内外企业、科研机构、人才，推动绿色制造创新发展。以构建具有竞争力的品牌、产业链、集群为目标，以市场应用为导向，以安全可靠为保障，加强统筹项目、基地、人才、政策以及创新体系建设，推动绿色制造化。

3. 推动大数据应用落地，创新商业发展模式

积极开展大数据应用示范，充分发挥应用对产业的引导和促进作用。推动跨界大数据合作及应用服务，推进大数据技术在工业、电信、金融、交通、医疗等领域的应用。推进新兴产业大数据应用，培育新业态新模式，开展大数据应用方面的探索和实践，促进大数据与其他产业的融合发展。

以应用为需求，加大大数据相关技术的研发，形成完善的产品体系、先进的技术体系和高效的应用服务体系。

4. 促进产业融合，发展现代服务业

将大数据技术与其他产业融合，如大数据制造、大数据服务业等，培育新技术、新产品、新业态、新模式。发展教育经济，推动教育资源与绿色制造结合。加大温泉资源的开发与利用，开发大健康产业＋旅游业＋清洁能源产业，促进绿色制造之间相互融合。

加快培育和发展绿色金融、高端养生、文化创意、商务会展、现代物流、科技研发等高端服务业，搭建服务业聚集平台。打造研发设计总部集聚区、商务服务总部集聚区、电子商务总部集聚区等特色总部基地，全面提升产业集约化发展水平。规划建设一批特色商业楼宇和城市综合体，加快推进西部绿色金融港、贵安中心城市商业综合体、中影贵安国际影视城等项目的建设。加快培育带动性强的龙头骨干企业，支持现代服务业重点企业加快规模扩张、创新规范服务，促进现代服务业集聚高端化发展。打造国际一流品牌，提升核心竞争力，争取将贵安新区纳入国家现代服务业综合试点。

5. 建立产业管理体系，规范行业标准

从政策、标准、法律规范、技术等多个视角，建立产业管理体系。从法规制度入手，加强行业管理和安全保障。统一产业技术标准，制定产业化关键技术标准和规范。加强各园区之间的协作发展，引导各园区企业的交流与合作。只要是新区内企业的产业合作项目，给予资金优惠和政策倾斜。解决制约绿色制造发展的体制机制问题和市场问题，为产业发展营造良好制度环境。

推动大数据标准体系建设，与国际同步发展。促进规划、标准、技术、产业、安全、应用的协同发展。做好信息安全和规范管理等的相关工作，制定和出台公共信息资源开放共享的管理办法，加强数据流动的管理，组织开展相关的专项检查和治理。探索数据共享、开放、交易、安全等方面的立法研究。提升数据中心业务市场管理水平。

六　保障措施建议

（一）给予资金支持

发展绿色金融，引导资金流向绿色制造。建立绿色制造项目库，推行绿色债券。为企业在技术研发与产品升级上提供资金支持，给予企业税费优惠，使企业有更多的资金投入自主品牌升级与研发，降低企业的研发成本。对消费者购买绿色产品给予适当补助或优惠。积极创新绿色惠农信贷产品，重点支持都市现代农业、有机生态农业、农村水利工程建设、农业生产排污处理等农业产业项目。产业园区内要构建融资服务平台，为企业融资提供便利。借助科技重大专项资金、产业基金、社会资本等资金，全方位、多手段支持产业全面发展。

（二）提升绿色发展意识

贵安新区很重视绿色发展。但是，政府只能从宏观层面制定与实施政策与法规，而微观层面则需要树立绿色意识。绿色意识要求全民参与，大家有主动节约资源、减少排放的意识。加大绿色宣传，建设绿色展览馆，召开绿色博览会，发展绿色旅游，提升新区绿色形象与大众的绿色意识。鼓励民众自发成立环保团体，建设小型环保项目，举办环保活动，提高大家对绿色制造发展的认识与主人翁意识。绿色制造政策的制定与实施、绿色制造项目的开发与建设都广泛征求意见，使民众不只是绿色制造发展的受益者，也是实施者，增强民众的绿色责任感。

（三）优化招商引资

招商引资要结合自身产业基础和资源条件合理定位、科学谋划，突出区域特色和优势，选择基础条件好、示范效应强、影响范围广的行业和领域。积极引进引领产业发展的骨干企业，吸引国内外优质资源，形成产业支撑能力。灵活采取以企招商、以商招商等方式，积极引进入驻企业的关联企业，完善产业链。制定出台促进绿色制造发展的政策措施，加大政策优惠与宣传力度，引导科技、人才、资金等各项资源向绿色制造倾斜，吸引企业入驻。守住"绿色"底线，不引进高能耗、高污染产业，对每一家企业的入驻进行严格的环保把关和审查。

（四）加强基础设施建设

加强各园区的基础设施建设，涉及企业入驻和生产基础保障问题要积极予以解决。加强餐饮、住宿、交通等基本生活配套设施的建设，建设具有影响力的特色城市大型综合体、特色商业街区等。加快学校、医院、公交等公共服务设施的建设。加快推动宽带普及提速，指导数据中心科学布局。

（五）强化人才支撑

加强培训，建设熟悉产业政策的公务人员队伍。加强大学城、职教城毕业生与新区内各产业园区企业的交流与对接，建设新区毕业生转化为企业人才的快速通道。建立人才联合培养制度，开展校企合作培养专业技术人才，采取委托培训、建立实训基地等方式培养对口人才。对引进的高端人才，给予特殊津贴和奖励。加强公共服务和商业配套建设，协调教育、医疗、交通资源，解决人才留下来的后顾之忧，吸引与留住人才。

参考文献

孙晓霞：《绿色制造政策》，中国环境出版社，2016。

蔡绍洪、赵普、常兴仁、张杰飞：《绿色低碳导向下的西部产业结构优化》，人民出版社，2015。

梁盛平、潘善斌：《贵安新区绿色发展指数报告（2016）》，社会科学文献出版社，2016。

刘颖琦、王静宇、Kokko Ari：《产业联盟中知识转移、技术创新对中国新能源汽车产业发展的影响》，《中国软科学》2016年第5期。

张彦云、赵凤娇、康苏媛、李竞强：《天津市大数据产业发展现状及对策建议》，《天津科技》2016年第4期。

胡寅：《静安区促进大数据产业发展的探索与思考——以上海数据交易中心为例》，《上海经济》2016 年第 3 期。

石钰：《贵阳市大数据产业发展研究》，《贵阳市委党校学报》2016 年第 6 期。

刘小清：《绿色制造——迎着朝阳走来的新兴产业》，《商业研究》1999年第 9 期。

刘景林、隋舵：《绿色制造：第四产业论》，《生产力研究》2002 年第 6 期。

第三节　绿色人居建设

绿色人居环境是资源和能源有效利用、保护环境、亲和自然、舒适、健康、安全的人居环境。贵安新区肩负建设生态文明先行示范区、海绵城市试点的历史使命，同时也具有建设绿色人居城市的优势和条件。近年来，新区在推进绿色基础设施建设、绿色交通出行、绿色建筑设计等方面均取得一定成效，但与绿色人居城市建设目标仍有差距，本文在借鉴国外绿色人居环境建设经验的基础上，有针对性地提出了一系列建设贵安新区绿色人居城市的措施建议。

绿色人居是以生态学为指导，规划、建设、经营和管理的一种资源消耗少、能源耗费少，无污染、无公害，具有地方特色和文化底蕴的高居住质量、高舒适度、高生活品位的居住区空间场所。近年来，贵安新区作为一个以生态文明示范区定位的国家级新区，以"内陆经济开放新高地""西部地区重要的经济增长极""生态文明示范区"为战略定位，立足"绿色崛起"发展理念，积极开展新区绿色建设工作。新区生态文明建设各项工作有序开展，已连续两年成功承办生态文明贵阳国际论坛贵安新区主题论坛，2017 年 4 月《贵安新区生态文明建设规划》获省政府批复，为进一步合理统筹区内生态文明建设工作提供科学指导。绿色人居建设是贵安新区生态文明建设的主要内容和重要表现形式，是迈向生态文明时代的核心动力，将在推动新区实现绿色可持续发展方面发挥重要作用。

一 贵安新区绿色人居建设的重要性和必要性

（一）绿色人居符合全球绿色经济转型升级的客观需要

19 世纪，工业革命席卷全球，工业文明使生产力得到大大提高，为人类带来巨大物质财富的同时也造成了严重的环境污染和生态破坏。21 世纪初，随着制造技术和信息技术的深度融合，全球经济正从工业经济向低碳经济、生态经济转型升级。2008 年环境署首次提出了"绿色经济"概念，为全球经济走出衰退提供新的发展路径，"绿色经济"的内涵是发展环保型经济，将环保与经济发展放在同等重要的位置，并创造更多的潜在经济增长点；2009 年哥本哈根全球气候会议提出减少碳排放，明确了未来经济发展将朝着绿色经济、低碳经济方向迈进。不同于传统经济发展方式，绿色经济作为一种科学性的、可持续性的经济发展方式一经提出便得到广泛认可，并逐渐成为国际上经济发展的一个关键性指标。美国、加拿大、日本、韩国、欧盟等国家和组织纷纷出台支持绿色经济发展的政策，从资金扶持、税收优惠等方面积极鼓励绿色创新和技术开发。全球性的绿色增长研究所、绿色增长论坛、绿色增长峰会等研究交流平台逐渐成长起来，为推动绿色经济发展创造合作共享平台。绿色人居建设以绿色发展为指导对人的居住场所进行规划、建设、经营和管理，这一发展思想正是符合了全球绿色经济转型升级的客观需要。

（二）绿色人居顺应了我国绿色发展的迫切需要

当前，随着我国经济发展水平的提高、工业化和城市化进程加快，人类居住环境面临现有的人居环境不能满足人民群众需要的矛盾，一方面，由于没有科学合理的规划造成人居环境脏乱差等问题；另一方面，人民群众想要获得更高质量、更舒适、更健康、更安全的人居环境。因此，建立绿色的人居环境是我国面临的迫切难题。全球绿色经济相继提出后，我国在绿色经济方面取得了很多进展，比如在开发研究绿色能源、提高能源利用效率、绿色认证、绿色标签等方面开展了很多工作。党的十八大提出了"五位一体"的总体布局，在原来政治建设、经济建设、文化建设、社会建设"四位一体"的基础上拓展了生态文明建设；十八届五中全会上，习近平总书记提出了创新、协调、绿色、开放、共享五大发展理念。生态文明建设与绿色发展是一脉相承的，后者是前者实现的根本途径，最终实现人与自然可持续发展。绿色人居遵循自然规律，谋求人与自然和谐可持续发展的理念不仅是解决我国人居环境问题的有效途径，更是我国绿色经济发展的迫切需要。

（三）绿色人居符合贵安生态文明建设发展的理念需求

贵安新区把建设"生态文明示范区"作为战略定位，坚持绿色发展、循环发展、低碳发展，把生态文明建设融入政治、经济、文化、社会建设各方面和全过程。2017 年 4 月《贵安新区生态文明建设规划》获省政府批复，该《规划》提出要以建设生态贵安、绿色贵安和创新贵安为战略目标，实现贵安新区开发空间格局协调，资源利用高效，生态环境优良，城乡建设和绿色低碳发展水平大幅提升。绿色人居建设的目标是资源解决型、环境友好型，高居住质量、高舒适度、高生活品位的居住空间，这一目标恰好与生态文明建设的目标一致。绿色人居建设是生态文明建设的重要组成部分，绿色人居建设除了包括社会秩序、信息交流、文化体验等硬件环境外，还涉及利用和发挥硬环境系统功能形成的非物质形态的软环境。①

因此，绿色人居发展理念是完全符合贵安新区生态文明建设理念的。

二　国外绿色人居建设的经验

20 世纪 70 年代后国外开始重视人居环境质量的提升，其着眼点不是单纯的人类住区问题，而是以人类为核心，组合优化人居要素（包括空气、水体、土地、建筑物、设施、物流、能流等），发挥系统整体功能作用，达到人与自然的和谐相处。总体来看，国外人居环境建设取得的成效主要集中在城市规划和管理、城市环境治理、住区基础设施、新能源开发与应用等方面，各国根据其国情有所侧重。

---

① 《〈贵安新区生态文明建设规划〉获省政府批复》，《贵安新区报》2017 年 4 月 25 日。

（一）德国强调可持续性人居发展规划和新能源技术

20 世纪 70 年代，德国开始关注住区的生活质量和环境质量的提高。强调住宅区配套设施（集中供热系统、医院、幼儿园、商店等）的完善，临街住房还有隔音换气装置。90 年代，德国正式推行生态住区政策，这些政策包括：通过更新和改造城市以及发展城市边缘等途径挖掘和保护市镇中富有价值和吸引力的地区；在改善环境、恢复自然生态基础的目标下对基础设施进行改造和更新；颁布"保温条例"和"缩小壁炉（采暖）条例"，提高能源设施的利用效率；制定适合城镇发展需要的汽车政策，发展地方公共交通和非机动交通工具。此外，德国在新能源开发和应用研究方面一直居于世界前列，比如利用光电板的生产能力达到 50MW 的水平，可以满足世界上 1/3 的市场需求。

（二）瑞典在构建循环型社会方面领先于世界

瑞典实施了一个具有深远意义的"生态循环城"的计划，并要求全国 24 个省 286 个市在 1996 年之前，全部完成生态循环城市计划的编制工作。一直以来，瑞典积极开发和应用可再生能源，2010 年计划在未来 10 年内新建 2000 座风力发电站，优化调整能源消费结构，力求到 2020 年实现彻底摆脱对化石燃料依赖的宏伟目标。目前该国太阳能、地热能、沼气等清洁能源的使用已经融入人们日常生活。废物处理和利用是瑞典建设循环生态城市的核心之一，将废物变成宝：利用污泥生产沼气、利用污水灌溉苗圃、利用垃圾发电和供热等。

在瑞典的首都斯德哥尔摩市，污水处理厂在处理污水的同时，通过提取淤泥来生产沼气，为汽车和城市供暖提供可靠燃料。欧盟最高的居民住宅建筑扭转中心摩天大厦在建筑设计上体现了绿色环保的思想，整座大楼的设计包括排污和生活燃气都采用了全新的环保技术。目前大多数住宅小区在建筑材料、基础设施、城市绿化方面体现了循环型城市的思想。

（三）美国强调可持续发展的人居环境和城市绿化

1993 年美国制定《可持续发展设计指导原则》（*The Guiding Principles of Sustainable Design*）对自然资源、文化资源、基地设计、建筑设计、能源利用、供水及废物处理等方面可持续发展进行了准确的界定。该《指导原则》对三种类型的住区建设进行了说明，具体为：适宜居住的社区建设目标是样式多样化，并赋予社区持续繁荣日益扩大的经济机会；健康社区的建设目标是从社会、经济、文化、心理和环境福利等多方面推广健康理念；可持续发展的社区，其目标是避免城市用地蔓延导致边缘城市的出现及由土地利用的不可持续性而引发的农田景观破坏、能源消耗、交通噪声、空气污染等一系列问题。

从 20 世纪开始，美国关注城市的美化运动，将城市环境与景观建设融入城市规划中。在城市开辟林荫大道和建设城市公园、将其纳入城市规划设计理念中，如在城区新建公共开放的小公园、小广场；根据人的心理行为特点，创造休息、交往的宜人休闲、娱乐空间等。

（四）英国重视卫星城市建设

为缓解城市拥挤，1994 年伦敦周围建立起了 8 座卫星城市，经过不断发展，在伦敦市外围已经形成一系列卫星城市，与其所依托的大都市有一定的距离，但其居住条件、设施配套和交通方式均符合良好的人居环境要求。2000 年英国政府环境、交通与区域部在"千年纪村镇与可持续发展"报告中较系统地介绍了"创建可持续发展"住区的 8 项评价标准，其中包括资源消耗、环境保护、社会公平、公共参与决策、经济活动及综合评价等多方面。

（五）新加坡全面深化花园城市建设理念

为了避免出现工业化国家出现的人居环境恶化现象，新加坡提出建设"花园城市"的理念，并根据不同发展时期制定出不同的花园城市建设目标，不断地补充完善。20 世纪 60 年代是其起步阶段，主要着重城市绿化和净化。城区大量植树和植草、修建公园，为市民提供休闲开放的场所。70 年代是尝试阶段，着重绿化和美化。制定道路绿化规划，加强环境绿化中的彩色植物应用，强调特殊空间（灯柱、人行过街天桥、挡土墙等）的绿色，对新开发的区域植树造林。20 世纪 80 年代是成长阶段，着重园林规划和管理。制定长期的战略规划，拟定园林规划蓝图，增设专门的休闲设施，引进更多色彩鲜艳、香气浓郁的植物进行种植，绿化和管理实行机械化、信息化，推行承包制度及公共参与。90 年代是前进阶段，着重于人的需求和生态平衡。注重保护自然景观及生态环境，强化国民的绿化意识，建造更多各种各样的主题公园（特色公园），建设连接各公园的廊道系统，加强人行道遮阴树的种植，减少维护费用，增加机械化操作。

（六）荷兰关注土地利用、城市发展控制以及人口分布

荷兰因为其资源有限，政府采取了一系列有效的国家规划与管理政策，将土地利用和交通规划综合融入环境发展战略中，便于区域发展，避免高密度带来的环境混乱，强调环境的承受能力、强烈的生态感、保护绿地和控制都市发展用地等。规定减少城市地区小汽车使用，制定公交和交通政策、环境政策等。

（七）日本重视城市居住生态环境

日本生态环境的保护得益于政府对环境保护的重视和指导。1950 年日本政府就颁布了《国土综合开发法》，1951 年公布的《森林法》以法律形式确定了保护植被、增加植被覆盖率的政策。随后，日本陆续颁布了一系列关于环境保护的法律法规。日本还重视对国民环境意识的培育，通过在学校开设环境教育课程增强公民的环保意识，民众对环境管理和环境质量监督的参与意识也较高。日本的环保检测手段和管理决策基本实现了现代化，目前全国各地建立了包括水质、大气、噪声、地表沉降等项目的自动观测网络，通过各种数据汇集成环境信息系统，并可以完成各种监测统计表格、监测统计图形及污染源分布图等图表的输出。

（八）经验总结

科学规划、高效管理。国外人居环境建设取得的成功首先得益于科学、合理的规划。国外政府或相关部门重视对城市人居环境建设的规

划，比如瑞典提出"生态循环城"的计划，并要求全国各省（市）完成生态循环城市计划的编制工作，用规划指导城市的建设。在这一计划目标下，全国住宅区、公共场所都设有分类的垃圾桶，用垃圾来发电、供暖；大部分居民家庭装置了专门收集厨余垃圾的设施，可将厨余垃圾制作沼气；住区将收集的雨水用来灌溉周边植物也充分体现了对自然资源合理利用。美国的可持续人居建设主要是根据其《可持续发展设计指导原则》进行的，城市的建设遵循城市规划。新加坡花园城市的打造也正是因为其提出的花园城市理念，并且按照这一目标循序渐进地推进，从最开始关注绿化、净化到关注人的需求和生态平衡，新加坡人居环境经历了从初级到高级的发展过程。荷兰根据其自身条件，将土地和交通规划纳入环境管理中，有效地避免了城市发展的拥挤问题，使资源得到合理、高效的利用。此外，法国巴黎 1965 年提出了保护老城区风格，发展五大卫星城的规划。1994 年为保证巴黎大区进入欧共体的领先地位，巴黎又组织了全国的规划、建筑、园林、艺术等领域专家进行城市规划论证和修订，最后由议会批准。国外在绿化、基础设施、交通、能源等方面的管理均实现现代化，依靠机械来完成，效率较高。比如瑞典对生活垃圾的分类收集，日本建立了水质、大气、噪声、地表沉降等项目的自动观测网络等。

健全法律、强制保障。在国外，绿色人居环境发展较好的国家多是法治国家，有着悠久的法制传统。他们利用法律的强制性来约束人居环境建设的各项活动，比如日本在 20 世纪 50 年代陆续颁布关于环境保护的法令，有效地提高与改善了日本的森林覆盖率和生态环境。法国颁布的"保温条例"和"缩小壁炉（采暖）条例"，对于提高能源设施的利用效率具有重要的作用。荷兰在人居环境建设方面制定了公共交通政策、环境政策等，从法律层面保障了人居环境。

注重意识培养、强调公众参与。日本政府强调对民众的环保意识的培养，在学校增开环境教育课程，增强公民的环保意识，民众对环境质量的监督和参与意识也较高，每年组织多种形式的环保活动。英国也强调公共参与在创建可持续发展社区中的作用。法国的香榭丽舍大街改造时，是种植一行树还是两行树的问题都必须经过民众的参与来决定。

技术与资金投入，实现双管齐下。国外人居环境的建设，离不开先进的技术，包括建筑技术、交通技术、废物处理技术等，只有不断地提高其技术水平，人居环境的发展才能有所保障；另外，人居环境的建设也需要大量的资金作物质保障，特别是对生态环境的保护需要支付大额费用。美国 1972 年用于污染控制的费用占 GDP 比重为 1.5%，1992 年这项支出占比提高到 2%。

三　贵安新区绿色人居建设的优势

（一）优良的空气质量

贵安新区拥有得天独厚的良好空气质量。建区以来，监测范围内的月均优良天数均保持在 97% 以上。环境空气质量分别满足一、二类环境空气功能区质量要求，达到《环境空气质量新标准》（GB3095-2012）一、二级标准，达标率 100%。近两年来，新区检测范围内的二氧化氮浓度年平均值、臭氧 8 小时滑动平均值均优于 GB3095-2012 标准的一级指标限值。贵安新区行政中心、花溪大学城、马场集镇、高峰集镇、电子信息产业园、高端装备产业园、松柏山水库等 7 个二类区的年平均指标值均优于 GB3095-2012 标准的二级指标限值。空气质量指数在全国名列前茅。[①]

（二）良好的水质

三年来，贵安新区水质量总体良好。建区以来，直管区境内地表水监测控制断面水质稳定达到《地表水环境质量标准》（GB3838-2002）中Ⅲ类水质标准，达标率 100%，全区主要河流水质状况"良好"。2015 年、2016 年主要河流监测点位高锰酸盐指数年平均浓度、化学需氧量年平均浓度、五日生化需氧量年平均浓度、氨氮年平均浓度、总磷年平均浓度、总氮年

[①] 2015 年 1~9 月大气环境质量日常监测点位共有 5 个，分别位于贵安新区行政中心、花溪大学城、马场集镇、高峰集镇及高峰山，10~12 月增加电子信息产业园、高端装备产业园两个大气环境质量日常监测点位。2016 年日常监测范围增加松柏山水库，共 8 个监测点。其中高峰山作为新区直管区风景区的空气质量代表点。

平均浓度均优于地表水（GB3838-2002）中一类指标限值。地表水水质除克酬水库坝前断面12月未达到Ⅲ类水质要求以外，其他各监测断面综合水质符合Ⅲ类水质要求。新区境内集中式饮用水源为松柏山水库，水环境质量达标率100%，全年稳定达到地表水Ⅱ类，水质状况为优。①

（三）丰富的自然资源和旅游资源

近年来，通过"五区八廊百园"、"十河百湖千塘"、"绿色贵安三年会战"和美丽乡村建设，新区"万水千山"的生态格局逐步显现。新区湿地面积占24%，地表河流域面积占80%，自然风景区面积占24%，森林覆盖率达45%。区内规划的5个生态保护区、8个绿廊以及94个各类公园等大部分项目基本完成。周边地区自然资源富集，新区境内拥有国家级风景名胜区（地质公园、森林公园）17处，省级风景名胜区3处。

（四）生态文明建设取得阶段性成果

贵安新区围绕生态优先、坚守发展与生态两条底线，持续推进生态文明建设。新区生态文明建设制度在"1+9"文件实施的基础上，探索建立环境保护政绩考核制度、环境破坏审计制度；建立生态资产负债表并实行每年评估；建立主要污染物排放许可、有偿使用和交易制度等。2017年4月《贵安新区生态文明建设规划》和《贵安新区环境保护规划》获省政府批复，为进一步推动新区生态文明建设提供科学指导、创造条件。目前，新区已率先在全省完成所有燃煤锅炉的淘汰工作，告别了燃煤锅炉时代；关闭直管区21家砂石厂、2家煤矿和130家污染企业；建设完成"数字环保云"平台（一期）项目、7处环境质量自动监测站、重点污染源建设自动监控设施；获批成为全国16个海绵城市建设试点之一；创建国家绿色数据中心试点；国内首家"生态文明创新园"落户贵安等一系列生态文明建设的举措为构建绿色人居环境创造有利条件。

---

① 2015年1~9月，直管区麻线河、马场河、甘河及车田河共设5个水质监测断面；10~12月新增麻线河麻杆断面、甘河小干河断面、思丫河下坝断面、思丫河断面。2016年全区共设6个例行监测控制断面，分别为：麻线河青鱼塘断面、麻线河桥边断面、马场河凯洒断面、甘河凯掌水库坝前断面、甘河贵安云谷河道断面、车田河车田村断面。

（五）政策优势

贵安新区是国家级新区、西部地区重要的经济增长极、生态文明示范区，在财税金融、人力资源、新技术研发和应用、土地等方面享有改革的先行实验权。在国家新型城镇化试点、国家海绵城市建设试点、国家双创示范基地建设的任务下，为新区在城镇规划、城市绿色发展、绿色建筑、清洁能源开发与应用等方面先行先试创造机会。国家批复的《贵安新区总体方案》（以下简称方案）赋予新区功能完善、环境优美、幸福宜居、特色鲜明的国际化山水田园生态城市的定位。方案还赋予新区以高端服务业聚集区、国际休闲度假旅游区、生态文明建设引领区的战略定位。省政府出台《关于支持贵安新区发展若干政策措施的意见》，从规划统筹能力、要素保障能力、产业发展能力、对外开放能力、创新驱动能力、城乡统筹能力、生态保护能力等 7 个方面予以支持。

四 贵安新区绿色人居建设现状及存在的问题

（一）现状特征

1. 进一步完善绿色基础设施建设

贵安新区大力实施"十河百湖千塘""五区八廊百园""绿色贵安三年会战"等工程，启动新区绿化建设，绿化面积年年增加。目前新区森林覆盖率达 45%，高于新区成立时 16 个百分点。2017 年 1~4 月新区已开展义务植树 6 次，绿化面积达到 5 万亩。2017 年贵安新区还启动了直管区 88 个可绿化山头共 2.16 万亩绿化建设，投入 26 亿元打造了总面积 1 万亩总长为 212 公里的城市道路绿廊。新区大力实施"六万工程"（万亩葡萄、万亩樱花、万亩茶园、万亩草场、万亩经果、万亩苗圃），加快建成 5 个生态保护区、8 个绿廊以及 94 个各类公园。新区在全省率先推进生态砂基透水和雨水收集系统建设，贵安新区骨干道路贵安路和百马路铺设生态砂透水砖 11 万平方米、硅砂滤水路缘石 12 万延米，可实现每年回补地下水 40 万立方米；月亮湖公园建设主体容积 3205 立方米的雨水收集系统，可实现每年收集净化水 11.8 万立方米。三年来，新区积极推进城区道路绿化工程，完成城区道路绿化面积 400 万平方米，投入资金近 16 亿元。道路景观绿化设计体现了特色化，每条骨干大道都有一个主题，百马大道绿化特点是绿树成荫、四季花开的生态绿廊；七星湖大道种植枫香类树木，强调秋季硕果累累的金黄色；黔中大道种植樱花，营造花海之美。

表 5-1　主要交通道路绿化情况统计

道路名称	道路总长（公里）	绿化面积（平方米）	道路绿化投资（万元）
贵安大道	24	664598	26739.73
高峰山大道	16.986	223061	8876.80
百马大道	27.957	825994	31302.57

2. 加快推进绿色交通出行

积极引导低碳交通，绿色出行，新区直管区在主干道两旁均设有自行车慢车道，共有 203 公里。新区直管区实现公交车全覆盖，城市轻轨 S1 和 S2 号线获批等使新区内部交通更加高效快捷，随着高铁和轨道交通的建成，新区将实现集乘高铁、快铁、公交、出租车为一体的综合性公共交通网络格局。2016 年，新区实现贵安环线 1 路、贵安 4 路、贵安 5 路三条新能源公交车运营，运营里程达到 76 公里，目前新能源公交车占全区公交车比重超过 50%；共有新能源汽车 534 辆，充电桩 58 个；新能源车桩网一体化运营中心项目加快建设，企图通过"充电 APP"＋"城市智能充电网络"＋"运营系统"的商业模式，建设全国充电大数据和云计算研发控制中心、大中微型新能源汽车智能充电站、新能源汽车分时租赁服务中心及专属的新能源互联网支付平台，实现大数据与绿色交通的完美耦合，带动新区交通实现零排放。2016 年，贵安新区发布《直管区慢行系统规划》方案，提出将构建"十字"区域廊道，完善直管区全域"慢行四网"，提升新区城市功能，引导市民低碳出行、绿色出行、安全出行。

3. 大力实施绿色治理工程

严厉打击破坏生态环境的生产经营行为，2016 年新区在全省率先完成了燃煤锅炉的淘汰工作，告别了燃煤锅炉时代；主动淘汰落后产能，关闭直管区 21 家砂石厂、2 家煤矿和 130 家污染企业；建设完成 5 个国内最高标准污水处理厂和 450 公里排污管网，处理规模达到 11.32 万立方米／日。

以"十河百湖千塘"为突破，积极实施"三清两治"工程（清洁面源、清洁河流、清洁水体，源头治头、河长治水工程）。环境工程建设有序推进，新区尾水外排通道工程完成33%，环城水系九峰湖等项目正在做前期准备工作，车田河综合治理工程、云漫湖水系治理工程、二期截污工程及大学城思丫河截污工程相继开工建设。湖潮、马场、龙山、南部、高峰污水处理厂新增固定资产投资1亿元。加快农村环境治理工作，2016年启动了北斗七寨等20个村寨的美丽乡村"三建二改一清运"、慢行系统、环境整治和山塘等建设项目，建成117个地埋式垃圾收集桶，完成20个村寨污水收集系统建设，完成村寨绿化30000平方米、污水管网24000米、化粪池227个、污水处理站8座。

4. 着力推广绿色能源利用

贵安新区提出"加快调整能源结构，增加清洁能源供应"的任务，引导企业逐步使用清洁能源代替燃煤等污染大的能源。2014年至2016年底贵安新区天然气使用量共计800万立方米，与相同热值的原煤相比减少了约600吨二氧化硫、110吨氮氧化物的排放。目前建设完成"三纵一横"和"六纵一横"的燃气管网，铺设完成300余公里的次高压、中干线管道，为新区的清洁能源使用推广奠定了坚实基础。结合"美丽乡村"建设，大力推进农村"煤改气"工作，车田景区、平寨村等地居民现已开始使用天然气作为日常生活的主要能源。加快新能源汽车的使用，目前新区实现新能源公交车运营里程76公里，拥有新能源汽车534辆、充电桩58个，通过充电桩为新能源汽车充电。积极引进新能源生产、研发企业，推动新能源及其产品的应用。2016年贵安新区与五龙长江汽车合作的总投资为50亿元、年产24万辆新能源纯电动车项目落地建设；成功签约贵安－SPI新能源高科技产业园、台湾立凯磷酸铁锂生产项目、常州亚玛顿双玻组件项目、阿特斯3GW绿色高效太阳能电池片项目等重大项目，新能源（新材料）产业不断取得重大突破。

5. 全面推行绿色建筑设计

在"生态文明示范区"的建设要求下，贵安新区积极开展绿色建筑工作，2016年印发了《贵安新区绿色建筑行动实施方案》，分别从新建建筑节能工作、既有建筑节能改造、可再生能源和清洁能源建筑规模化应用、公共建筑节能节水运行管理、建筑节水及再生水（中水）利用、绿色建筑相关技术、节能和绿色建材、建筑工业化和全装修、建筑拆除管理程序、建筑废弃物资源化利用、绿色低碳交通建设等11个方面明确了主要任务。截至目前，直管区新建（竣工）民用建筑按照绿色建筑标识推广项目23个，建筑面积598.9332万平方米，其中综合保税区开发中心、泰豪贵安国际数字化文化产业园一期、贵安新区北师大附属学校、贵安职业学院等26个项目或标段获得贵州省二星级绿色建筑称号，建筑面积合计165.77万平方米。

目前，新区已拥有新型建筑建材业基地——贵州产投贵安新区科技产业园，主要推广装配式建筑和新型建材产品；新型建材企业一家——贵州贵仁生态砂西南产业总部基地，主要生产生态砂新型生态环保材料。贵安新区拥有2项建筑示范项目，一是贵安生态文明创新园内样板楼，该项目按照三星级绿色标准设计、建造，主体结构采用工业化预制，装配率达到80%，结合了绿色建筑和智能建筑的特点；二是贵安中英生态园内生态文明研究院示范项目，该项目是按照中国绿色建筑三星标准进行设计和建造的，并集成运用了十余项国内外绿色生态和智能管控技术，有智能化感应照明系统、节水灌溉系统、带有磁悬浮空调的高效能暖通系统等，集中体现绿色创新发展的理念。

2016年，贵安新区首个按照绿色标准建设的回迁安置小区——星湖云社区成功入驻，它是践行绿色建筑家园的成功典型，该社区配备了中水景观塘、集中供暖、直饮水、雨水收集净化调蓄工程、绿化景观等设施设备，达到绿色、节能、环保等绿色建筑标准。

6. 加快推进海绵城市建设

2015年贵安新区获批成为全国首批16个海绵城市示范点之一，成为贵安新区创新城市发展模式的重大标志。根据2016年度海绵试点绩效评价情况及专家要求，从2017年开始，新区加快落实相关制度规划，在《贵安新区中心区海绵城市建设规划》中修改和完善了排水分区的划定；委托中国气象中心编制《贵州省贵安新区降雨气候背景及海绵城市设计指标分析报告》，对贵安新区短历时降水趋势进行了分析，编制了长历时、短历时暴雨强度公式，确定了设计暴雨雨型；编制完成《贵安新区中心区规划区渗透性勘察报告》，并结合降雨特点分析了海绵城市建设成效；编制完成《贵安新区直管区山水林田湖生态保护修复工作的实施方案》及《贵安新区通过专家评审会山水林田湖保护修复规划》，进一步强化生态保护与修复的落实；编制完成《贵安新区直管区排水（雨水）防涝综合规划》、《贵安新区直管区道路与场地竖向规划》及《贵安新区直管区综合管廊规划》，从建设初期预防"城市病"。根据《示范区海绵城市项目建设进度计划表》，预计到 2017 年 12 月，海绵工程完工项目达 56 个，完工区域面积 13.56 平方公里（完成率 69.36%），在建区域面积 5.99 平方公里，累计完成海绵投资 57.43 亿元（完成率 83.14%）。目前新区正在加快建设中心区内 20 平方公里"会呼吸"的城市试点，同时将在所有新建住宅小区实施自来水、直饮水、污水"三管进户"，率先建设全覆盖的直饮水城市。

（二）存在的问题

尽管新区绿色人居环境建设取得了一定的成效，但也存在一些问题，"生态宜居"的人居环境还未真正形成。

1. 绿色建筑建设步伐较慢，良好的绿色建筑建设、需求氛围还未形成

2016 年贵安新区加快绿色建筑建设的推进工作，截至目前，已获得绿色建筑评价标识的项目均为公共建筑类型，民用住宅获得绿色建筑评价标识的项目还未出现。总体来看新区绿色建筑发展仍处于初级阶段，发展还较为滞后。主要表现在：一是绿色建筑标准体系不健全。目前新区仅出台《贵安新区绿色建筑行动实施方案》，明确了新建建筑节能工作、既有建筑节能改造等 8 个方面的主要任务，但缺乏对绿色建筑具体施工过程中各环节的标准及管理办法，更缺乏结合本地资源环境特色的绿色建筑相关规划和标准，难以有效引导新区绿色建筑实践工作。目前新区已经拟稿形成的《贵安新区直管区绿色建筑实施意见》《贵安新区直管区新型墙材与建筑节能管理流程》《贵安新区直管区新型墙体材料专项基金返还暂行规定》等文件还未向大众公布，导致绿色建筑的指导管理工作推进较慢。二是绿色建筑缺乏激励机制。专门针对绿色建筑的税收、金融优惠政策比较缺乏；对于房地产开发商在土地获取、项目审批、融资等方面的激励措施还未出台；消费者选择绿色建筑住宅的需求动力不足。全区还未形成绿色建筑发展的良好氛围。

2. 海绵城市试点建设效率较低，影响绿色城市发展建设进程

2016 年，贵安新区海绵城市试点建设存在一些问题，主要表现在：一是建设进度和建设质量未达标。目前新区已基本确认无法完工的白地面积占试点区域总面积比例超过 20%，其中部分片区甚至超过 50%，按期完成试点任务的压力很大。截至目前，贵安新区海绵城市建设试点共开工建设项目 75 个，其中完工项目仅 20 个，在建 49 个，待建 6 个，已完工区域面积为 5.99 平方公里，在建区域面积 11.28 平方公里，待建区域面积 2.28 平方公里，累计完成海绵投资 31.13 亿元。二是汇水分区规划不合理。主要是汇水分区面积和范围的划分还存在问题，比如贵安新区在 19.1 平方公里的试点面积划分了五大流域 29 个排水分区，部分排水分区只有一个湖体或一个学校，比如汪官河流域，兰花Ⅰ、Ⅳ、Ⅴ范围涵盖了河流南北两岸，但兰花Ⅱ和兰花Ⅲ被分为两个分区，两个分区总面积不足 27 公顷，其中兰花Ⅱ范围内仅有一个学校和一条路。目前贵安新区在如何落实海绵城市理念上不够清晰，对试点区内的生态敏感区保护不足，在生态保护与修复工作、保护好自然地形地貌以及城市竖向设计方面还有待进一步完善。贵安新区在 2016 年度第一批试点城市绩效评价考核中位列第 13 名，排名靠后，对海绵试点城市的建设提出了巨大的挑战。

3. 缺乏群众参与决策，以人为本的人居环境还未形成

国外的绿色人居环境的建设充分考虑了公众的想法，日本、英国和法国等国强调公共参与在创建可持续发展社区中的作用。比如日本的民众可以对环境进行监督，法国的香榭丽舍大街改造时在种植一行树还是两行树的问题上必须经过民众的参与来决定。在新区的规划建设中，群众参与人居环境设计的理念未能体现。

五　贵安新区绿色人居建设的路径措施

（一）贵安新区绿色人居建设的原则

1. 以人为本

以人为本体现的是从人的角度出发，在建设城市人居环境时要充分考虑人的需求，从研究人的需求开始到研究人的需求满足。吴良镛教授指出：

"人居环境的核心是'人'，人居环境研究以满足'人类居住'需要为目的"。因此在进行人居环境设计时，一定要树立"人"的意识。绿色人居环境的建设既要考虑人的基本需求也要尊重大自然的规律，保证人与自然的和谐相处。新区绿色人居建设要最先满足人的需求，科学合理规划，全面推进绿色建筑、绿色能源，打造绿色"宜居"城市，居住环境要充分体现绿色、节能、环保的理念；加快推进以大数据为引领的高端装备制造产业、电子信息、大健康、文化旅游和现代服务业五大主导产业，打造"宜业"城市，发展绿色、高效的新兴产业。在城市功能设计时要将"宜居"与"宜业"充分结合起来，在城区布局中，既要有产业支撑，又有要居住配套，尽可能创造一个适宜人居住，同时也适宜人创业的绿色人居环境。

2. 整体性

人居环境作为整个城市环境中的一个重要组成部分不可能是独立存在的，它必须是与自然生态环境、人工环境等相互联系、密不可分的，因此人居环境的建设必须考虑到整体性原则。该原则下，宏观层面要求将住宅区环境的规模、色彩、内容、功能、造型等都考虑到整体环境中去，还应将住区的人的活动与自然、社会视为一个和谐完整的系统；微观层面要求将住区环境视为一个整体，绿色人居环境的设计要考虑其房屋构造、自然能源的利用、节能措施、绿化系统以及生活服务配套的协调统一。

3. 方便性

绿色人居环境建设的方便性原则主要是指住区环境的内外交通、公共服务配套设施等基础配套服务方便快捷。从内外交通系统来看，住区的内部交通要满足居民的需要，对外交通系统也应保证居民的外出需要。公共服务配套设施的设计和建设应依据住区内居民的生活习惯和活动特点采取合理的分级结构、宜人的建筑尺度与良好的服务方式，从而为住区居民提供便利的生活服务。

4. 安全性与舒适性

绿色人居安全性原则包括环境安全和社会安全两方面。前者又叫绿色安全，是人居环境最基本的安全要求，环境安全要求楼房结构安全和地理位置安全、生态环境优美并且要避免空气、噪声等的污染对居民生存造成威胁；社会安全包括住区内完善的治安措施硬安全和稳定的氛围软安全。

社会安全不仅要能保证居民的日常生活安全，还应考虑突发情况下（比如地震、火灾、洪水等）的安全，为住区居民营造一个稳定和谐的居住环境。舒适性是指住区内的居民能愉快地享受生活。舒适的人居环境应空气清新、温度适宜、景观优美、使用方便、色彩柔和、无噪声、无电子污染，有开阔绿地和户外活动场所。

5. 注重民族风情和历史文脉

绿色人居环境要体现特色民族风情、要留下历史发展的痕迹，要在人与历史、当地特色文化和人与邻里之间达成广泛而紧密的联系，形成良好的文态环境。文态环境是融物质文明与精神文明为一体，形神兼备，凝聚历史和积淀文化的城市环境。一方面需要尊重地域文化，另一方面要符合时代的发展，要适应自然，并发挥主观能动性，充分利用自然规律来达到人居环境的和谐。只有充分考虑了独特的地域特征和历史人文特征，才能打造出既独具特色又具有现代化特征的和谐人居环境。

（二）贵安新区绿色人居建设的路径

1. 完善绿色人居环境建设规划

绿色人居环境建设规划是建设绿色人居环境的前提和基础。发达国家在构建人居环境时同样强调规划的重要性，他们将人居环境纳入城市规划，通过划分功能区、明确发展阶段的任务和最终发展目标等方式来实现人与城市的和谐共存、持续发展。

确立科学合理的绿色人居建设专项规划。专项规划要明确科学的发展目标，以生态文明示范区和海绵试点城市为平台，以构造一个资源和能源有效利用、生态环境良好、亲和自然、舒适、健康、安全的人居环境为目的，重点改善人与自然、人与社会、自然与社会的多元关系，而不是人与居住的二元关系。人居环境专项规划内容应涵盖绿色景观、绿色建筑、绿色基础设施、绿色社区等，以打造具有高效率的物流、能流、人流、信息流，具有持续发展的生活空间为目标。首先，绿色人居环境规划应强化绿色生态设计。建筑物的设计既要注重视觉美感，也要重视生态环保，把自然因素作为景观设计首要的、经济的要素去考虑，将绿色、生态的景观设计寓于经济、社会发展规划中，保持人居环境系统的健康和协调发展。其次，要优化人居环境时空组合结构，以城市土地利用综合效益最大化，城市面积、容积率与人口规模的最优化，便捷性与宜居性最佳化为原则，根据城市地理空间、规模、资源、环境特征等，优化人居环境要素的时空组合结构和功能。比如新区城区可探索构建城区密集型绿色人居体系，乡村则可构建松散型绿色人居体系。城区密集型绿色人居环境建设以绿色社区为载体，通过营造小区立体绿化系统、园林景观系统，推行绿色建筑，实施小区分类垃圾处理、因地制宜在小区内建设雨水收集系统、推进小区健康休憩场所和交流场所的建设等，构建人性化的生态小区。乡村松散型绿色人居体系可依托美丽乡村的建设，加快推进和完善乡村基础设施建设、加强乡村环境综合治理、保留乡村民俗民风，营造生态环境良好、民族风情浓郁的特色乡村人居环境。最后，绿色人居环境规划还应提出绿色人居建设的中长期任务，制定相关标准，并进行阶段性目标考核，确保规划的可操作性，将绿色人居环境规划真正落到实处。

2. 全面推进绿色建筑

发展绿色建筑是构建宜居人居环境的重要条件之一。新区发展绿色建筑首先要突破技术瓶颈，开发和利用各种节能环保建筑技术，使用无污染的建筑材料，在建筑选材、施工、运行、装修等建筑的全过程都要坚持低碳环保理念，大力推行绿色、环保型建筑材料、构配件和装饰材料的应用，增加居住环境的健康性和舒适性。以区内的贵州产投贵安新区科技产业园和贵州贵仁生态砂西南产业总部基地为依托，进一步扩大区内装配式建筑和新型建材产品的应用。充分发挥生态文明研究院绿色建筑示范基地和科研基地的作用，加强各种绿色施工和设计技术的科学研究，推动新区绿色建筑施工和设计技术的发展。其次，要减少建筑对自然环境的不利影响，通过屋顶、墙面、广场等打造立体植被，增加绿色景观的覆盖，增加城市氧气的产生量。再次，要进一步落实新区建筑实施意见、管理办法、专项扶持办法等文件，进一步指导新区绿色建筑快速发展。最后，新区要形成对绿色建筑的有序供给和良好消费环境，通过土地获取、项目审批、融资等激励措施鼓励地产开发商和建筑商按照绿色建筑标准建设和设计建筑物，增加绿色建筑供给量；同时，引导居民形成健康、环保的消费观，刺激居民对绿色建筑的消费需求。

3. 加快绿色生态社区建设

绿色生态社区建设包括住区内环境建设和住区外环境建设。住区内的环境是指房屋内的空气流通、光照条件等能源使用应符合绿色生态社区的标准。住区内要有良好的通风以获得新鲜的空气，充足的日照、适宜的温度和湿度，打造一种节能型住宅。节能型住宅通过提高建筑维护结构（外墙、屋面、外门窗和楼板）的热性能，同时提高采暖、空调能源利用效率，大大降低住宅的耗能。居住在节能住宅内，冬季会明显感到比普通住宅温暖舒适，夏季会比普通住宅凉快。住区外的环境是指居住区的外围大环境，外围大环境要保证有充足的绿化和活动场所。树种选择、植物配植方面，既要考虑有利于居室采光、通风等方面的要求，又要尽可能地发挥其遮阴、防风、滞尘、减噪等功能。要充分利用植物蒸腾水分，调节空气湿度、温度，生产氧气，来改善居住区的小气候，取得显著的生态效益；充分利用居住区的围栏和墙体发展垂直绿化、增加绿量、扩大绿叶面积系数，使绿化更具有层次和立体效果。适当增加一些林荫下铺装广场，设置一些坐凳或可供人坐下休息的矮墙，增进社区邻里交流和活动场所。绿色生态社区还应有雨水收集系统和废物处理系统。通过收集雨水，供社区绿地浇灌用；通过保护自然系统来恢复土壤和地下水的渗透、净化和储存功能，减少硬质铺装路面，尽量使用渗透性良好的铺装材料。社区内的垃圾处置应尽量做到减量化、无害化、资源化。实行垃圾分类收集，同时在垃圾的收集站、转运站和处理场实行多次分选回收利用，把垃圾中的可利用物分离出来，循环利用。

4. 完善绿色基础设施建设

绿色基础设施包括绿道、湿地、雨水花园、森林、乡土植被等，这些要素组成一个相互联系、有机统一的网络系统。大力实施新区全域绿化美化工程、绿色森林工程、生态水景工程、生态公园工程等一系列绿色基础设施建设工程，加快新区形成"一轴两翼三组团八廊道多通道"的绿地景观结构。实施"大绿化、大美化"工程，重点抓好退耕还林、天然林保护、防护林体系和石漠化及水土流失治理等重大环境工程，进一步扩大绿化面积，提高绿化率；加快实施构建 5 个生态保护区、8 个绿廊以及 130 个以上各类公园为核心的"五区为底、八廊通联、山城相嵌、景观通贯"的生态绿地系统；大力开展宜林荒山植树造林、封山育林和退耕还林还草，科学合理安排造林种草方式、树种草种选择和经营管理措施，最大化增加林草植被覆盖度；重点推进松柏山国家湿地公园、北斗湖湿地公园、高峰山公园、大松山生态观光园等十大生态公园，月亮湖公园、七星湖公园、星月湖公园、红枫湖国家湿地公园等城市公园和一批体育、历史、民族、动漫、音乐等主题公园建设。通过增加绿化面积，完善绿道、湿地、雨水公园、森林和植被等绿色基础设施，增强新区人居环境的安全性和舒适性。

5. 推行绿色交通网络覆盖

加快完善新区公共交通设施建设，加快轨道交通 S1 号线一期、S2 号线一期南段工程建设，鼓励使用公共交通出行，逐步推广全域电动公交车和电动汽车的使用，探索构建以 TOD 交通模式（以公共交通为导向的开发模式）为引导的城镇组团空间布局，建设智能交通 "1+6" 系统，降低交通能耗。依托 "大数据" 发展优势，推广使用新能源 "车桩网"，加快落实车桩网一体化项目，促进新能源汽车产业的发展。依托与五龙长江汽车合作项目、贵安—SPI 新能源高科技产业园、台湾立凯磷酸铁锂生产项目大力打造围绕电动汽车制造、配套、应用的全生命周期生态产业链。进一步落实新区慢行交通规划，优化建设由 "人、绿道、自行车" 构成的城镇慢行交通系统，引导市民低碳出行、绿色出行、安全出行。

6. 继续完善生态文明建设

建立完善生态文明制度，实施最严格的环境保护制度，加强自然生态资源保护，完善自然资源资产离任审计、环境污染第三方治理、生态植被占补平衡、生态环境负面清单、生态补偿、环境污染责任保险、生态保护联防联控等机制。强化环境保护问责，引入第三方评估，形成政府、市场、公众多元共治的环境治理体系。完善污染物排放许可制，建立污染防治区域联动机制，健全环境信息公开制度。结合新区主导功能区建设，建立完善生态文明考评制度。推行差异化绩效考核评价体系，将生态文明建设考核结果纳入新区各级党政领导班子和主管部门领导干部的专项考核和年度考核。建立生态环境损害责任终身追究制，对领导干部离任后出现重大生态环境损害并认定其需要承担责任的，实行终身追责。

落实生态环境保护规划，建设生态环境保护体系，严格执行生态环境监测，做好生态环境预防和治理工作，推行垃圾分类处理和可循环利用。加快推进美丽乡村建设，加强乡村综合环境治理，实施乡村蓝天碧水工程、雨水利用和污水治理工程，实现农户雨水利用、村寨污水处理和行政村公厕全覆盖。大力推广使用新能源，积极发展清洁能源，在居民生产生活领域推广使用可再生能源，加快核心区城市燃气基础设施建设，加快实现城区天然气使用全覆盖。

7. 引入公众参与决策机制

绿色人居环境建设是一项长期复杂的工程，要实现这个目标，需要几十年甚至更长的时间，不仅需要科学合理的规划和管理，更多的是要引入公众广泛参与建设社会文明、卫生环境、良好的文化氛围等。绿色人居环境建设涉及城市生活的方方面面，公众参与水平在一定程度上决定了绿色人居城市的目标实现程度。

首先，要培育生态人居建设理念。深入推进全民生态文明教育、消费和决策三大领域及企业、社区、农村三个层面的生态文化建设，促进公众、企业、管理者生态文明程度的提高。以贵安生态文明创新园为平台，打造生态教育、生态科普、生态示范、生态科研教育基地，加大生态文明建设的宣传力度，提高公众生态保护意识，引导社会各界参与绿色人居环境建设。其次，要加大绿色人居建设的信息公开，通过推行电子政务，建立健全政务公开制度，让公众了解政府决策、决定的事实依据、形成过程、预期目标等，允许公众参与政府决策并进行评价，提出意见和建议。再次，要扩大公众参与绿色人居建设的参与渠道，建立和实施在社会各阶层广泛参与基础上的公开听证制度；建立社会民意反映制度，通过有效机制，保证公众的意见和意愿及时反馈到决策中枢系统中来；完善公众接待日工作制度，热线电话制度、公众建议征集制度、信访制度等比较有效的参与渠道。最后，要完善公众参与绿色人居建设的监督机制。设立人居环境监督委员会，提高城市建设管理过程的透明度、加强舆论督导等。

参考文献

官群智：《绿色人居城市建设国际比较及对中国的启示》，《特区经济》
2009 年第 7 期。

马勇、刘佳诺、李丽霞：《绿色人居环境创新体系构建和发展模式探
究》，《特区经济》2017 年第 4 期。

《贵安新区国民经济和社会发展第十三个五年规划纲要》，2017。

《贵安新区 2015 年环境质量公报》。

《贵安新区 2016 年环境质量公报》。

贵安新区海绵城市建设领导小组办公室、贵安新区规划建设管理局：
《贵安新区海绵城市建设试点 2016 年度绩效评价情况及试点建设推进情况
汇报》。

《贵安新区绿色建筑行动实施方案》，2016。

第四节　绿色消费发展

本文阐述了绿色消费及绿色消费文化的内涵与特征，分析了贵安新区
发展绿色消费的优势及面临的挑战，对绿色消费的国外实践进行了论述，
提出了贵安新区着力构建消费文化、以政府引导绿色消费、企业主导绿色
消费、个人实践绿色消费的基本思路，以期推动贵安新区绿色消费及文化
建设快速发展。

随着人们生活水平不断提高，大众追求美好生活的向往越来越迫切，
但人们多样化需求和生态环境危机的矛盾日益突出，从而推动绿色消费成
为缓解这一矛盾的内在要求，绿色消费是开创新时代生态文明建设的意愿
和价值期盼。贵安新区坚定不移走高端化、绿色化、集约化发展道路，着
力绿色文化建设，以政府、企业、个人三方重要主体为突破口，合力持续
推动绿色消费发展。对此，本文建议：一是政府部门应灵活运用财政和金
融杠杆的调节作用，在信贷、税收等方面给予绿色产品生产企业一些扶持
政策，鼓励其引进先进的绿色生产设备，采用环保工艺流程，开发并降低
绿色产品的成本，使其价格能被广大消费者所接受。制定绿色采购政策，

即以政府的购买力为依托,通过签订优先采购资源再生产品的合同,引导和支持企业的节能环保行为。完善绿色标志制度,健全绿色产品认证和市场准入制度。二是企业应树立绿色发展理念,把绿色标准贯穿于整个生产经营活动(包括采购、设计、生产、制造、工艺、运输、销售等)中,积极采用绿色技术,加大资金投入,更新生产设备,丰富绿色产品的供给结构。企业应注重对人才的培养,加强技术创新,提高生产效率,丰富绿色产品的品种和数量,降低成本和价格。同时,企业应做好绿色营销,对绿色产品的需求、动态、消费者购买欲望及支付能力进行市场调研,并根据消费者的绿色需求,在营销方案中突出绿色产品的文化特点、品牌标志,不断满足消费者的心理和行为需要。三是应将绿色生态以及大数据教育内容纳入国家教育体系、计划以及各地区的发展规划中,在大、中、小学生中普及绿色发展教育。各级政府部门、学校和行业协会等机构应承担起对消费者、生产经营者进行绿色消费教育的责任,利用各种宣传工具和手段,积极宣传环境保护和绿色消费知识,使绿色消费理念深入人心。

一 绿色消费及绿色消费文化内涵

绿色消费是生态文明建设框架中的一部分,是生态文明的一个具体环节,它反映了生态文明的思想。

(一)绿色消费内涵

绿色象征着生命、健康、活力,它是一种理念,是一种价值观的凝结。绿色消费是绿色经济发展的重要部分,既是国家顶层设计重要战略的具体体现,也是国民生活、文化、教育水平提高的具体表现。绿色消费的含义主要有三层基本内容:一是倡导消费者在消费时选择未被污染或有助于公众健康的绿色产品。二是在消费过程中不污染环境,自觉抵制和不消费那些破坏环境或大量浪费资源的商品。三是引导消费者转变消费观念,崇尚自然、追求健康,反对攀比和炫耀消费、反对过度消费,在追求其生活便利、舒适的同时,注重环保,节约资源和能源,实现可持续消费。

（二）绿色消费主要特征

1. 绿色消费是一种适度消费

适度消费是经过理性选择的、与一定物质生产相适应的、由消费水平决定的并能保证一定生活质量的消费。具有必需型、健康型、生态化的消费特征，个人消费能力和消费结构要与收入水平相适应，不过度消费，也不过分节制消费。

2. 绿色消费是一种可持续消费

这种可持续性消费着眼于公平消费，即满足当代人消费需求的同时，又着力追求代际的消费公平。绿色消费要求我们在满足自身物质资料需求的同时，自觉做到节约资源和保护环境，给他人和子孙后代留下生存和发展空间。

3. 绿色消费推崇健康生活方式

绿色消费要求人们在消费结构上多元化、丰富化，提倡以人为本的消费。从纵向看，人们的消费从初级消费向高级消费发展，从基本需求的消费到人的价值需求消费发展。从横向看，除了物质消费，还有精神消费、文化消费、健康消费、环保消费等，在总的消费结构中，尤为强调精神文化生活的消费，建立物质、精神、文化互为一体的生活方式，实现人的全面发展。

4. 绿色消费引导绿色生产

从生产和消费的关系看，消费是第一推动力，消费决定生产，绿色消费引导绿色生产，强调消费和再生产其他环节与环境的动态平衡。因此要善于利用绿色消费的"倒逼"机制，充分发挥绿色消费对绿色生产的促进作用，促进生产和服务的绿色化。

（三）绿色消费文化内涵

绿色消费文化是指消费者在进行绿色消费过程中的价值取向与行为规范，是作为绿色消费反映的思想、观念、知识和理论的总和。

它是在当代人类生存与发展出现危机的情况下，基于对传统消费观进行反思形成的一种全新的消费观，主要体现在绿色消费精神层面的文化、绿色消费制度层面的文化、绿色消费行为层面的文化和绿色消费物质层面的文化。绿色消费文化的兴起与发展对现代中国具有重要的理论意义和现实意义。

绿色消费文化是把生态文明融入文化建设的各方面和全过程的具体体现之一，它促进人与自然更加和谐发展，引领大众绿色消费，促进经济社会可持续发展，为生态文明建设提供重要支撑力量。

二 贵安新区发展绿色消费的优势及挑战

（一）贵安新区发展绿色消费的优势

1.顶层设计引领绿色消费

贵安新区始终贯彻落实习近平总书记、李克强总理视察贵安新区重要指示精神，总书记对贵州提出了守住发展和生态两条底线，培植后发优势，奋力后发赶超，走出一条有别于东部、不同于西部其他省份发展新路的要求，对贵安新区提出建设成为生态文明示范区，要走高端化、绿色化、集约化的路子，明确了发展定位，提出了发展目标，指明了发展路径。新区紧紧围绕高端化、绿色化、集约化统领经济社会文化发展，精心谋划、精心打造，坚持发展生态贵安。

示范带动践行绿色消费，五大发展理念是以习近平同志为总书记的党中央治国理政思想的重大创新，要做到崇尚创新、注重协调、倡导绿色、厚植开放、推进共享，推动五大发展理念在贵安新区率先落实。贵州省委明确提出要把贵安新区建设成为全省践行五大发展新理念先行示范区，要求新区坚持求"特"、求"安"、求"新"，妥善处理好"五大关系"，为生态文明建设积累经验、提供示范。

贵安新区不仅肩负国家级生态新区建设的历史重任，也肩负贵州省委、省政府的使命，同时"绿色"的贵安新区也是美丽贵安的现实追求。其中，绿色发展是核心、是关键，也是一项具体的系统工程，而绿色消费又是绿色发展达到一定程度的主要成效体现之一，所以，贵安新区发展绿色消费大有可为、大有作为。

2.经济快速发展，人均收入不断提高

贵安新区按下"快进键"，跑出"加速度"，经济加速发展，经济规模持续扩大，截至2016年完成地区生产总值240亿元，同比增长40.6%，全

社会固定资产投资完成 750 亿元，同比增长 21.9%，其中直管区完成 615 亿元，同比增长 50%；直管区一般公共预算总收入完成 17.85 亿元，同比增长 103.6%；直管区城镇、农村居民人均可支配收入分别达到 25317 元、11327 元，同比分别增长 10%、15%；2016 年直管区社会消费品零售总额达 10.5 亿元，同比增长 54.4%。直管区金融机构存、贷款余额分别达到 195 亿元、130 亿元，同比分别增长 3.31 倍和 13.31 倍。新区居民收入水平迅速提高。

3. 绿色消费大环境逐步优化

2017 年 7 月，贵安新区成为全国首批也是西南地区唯一一个获准开展绿色金融改革创新的国家级试验区，新区已构建形成绿色金融 + 绿色制造、绿色交通、绿色建筑、绿色能源、绿色消费的绿色发展体系，形成了以绿色大数据为引领的电子信息产业、高端装备制造、大健康新医药、绿色旅游、现代服务业、绿色金融六大绿色新兴产业，并要将这六大绿色产业培育为新区的战略重点和核心竞争力。同时，新区相关部门还出台了一系列围绕绿色发展体系的实施方案，按照高端规划先行、生态文明引领、区域一体化发展的原则推动绿色发展。这为新区绿色消费及文化建设提供了先天优越、优质的大环境。

（二）贵安新区发展绿色消费及文化建设面临的挑战

绿色消费是一种新的消费方式，需要人们摒弃传统消费方式。在贵安新区党委、政府相关部门大力倡导和推动下，绿色消费发展较快，但是由于起步较晚，在绿色消费实践中还面临诸多挑战。

1. 消费者绿色意识淡薄

绿色消费需要消费者有较高的环保意识、生态意识以及社会责任感。虽然新区大众的知识文化水平度相对较高，有越来越多的消费者表现出绿色消费行为，但总体上来说，人们的绿色环保及购买意识还比较淡薄。

2. 绿色设施及产品还不足

具备绿色消费设施及产品是实现绿色消费的前提，但目前新区的绿色制造体系还在逐步建设健全过程中，绿色公共设施尚需加快建立完善，绿色产品尚需更加多样化和规模化，以满足广大消费者对绿色设施、绿色产品、绿色服务的需求。

3.购买能力的限制

绿色产品的价格相对比较高昂。就当前来说，生产绿色产品的成本要高于普通产品，并且生产绿色产品的企业在技术选择、产品设计、原材料选购、包装方式等一系列过程中都要考虑对环境的影响，尽量做到安全、健康、无公害。这样就使得绿色产品售价比普通产品高。另外，虽然新区2016年贫困村全部出列，贫困户已经按照高标准脱贫，但大部分消费者的收入还是处在中低水平，加上收入分配不均，贫富差距较大，使得人们的购买能力受到限制。

三 绿色消费的实践

（一）日本

日本制定了《绿色采购法》《食品回收法》《促进资源有效利用法》等多种绿色消费方面的法律，是发展绿色消费和循环经济立法最全面的国家，为营造绿色消费良好社会环境提供了基本条件。以《绿色采购法》为例，要求政府、企业、个人都要采购节能环保的产品和服务。1996年，日本政府与企业及消费者团体组建了日本绿色采购网络（GPN），"购买环境友善产品及服务，减少采购活动对环境和人类的不良影响"是参与到该组织中的会员团体必须承诺做到的。绿色采购网络组织的主要活动包括颁布绿色采购指导原则、拟定采购指导纲要、出版环境信息手册、进行绿色采购推广活动等。到2000年，日本颁布了《绿色采购法》，它是日本为建立绿色型社会颁布的6个核心法案之一，《绿色采购法》规定，年度绿色采购计划要在所有的中央政府所属的机构中制定并实施开来，而且这些机构要向环境部部长提交报告，对于地方政府，则要尽其最大可能制订和实施年度绿色采购计划。到目前为止，全日本实施了绿色采购的公共和私人组织大约占83%的份额。作为能耗较大且资源匮乏的国家，日本还建立了相对完善的绿色税收体系，通过提供补贴、降低税率等一系列优惠税收措施来鼓励全民开展节能活动，节约资源，保护环境，促进国民绿色消费，致力于倡导"低碳、绿色、循环型社会"，比如定期减免税收、普通退税、特别退税、特别折旧率等。2001 年，日本开始对汽车税实行绿色税制，按照汽车的环保性能增加税率或者是减少税率，为鼓励国民购买环境负荷小的汽车，对耗油低、排放低的汽车减征汽车税，并且还在相关环节的税额、保险费等方面采取特殊待遇，对于使用年限较长的汽车一般提高税率。同时，政府机构还对汽车耗油进行评估，公布车辆耗油指标，并要求车体上贴上数种绿色标签，便于消费者购买时参考，形成一整套购买车辆税费减免体系。[①]

（二）新加坡

新加坡把培养民众绿色消费习惯作为推动绿色消费关键节点来抓，在位居热带的新加坡，不少家庭都配备空调，每个家庭都使用冰箱。为了节省资源，政府早在 2006 年就通过修订法律实施"能源标签计划"，即对电冰箱和空调必须贴上"对号"标识的能源标签，"对号"越多表明越省电，使消费者都能清晰识别。对水龙头、洗衣机、抽水马桶等用水产品也实行省水标签，目前已经有近两万种产品标有节能标识，同时，政府每隔一定时间对洗衣机的省水标准提高，通过推行强制措施达到一定省水标准的产品才能在市场上自由流通，不符合标准的则淘汰。在政府的倡导和强制规定下，消费者自愿购买节能电器的习惯逐步培育起来。

为鼓励节能，新加坡力推绿色出行。首先，在交通出行方式选择上，政府为了鼓励民众选择公共交通出行，打造成熟的公交地铁体系，在每一组房屋附近均设有公交车站，多数到达公交站点的道路还设有遮盖棚，可为民众遮挡烈日和暴雨，公交出行非常方便舒适，如果没有体验良好的公交系统，按照新加坡民众的消费能力，消费者购置小汽车的刚性需求也很难控制。其次，政府对高能耗汽车实行征收惩罚性税收，并且办理车牌的价格很高，还规定有效期，在小轿车出行的高峰时段征收拥堵费，让消费者的用车成本节节攀升。同时，政府也鼓励使用混合动力车，通过降低税

---

① 丁丹丹：《西方发达国家发展绿色消费的经验做法及启示》，《经营管理者》2012 年第 7 期。

率让利给车主，既鼓励民众节约汽油资源，又惩罚浪费行为，让民众理性习惯绿色消费。

（三）德国

为了更好地推行绿色消费，德国政府采取了一系列措施，制定了许多合理的经济政策，对生产绿色产品的企业给予税收优惠，简化相关手续办理，同时，对购买绿色产品的消费者给予补助和优惠。德国制定了多层次的法律制度，以促进绿色消费发展，1972 年，德国制定了《废弃物处理法》，1990 年德国颁布实施《电力输送法》，随后还颁布《可再生能源优先法》《循环经济与废弃物管理法》《循环经济法》《包装及包装废弃物管理条例》等。

德国在《电力输送法》中明确规定，电力运营商有义务有偿接纳在其供电范围内生产出来的可再生能源电力，政府给予电网运营商一定财政补贴，补贴的金额至少为其从终端用户所获平均收益的 80%。2000 年，德国颁布的《可再生资源优先法》又进一步强调要对可再生能源的发电实施鼓励和奖励政策，在该政策的鼓励下，德国风力发电发展迅速，从 1990 年开始起步，到 2003 年底装机容量已达到 1460 万千瓦，全国发电总量的 5%的份额由其提供，目前德国已经成为风力发电国。[①]

德国政府鼓励企业实施环境管理，生产绿色产品，严厉打击生产销售中的违法行为，对一些违反规定、造成严重环境污染和高能耗、低效率企业予以罚款或责令停产整顿，保证良好的绿色消费环境。同时加强绿色产品的标识管理，统一消费者对绿色产品的判别标准。产品责任制度是德国推进循环经济、绿色消费的重要经济手段之一。《循环经济与废弃物管理法》对产品责任规定：生产者对其产品的整个生命周期都承担着实现循环经济目标的责任，即从产品的开发设计、生产、加工、处理或销售、售后服务，直至产品回收或者废弃物处理，生产者必须承担相关的废物利用或者清除的费用。德国同时也比较重视制定绿色标志制度，

① 高辉清、钱敏泽、郝彦菲：《建立促进绿色消费的政策体系——日、德经验与中国借鉴》，《中国改革》2006 年第 8 期。

如"蓝色天使标志"等，使绿色标志和价格、质量一样成为市场竞争的重要因素。[①]

四 推动贵安新区绿色消费及文化建设的对策建议

促进绿色消费及文化建设是一项系统工程，它需要方方面面的力量共同着力推动形成。在这个系统工程中，有几个关键因素在起主导作用，带动和组织其他各方力量，去推动绿色消费及文化建设发展。绿色消费要求树立绿色消费观念，倡导绿色消费生活方式，选择绿色消费行为，建设绿色消费文化，需要政府、企业、个人三方重要主体着手，构建绿色消费文化，政府引导绿色消费，企业主导绿色消费，个人实践绿色消费，合力持续推动绿色消费发展。

（一）构建绿色消费文化

绿色消费不仅是个人利益最大化的选择，它更是一种文化行为，在贵安新区大力推动绿色的今天，要发展绿色消费，只依靠政府相关部门的努力和市场机制是不够的，首当其冲的还需要进行绿色消费文化的建设。

1. 建立以"绿色"为核心内容的消费文化

绿色消费是一种心境、一种价值观，它是人类发展到一定阶段的体现，代表人类和自然要和谐共处，形成人类命运共同体。绿色消费方式本质是一种以人为本的消费观，以绿色为核心内容的消费文化与绿色消费观念是内在统一的。因此，建设绿色消费文化要坚决反对消费主义价值观，消费主义价值观提倡挥霍消费、纵情享乐，是一种丧失理想、堕落的消费观，其实质是违背人和自然的发展规律的，和我们生态文明建设是相互冲突的，要加快构建绿色消费文化。

2. 树立绿色消费观是构建绿色消费文化的基本内容

绿色消费是一种适度消费。绿色消费提倡节俭，反对过度消费，但也不是以降低基本生活标准、有损身心健康的生活来提倡绿色消费，绿色消

---

① 《绿色、低碳发达国家政府推进绿色消费的经验》，http://www.chinadaily.com.cn/hqpl/zggc/2011-09-19/content_3820228.html。

费水平是随着社会经济发展水平提高而不断提高的。有了绿色消费观念，绿色消费行动才会产生。无论是吃穿住行，当绿色消费文化逐步形成一种价值理念，并贯通到企业以及每个公民的日常生活中时，它就会内化为所有人和组织的自觉，外化成自然而然的实际行动。

绿色消费是一种精神文化需求。人们在满足基本物质需求后，会有更高层次的需求，随着人的全面发展和社会的进步，绿色消费将有利于满足人们对美好生活向往的精神追求。

绿色消费是一种可持续消费。绿色消费本质上就是一种可持续消费方式，可持续消费要求人们不浪费资源，减少废弃物排放，提倡保护环境，既满足当代人的基本需要，也不危及子孙后代的基本需要，可持续消费是绿色消费文化的本质要求。

3. 体现绿色消费文化内容的民族文化是贵安新区绿色消费文化建设的重要内容

贵安新区少数民族众多，在规划控制区内，世居少数民族主要有苗族、布依族、仡佬族等，随着经济社会发展和不同民族的相互融合促进，各民族优秀传统文化共同孕育了贵安新区多彩灿烂的民族文化，不同民族文化和民族习俗对当地消费观念产生着重大影响。一方面，要摒弃愚昧陋习、破坏环境的传统民族习俗；另一方面，继承创新发展优秀民族传统文化的消费观念和简朴生活方式，发扬优秀消费文化、生活文化，这将大大有利于促进绿色消费文化的建设，取其精华、创造性转化民族习俗，形成新区特有的绿色消费民族文化。

4. 加强媒体舆论引导，提高人民大众绿色消费文化意识

在信息技术迅速发展的今天，媒体宣传形式多样，覆盖范围广泛，要注重利用多样化的宣传媒体在绿色消费中的重要作用，宣传媒体理应担当起绿色社会责任，向大众宣传绿色消费价值观、理念，人类与自然是生命共同体，是一个整体，密不可分的，因此，政府要引导人们进行适度消费，树立绿色消费观和构建生态文明责任感，使消费者做出绿色选择。要使绿色消费真正入脑入心，要从个人做起，要从细节上一点点筑牢，要让"绿色消费"随处可见、随时可为。要让"绿色消费"融入主流价值观，让绿色消费理念及绿色消费文化成为生活中的主流，通过多样化全方位的媒体影响和感召，在人们心里打上绿色消费的烙印，营造全民自觉绿色消费的良好氛围。

5. 强化环保责任担当，形成绿色消费良好风尚

绿色消费是未来人民消费生活的主要发展趋势，由于绿色消费与生产力布局、产业结构、生产方式、生活方式，以及价值理念、制度体制紧密相关，是一项全面系统的工程，同时也是一场全方位、系统性的绿色变革，所以，各组织和个人必须有责任担当，牢固树立"钱是你的，但资源是大家的"理念，相互监督，共同践行绿色消费，人人都成为构建绿色消费文化的重要力量。

（二）政府引导绿色消费

贵安新区建设全国生态文明示范区，政府有关部门需要制定一系列有利于生态文明建设的政策，尽快建立健全绿色消费制度体系，积极引导居民绿色消费，为生产者、消费者塑造一个良好的绿色消费环境。

1. 建立健全绿色消费相关法律条例，优化制度体系

绿色消费需要政府提供良好的制度环境，而这个良好的制度环境需要通过法律来规范相应的消费行为，也可通过相关条例或规定来要求引导各组织实行绿色消费，明确"规定动作"，鼓励"加分动作"，惩罚"减分动作"。

新区相关部门要尽快建立健全绿色消费制度体系，如实行产品押金制度，鼓励产品的循环利用。对电池、饮料包装、含有害物质的包装物等产品实行产品押金或保证金制度，可以激励企业引导消费者回收这类产品进行循环使用或无害化处理，在避免资源浪费的同时，减少对环境的损害。合理引导大众绿色消费，实行绿色产品使用的补贴制度，如"以旧换新"制度、特别折旧制度等。同时按照贵安新区目前人群结构，还要注意政策设计的针对性，如对大学城师生群体注重绿色教育和鼓励型措施；对企业注重利益引导和禁止性措施；对城镇居民进行绿色观念传播和示范带动，逐步改变企业和公众的消费行为，不断推动绿色消费向前迈进。

2. 政府全力推行绿色采购，做好表率

政府绿色采购是引领绿色消费直接且效果最好的办法，政府采购规模巨大、市场带动效应明显，是政府加强宏观经济调控、促进绿色消费、实施可持续发展战略的重要措施。贵安新区应进一步完善政府绿色采购清单和环境标识产品认证，分行业、分产品选择合适的方法制定绿色采购标准和清单，引导绿色消费成为生产者、流通企业、消费者的共同行为。

贵安新区在实践中全面推行绿色采购制度，这不仅有助于可持续生产和完善消费体系，还能进一步优化产业结构、转变经济增长方式。比如日本推行《绿色采购法》，美国实施再生产品计划、能源之星计划、生态农产品法案等一系列绿色采购计划，均取得了显著的社会经济效益。

3. 着力发挥绿色金融对绿色消费的重要驱动作用

贵安新区是国家级绿色金融改革创新试验区，《贵州省贵安新区建设绿色金融改革创新试验区总体方案》被赋予创新绿色信贷产品，探索绿色金融引导西部欠发达地区经济转型发展有效途径等功能。贵安新区要抓住政策红利契机，全面实施绿色经济发展的财税金融。提供多元多样绿色金融业务，鼓励发展绿色信贷，建设绿色信用体系，探索环境权益抵质押融资和建立排污权、水权等环境权益交易市场，建立绿色制造、项目优先的政府服务通道等。在推动建设绿色金融改革创新试验区的同时，也为建立健全绿色消费体制机制发挥了重要作用，新区绿色金融改革创新取得一定成功，绿色消费也必会跨越发展。

4. 构建绿色消费基础设施与美丽乡村建设协同推进

2016年贵安新区启动了北斗七寨等20个村寨的美丽乡村"三建二改一清运"、慢行系统、环境整治和山塘等建设项目，人居环境焕然一新，贵安新区在大力建设打造美丽乡村贵安样板的同时，注重和绿色消费基础设施多规合一、协同推进，始终践行绿色建筑、绿色交通、绿色能源、绿色生活方式理念，增强绿色消费的"硬环境"，为绿色消费"软环境"打好基础。

5. 推行普及绿色消费教育

依托生态文明示范试验区、绿色金融改革创新试验区建设，结合当地实际情况，贵安新区设定绿色指标，一年一度评选贵安新区"绿色学校""绿色机关""绿色社区""绿色企业""绿色家庭""绿色模范"等。在各级各类学校中加强绿色消费的教育，包括课程的设置、教学大纲的调整等，思想政治教育课程增加绿色消费价值观知识，提高学生绿色消费认知水平，使学生懂得感恩与责任担当，并坚持按照将书本教育和实践相联系的原则，和学生的日常生活紧密联系。比如在大学城试点课本循环利用，鼓励大学城设立跳蚤市场，方便大学生交换闲置旧物，自下而上地从幼儿园至高校把绿色消费理念渗透到各个学习阶段；在机关、企业、社区，充分利用各种媒体在全社会范围内宣传普及绿色发展和绿色消费的知识。结合全国节能宣传周、全国低碳日、环境日等主题宣传活动，举办"践行绿色消费活动周"，及时宣传报道绿色消费的理念、经验和成功做法。通过宣传和教育，在全社会树立起人与自然和谐相处的价值观念，把节约文化、环境道德纳入社会运行的公序良俗中。

（三）企业主导绿色消费

绿色市场的形成离不开企业的绿色化运作，企业是绿色消费重要主体之一，是绿色产品设计和研发的主体，是绿色生产的组织者和实践者，是绿色产品和服务的提供者，同时，企业也是社会绿色责任的承担者。

1. 探索建立绿色标准，建设节能体系

贵安新区要加快探索制定绿色企业标准，以及消费环节的能耗标准，结合实际，对各产业及国标中未能体现的产品制定个性化标准，这也是迈向生态文明的重要环节。采取市场准入制度，淘汰传统能耗性企业，构建绿色合理的产品供应结构，严厉打击伪劣能源及耗能的违法行为，健全节能体系。同时企业还需自觉接受公众的监督，建立信息披露机制，树立企业绿色形象。

2. 企业社会责任与公共政策相结合

贵安新区处于高速发展阶段，大数据产业、高端制造产业、文化旅游是新区主导产业，企业履行社会责任是新区企业可持续发展的重要因素，所以，企业发展务必和新区绿色化、高端化、集约化发展紧密相关，互促共进，企业在追求经济效益的同时也要兼顾社会效益。建立健全新区企业绿色责任标准，该标准可作为企业社会责任自我评价和第三方评估依据，可率先进行试点。由于公共政策具有强制性，将企业社会责任与公共政策相结合，能够有效促进企业履行社会责任，如在新区政府采购中，规定只有企业达到某些绿色指标，才有资格参与竞标。

3. 强化对绿色企业的鼓励

首先，对践行绿色标准或技术创新的企业，除了政府实施的相关财税优惠政策外，还应给予其他方面的优惠，或是给予一定奖励以提高企业职工福利。其次，整个社会对积极进行绿色生产企业给予赞誉，通过多种媒体手段全方位进行宣传报道，满足企业自我实现的最高需求价值，提高企业的美誉度。最后，在企业处于危机和困境时，社会、政府及职工都给予支持，共渡难关，保证企业的可持续发展。只有把企业发展所有相关利益统筹考虑，实现企业发展过程中各方利益共赢、共享，才能充分发挥企业践行绿色发展的主观能动性。

（四）个人实践绿色消费

个人是绿色消费中最大的实践者，是绿色消费的亲身体验者、推广者及利益捍卫者，这个群体影响绿色消费的广度和深度。

1. 改变传统消费观念

消费者应该树立正确的绿色消费观，实践绿色消费，摒弃追求奢侈炫耀性、不合理消费价值观，改变传统消费观念。生活中，戒除使用"一次性"用品的偏好，如限制使用塑料袋，当初在实施该项措施过程中，人们一时觉得不方便、不习惯，但经过长时间的宣传推广，现在较多人也已经养成自带购物袋的习惯。杜绝"面子消费"和"奢侈消费"，因为这种消费方式与生态文明建设背道而驰，不仅消耗人力财力，更是消耗大量的能源及其他资源。当前，新区的消费者在生活、工作中更要有担当意识，积极努力参与到新区建设生态文明示范区大行动中来，从我做起，从点滴做起，全面实践绿色消费。

2. 践行绿色生活方式

生活的方方面面都可践行绿色消费。在饮食方面，选择绿色标识的食品，首先考虑食品安全，在此基础上考虑健康和环保因素，多食绿色蔬菜和水果，少吃肉类，拒绝山珍海味，坚决不吃野生动物。在穿着方面，尽量按照生态环保、舒适有利健康的原则，选购绿色服装，适度购买，不穿真皮毛制作的衣物，尽量对旧衣物回收利用。在住房方面，推广绿色居住，对房屋选购及装修主要参考这几个方面，如选择绿色建筑、绿色装饰、绿色家具。在用品方面，选用节能电器，减少无效照明，减少电器设备待机能耗，提倡家庭节约用水并循环利用，减少使用一次性生活物品，对垃圾进行分类丢弃、分类处理，支持发展共享经济，鼓励个人闲置资源有效利用。在出行方面，有序发展网络预约拼车、自有车辆租赁，尽量选购尾气排放量小和低能耗的汽车，积极选择公共交通，提倡自行车、步行的健康出行方式。绿色消费就在身边，既不遥远，也不昂贵，既可以让生活变得便利，又能实现人们追求美好生活的愿望。

参考文献

丁丹丹：《西方发达国家发展绿色消费的经验做法及启示》，《经营管理者》2010 年第 7 期。

高辉清、钱敏泽、郝彦菲：《建立促进绿色消费的政策体系——日、德经验与中国借鉴》，《中国改革》2006 年第 8 期。

孙二伟：《贵州构建低碳消费方式的对策研究》，贵州财经学院硕士学位论文，2011。

胡雪萍：《绿色消费》，中国环境出版社，2016。

安艳玲：《绿色企业》，中国环境出版社，2015。

管仲连、涂方祥：《贫穷与浪费：当代中国自然资源忧思录》，海洋出版社，2007。

连玉明：《绿色新政》，中信出版社，2015。

中国 21 世纪议程管理中心可持续发展战略研究组：《全球格局变化中的中国绿色经济发展》，社会科学文献出版社，2013。

佟贺丰、杨阳、王静宜、封颖：《中国绿色经济展望——基于系统动力学模型的仿真分析》，科学技术文献出版社，2015。

刘昊：《两型社会建设中家庭绿色精量消费文化建设》，《现代经济探讨》2013 年第 9 期。

南丽军、王玉华：《生态文明视野下绿色消费文化探析》，《黑龙江社会科学》2016 年第 1 期。

第五节　绿色新能源建设

本文介绍、分析了贵安新区现阶段的新能源现状、结构,结合新区"十三五"能源规划和贵安开发投资公司战略发展规划,对新区能源建设目标、规划布局进行了初步的梳理分析,围绕"十三五"期间将新区建设成新能源示范城市、规划建设新能源微电网示范项目以及贵安新区新能源车桩网一体化项目,对新区的新能源规划建设提出了重点任务,论证分析了核电小堆、氢能等新能源的应用可行性。

2014年国务院及国家发改委先后下发了《国务院关于同意设立贵州贵安新区的批复》(国函〔2014〕3号)和《国家发展改革委关于印发贵州贵安新区总体方案的通知》(发改西部〔2014〕298号)。两份文件明确了贵安新区的战略定位,即西部地区重要的经济增长极、内陆开放型经济新高地、生态文明示范区、创新发展试验区、高端服务聚集区、国际休闲度假旅游区等。

能源是一切经济建设及现代生活的基础,"十三五"时期将是贵安新区经济社会快速发展期,能源需求与消费也将保持较快增长,但是贵安新区资源总量不大,能源缺乏,对外依存度高,贵安新区能源资源的禀赋和现状,与经济社会快速发展的需求相比,存在较大差距,这对能源发展提出了严峻的挑战。伴随贵安新区工业化、城市化发展进程,能源需求将呈现增长快速、需求刚性的特点,必须大力推进能源体制机制创新与科学技术创新,积极加快能源结构调整,着力提高新能源消费比重;加速能源生产和使用方式的变革,调整传统粗放的能源生产与消费方式,不断优化能源结构,以"新技术、新政策"促进新区能源供应体系建设,以高端化、绿色化、集约化为规划指导思想,以"五大理念"为发展原则,打破能源消费结构长期以煤炭为主的局面,积极推进油气等优质清洁能源的发展,推广可再生能源得到更大规模利用,促进能源消费变革,为实现"山水之都、田园之城"的贵安梦构建能源基础,为将新区打造成新能源示范城市做好规划准备。

一　贵安新区绿色新能源发展现状

1981 年联合国在肯尼亚能源会议上对新能源做出定义："新能源是指以新技术和新材料为基础，使传统的可再生能源得到现代化的开发和利用，用取之不尽、周而复始的可再生能源取代资源有限、对环境有污染的化石能源，重点开发太阳能、地热能、生物质能、风能、潮汐能、氢能和核能（原子能）。"新能源产业的发展既是整个能源供应系统的有效补充手段，也是环境治理和生态保护的重要措施，是满足人类社会可持续发展需要的最终能源选择。

2014 年 7 月 10 日，在生态文明贵阳国际论坛 2014 年年会期间，由贵州省贵安新区牵头发起的国家级新区绿色发展联盟在贵阳市成立，上海浦东新区、广州南沙新区和贵州贵安新区等九个国家级新区共同签署了倡议书，并达成了区域绿色发展的五项共识，其中"发展绿色科技作为引导绿色制造的驱动力"一项与绿色能源紧密相关。绿色能源也称清洁能源，与新能源有高度的重合，但又有一定的区别。狭义的绿色能源即可再生能源，这与上述定义的新能源基本相同。广义的绿色能源主要包括在能源的生产和消费过程中，选用对生态环境低污染或无污染的能源，如清洁煤、天然气以及核能等，显然这当中的清洁煤、天然气并不属于新能源范畴。2016 年 7 月，贵安新区生态文明研究院成立，这是中国第一个以生态文明为主要研究内容的机构，其中绿色能源也是该机构关注、研究的主要方向之一。结合新区实际和建设绿色新区的目标，本节重点介绍新区的新能源，主要为水利资源、风能资源、太阳能资源和地热资源，这些也都是绿色能源。

（一）水利资源

贵安新区属于亚热带湿润气候，年均气温为 18.3℃，每年 1 月平均气温为 6.0℃，7 月平均气温为 23.5℃，气候温和，舒适宜居。境内地势平坦，湿地总面积占 24%，新区属于长江流域乌江水系斯拉河、猫跳河、南明河等支流的汇水区，水资源丰富，区内河流纵横，河流多年平均径流量 470~700 毫米，年际变化不大，年内随季节不同洪枯变化大，一般 5~9 月总径流占全年总径流量的 70% 以上，具有高原雨源性河流特征，枯期许多小河断流，成为季节性河流。新区内面积超过 10 公顷的水库有 21 个，其中作为饮用水源的主要水库有红枫湖、花溪水库、克酬水库、松柏山水库。流域面积大于 20 平方公里的主要河流有汇入红枫湖的麻线河、马场河、乐平河和刑江河以及汇入乌江的斯拉河等。另外，还有汇入松柏山水库和花溪水库的车田河、羊艾河、冷饭河等支流，汇入阿哈水库的小车河，汇入百花湖的东门桥河和高家河等。需要注意的是，贵安新区位于贵阳市水源地上游，贵阳市水源保护区占其规划面积的 24%，环境敏感性较高。从贵安新区水资源行情分析，新区内不适宜开发水电项目。

（二）风能资源

根据《贵州风能资源详查和评估报告》研究成果，贵州省的风能资源，西部地区好于东部地区，中部地区好于南部及北部地区，但是高值区分布相对比较零散，分布较为复杂。贵安新区境内风能资源相对丰富的地方主要分布在环红枫湖、乐平、九龙山等地。

贵安新区处于风功率密度在 180~200 瓦 / 平方米的区域内，按照我国现行的风功率密度划分指标，风功率密度小于 200 瓦 / 平方米，属于风力资源贫乏地区，因此，在贵安新区范围内不适宜风电的大规模开发应用。

（三）太阳能资源

贵州境内的太阳总辐射处于 3171.5 兆焦 / 平方米（沿河县）~4309.7 兆焦 / 平方米（威宁市），太阳辐射量为全国最低，仅为全国平均值的约 50%，是太阳辐射五类地区，属于太阳能资源条件较差，但仍有一定利用价值的地区。

新区大部分地区太阳能辐射量处于 3000~3300 兆焦 / 平方米，有小部分区域辐射量处于 3600~3900 兆焦 / 平方米。由此分析，新区在太阳能利用方面，不宜采用大规模开发，可考虑采用分布式能源的方式利用。

（四）地热资源

贵州省喀斯特地貌发育充分，孕育了分布广泛的地热温泉，已发现大量的温泉资源，在全省 9 个市（州）均有分布，且水量大、水质好。

由于贵安新区处于扬子准地台黔北台隆遵义断供贵阳复杂构造变形区和黔南台陷之规定南北向构造变形区，各个方向的延伸较远、切割深度较深的大断裂十分发育，且在晚近时期仍在活动，断裂破碎带的地热水资源蕴藏量较大，是今后绿色能源开发的有利矿产。根据 2015 年由贵州省地矿局——四地质大队提交的《贵州省贵安新区地热水资源整装勘查报告》，在该区高峰镇东吹村已成功钻探了一口地热 CK2，井深位 2503.02 米，其中地热水资源量约为 903 立方米 / 天（Q50 可开采资源量约为 21.44 万立方米 / 年），井口水温 53 摄氏度。截至 2017 年，已初步探明贵安新区高峰镇和马场镇分布有 6 处地热温泉，相关开发利用工作已经启动。

2010 年 5 月国土资源部下发了《关于做好"应对气候变化地质响应与对策"有关工作的通知》（国土资厅发〔2010〕30 号），提出要积极推动地热资源开发的利用。国家发改委在 2016 年底制定的《可再生能源发展"十三五"规划》明确提出，加快地热资源开发利用，加强全过程管理，创新开发利用模式，全面促进地热资源的合理有效利用。

按照贵州省生态文明建设的目标，从国务院批复以来，贵安新区始终将建设国际化山水田园生态城市作为发展方向。生态环境和人文条件、秀美的自然山水和丰富而原真的民族文化资源，文化休闲产业发展方兴未艾，将地热资源勘查开发与休闲旅游产业发展，与"大扶贫、大发展"战略相结合。同时，将贵安新区建设、发展成为国家级大数据产业基地、绿色金融中心、智慧物流基地、西南重要的大健康产业园、创意产业与人才培养基地以及贵州省重要的高端生态居住区。这些将会加大新区的能源需求，浅层地热、地热温泉等新能源供应需求将大大增加。

（五）生物质能源

贵安新区生物质能源主要是在区内农村中使用，按照新区统计部门发布的 2015 年统计数据，苗族布依族乡共有 9325 户农户，其中建有沼气池的 1679 户，占该乡总户数的 18%；党武 6977 户农户，建有沼气池的 1921 户，占该镇总户数的 27%。

二 贵安新区新能源发展目标和规划

(一)创建新能源示范城市

国家能源局在亚太经济合作组织(APEC)低碳示范城镇论坛上提出,"十三五"时期,国家将继续推进建设 100 座新能源示范城市。2014 年 2 月国家能源局公布了第一批全国新能源示范城市(产业园区)名单,贵州省的贵阳市、兴义市、遵义市三个市被列入该名单。

贵安新区"十三五"期间发展的一个重要目标就是,力争进入新能源示范城市。为实现这一目标,贵安新区新能源发展目标是:至规划末期 2020 年城市新能源占能源消费比重达到 2% 以上,到 2030 年该比重达到 7%。

表 1 贵安新区中长期能源消费品种结构预测(不考虑蔡官电厂)

单位:万吨标准煤,%

消费量	2020 年	2030 年	比重	2020 年	2030 年
煤 炭	0.0	0.0	煤 炭	0.00	0.00
成品油	185	280	成品油	30.85	24.00
天然气	114	268	天然气	19.07	23.00
电 力	286	536	电 力	47.69	46.00
新能源	14	82	新能源	2.39	7.00

(二)规划建设新能源微电网示范项目

2015 年 7 月,国家能源局下发了《关于推进新能源微电网示范项目建设的指导意见》,指出国家计划在全国加快布局、推进新能源微电网示范工程建设。结合贵安新区特点分析,笔者认为新区更适合采用建设联网型新能源微电网,通过与有关科研机构等合作,共同探索电力能源服务的新型商业运营模式和新业态,建立可再生能源电力的发输(配)储用一体化的局域电力网、促进电力市场化创新发展以及建立新能源微电网管理体系与技术体系。

联网型新能源微电网示范项目具体技术要求主要包含如下几个方面。

（1）并网点的交换功率和时段要具有可控性，微电网内的电能质量与供电可靠性应能够满足用户的需要。微电网内可再生能源装机功率和峰值负荷功率的比值应达到 50% 以上，根据需求配置一定容量的储能装置；若有稳定的天然气资源支撑，则可以采用天然气分布式能源设施当作微电网快速调节电源。

（2）最高电压等级不超过 110 千伏，和公共电网友好互动，有利于削减电网峰谷差，减轻电网调峰负荷。

（3）具有孤岛运行的能力，保证当地所有负荷或者重要负荷在一定时间段内持续供电，并且在电网发生故障时可作为应急电源使用。

（三）建设新能源车桩网一体化项目

新能源车生产方面，重点聚焦整车产品的生产制造，研发生产不同型号的乘用车、客车、专用车、物流车、低速电动车。集中推出贵州长江汽车有限公司开发制造的纯电动商用车产品系列和纯电动乘用车产品系列，需要集中资源优势、加大培育和引导力度，以贵州长江整车为龙头，配套贵州长江所有车型需要的核心零部件企业，利用核心零部件企业的先进技术，反哺贵州长江汽车有限公司提升整车性能，有效降低贵州长江汽车有限公司的物流成本、提高产品质量、打开销售市场，推动形成产业核心集群。围绕摩拜共享汽车平台，支持中国一汽集团、贵安新区新特汽车公司和摩拜公司共同打造"MOCAR 摩卡"共享汽车品牌，建设生产线和汽车小镇。

同时，根据"桩站先行、适度超前"的思路，以市场主导与政府扶持相结合，建立稳定、长期的充电设施建设政策支持制度。依托贵安新区特殊的区位优势和核心经济产业地位优势，形成"一核三翼"的整体发展思路，即一个核心示范区、带动三毗邻区的建设思路。以贵安新区为中心，构建贵州电动汽车及充电设施示范建设运营区域，同步规划三翼发展带，辐射安顺、花溪、清镇。

整体项目建设以贵安新区核心区为建设核心，2018 年内全面实现贵安新区初步充电设施网络覆盖，电动汽车市场需求挖掘和数据平台运营的数据积累的整体战略目标，实际运营达到电动汽车有桩充、区域车辆动跑起来、平台监测有数据的三大战略目标。项目建设规划以"一核三翼"的整体建设思路为指导，在贵安新区内建设 1 个电动汽车综合服务中心，3~4个不同领域的标志性示范站点，增建 4~6 个 I 类充电站，配置若干 II 类微型充电站及 III 类分布式充电节点，形成 2000~3000 个体量的区域充电网络。三翼建设以贵安为中心，延展到花溪、清镇、安顺沿线，视需求建设 I 类超级充电站及若干 II 类微型充电站。

（四）建设分布式太阳能光伏电站

由于新区范围内，太阳能辐射相对较低，不具备大规模开发的价值，因此在新区范围主要考虑采用屋顶光伏等分布式光伏发电项目。至规划末期分布式太阳能光伏电站，累计装机容量大于 2 万千瓦。

三　贵安新区新能源建设的重点任务

贵安新区直管区能源资源基础薄弱，区内具备新能源开发条件的地区有限。结合直管区自身实际情况，考虑在新区规划范围统筹推进风能、太阳能等可再生能源开发利用，试点高度集成化的新能源汽车供能设施，在直管区内推广可换电池纯电动出租车。对于新区内集中开发的新建楼宇及大型综合体项目，要求采用节能环保材料及技术建造，并综合考虑光伏建筑一体化系统的建设。

（一）合理引导能源消费

考虑到新区历史发展情况及原有地区的社会结构，在合理引导能源消费方面，主要考虑开展以下工作。加强对使用新能源的宣传力度，在社区、工业园区集中开展新能源使用的专项宣传工作，建立专门的新能源体验中心，长期不断的宣传以及实地亲身体验，强化新区居民对新能源应用的认识，使其"想用新能源、要用新能源、愿用新能源的"。

特别在新能源汽车领域，要加强宣传、推广和应用，在要求新区直管区内推广纯电动出租车、公共汽车和共享汽车的基础上，进一步规划、推广新能源汽车在物流等领域的应用，推动形成竞争、有序、统一的市场氛围。尽快建立新能源汽车行业市场准入的规范和标准，积极鼓励、促进广大社会资本进入新能源汽车生产以及充电运营服务。将公共服务领域用车作为新能源汽车推广应用的试点和突破口，增加公共机构购买新能源汽车的数量，通过试点和示范使用提高、增强社会信心，降低采购和使用的成本，引导、鼓励个人消费，形成健康、良性的循环。借鉴和深化"十城千辆"试点城市新能源汽车推广相关经验，进一步加大新能源汽车在公交大巴、政府公务车、出租车等公共财政支出领域的应用推广力度，提出贵安新区公交通勤新能源解决方案、旅游电动化解决方案、电动出租解决方案、共享电动解决方案和物流电动化解决方案，加强新能源汽车示范运行、扩大新能源汽车影响力。

（二）强化能源结构调整

由于新区刚刚起步发展，目前消费能源主要依靠电力、石油和煤炭，随着新区积极推进以绿色和低碳技术为特征的能源产业发展，煤炭可替代能源及各种新能源逐步推广应用，区内生活和其他生产用煤将逐步被天然气、光伏等各种新能源替代，其中天然气的消费在能源消费总量中所占的比例迅速提高，电力与石油所占的比例正常、稳定发展。

加快分布式发电体系建设速度，积极鼓励、推进清洁能源分布式电力发展。更深层次发掘地热能、风能和小水电等可再生电力的潜力；尽快启动电力安全保障体系建设，加速输电网建设和改造，加快新区直管区内汽车充电桩和加气站的建设进度，保证如期完成燃气输送管道和相关配套基础设施的建设；提高电网吸纳新能源电力能力，保障新能源利用体系建设。

（三）大力支持新区新能源相关产业链的发展

贵安新区目前重点规划红枫湖、新场、九龙山等5个现代风电场；有序推进光伏电站和分布式光伏发电应用示范区的建设，稳步实施太阳能发电示范工程，支持农村和城镇居民安装使用太阳能热水器、太阳灶、太阳房、屋顶光伏等设施，逐步开发地热能、发展生物质能。

在新能源汽车产业链的上游，主要聚焦发电端、储能端和售电端、原材料端"四端"产业培育。针对发电端产业，需要争取省级层面支持，充分利用贵州省电力资源丰沛的优势，加大可再生能源发电、光伏发电、风力发电等投入力度，最大限度确保新能源汽车的能源来源可靠。针对储能端产业，突出储能装置的生产制造，探索创新储能运营商业模式、研究储能综合解决方案技术。针对售电端产业，利用配售电公司平台。在明确客户需求和自身服务目标的基础上，开发配电系统解决方案、自发自用售电模式方案等解决产业园区配售电，剩余电量转售问题，打造发配售一体化的产业链条。针对原材料端产业，结合贵州资源禀赋实际发挥自身优势，在车身用铝材原材料，铝合金轮毂原材料、电子元器件原材料，节约原材料运输成本，打造区域经济新能源汽车产业集群。

重点支持新区内贵州五龙汽车公司和贵安新区新特汽车公司等新能源汽车制造企业和亚玛顿光电材料公司、贵安新区新能源电桩科技公司和立凯电科技公司等新能源汽车配套企业的发展，着重围绕新能源汽车上下游产业链进一步引进相关企业，形成新能源产业生态体系。

（四）出台推动新能源产业发展的配套政策

当前阶段，新能源产业发展在全国呈现遍地开花之势，各类项目纷纷上马，人才争夺战愈演愈烈，各地出台了一系列条件优惠的政策措施。为应对这种局面，新区管委会和开发投资公司需从顶层设计到实施措施方面共同精心谋划，长远规划。

专业人才是新能源产业发展的主要动力和重要支撑。结合实际情况，新区需出台相关专业人才优惠政策，有关企业也将根据自身需求制定人力资源政策，以强化新区及企业自身新能源产业发展的人才保障。目前，贵安新区内有大学城和职教城，人力资源丰富，但懂管理、精技术的人才较为缺乏。在起步发展阶段，贵安新区还需从外部引进行业内相关专业人才。

针对新能源汽车板块，以提升新能源汽车产业化能力和优化消费者使用环境为目标，不断创新新能源汽车产业扶持政策。聚集力量加速新能源汽车及零部件制造和产业化技术瓶颈的攻关，加快提升和更新新能源汽车及关键零部件企业核心生产装备。在消费者购买及使用环节，改变原有的单一扶持形式，采用运营税收减免、污染物排放约束等激励性方式，强化扶持政策效果。深入学习中央关于深化体制机制改革和加快实施创新驱动战略的精神，并进行认真贯彻落实，加强和加速体制机制创新的力度和进程。以提高研发成果转化效率为方向，规范产学研合作行为，加快建立利益共享、风险共担的稳定合作机制。改革现有新能源汽车产业管理制度，将前置审批为主转变为加强事中事后监管为主，探索推广随机抽查机制，逐步形成有利于创新能力较强的市场主体进入的机制。研究制定新能源汽车产业管理相关的地方法规，依靠法制化手段解决新能源汽车产业管理中存在的问题。

（五）加快新能源科技创新

结合国家发布的《能源发展战略行动计划（2014~2020年）》，新区在"十三五"期间考虑以下能源新技术：试点分布式能源技术、应用燃煤电厂超洁净排放技术、构筑能源互联网数据平台、推广节能建筑技术的应用、分析核电小堆技术的应用可行性。

1. 能源互联网

能源互联网是对电力电子、智能管理和信息技术进行综合处理应用，把一系列由分布式能量储存设备、分布式能量采集设备和各种类型负载构成的新型电力网络等能源节点相互连接起来，以实现双向流动的能量对等交换和共享网络。在新区构建能源互联网主要具备以下优势。

新区现有能源供应设施基础薄弱，随着发展建设，新区需要大量新建能源供应及配套设施，基础设施的建设，可按能源互联网的要求进行，使新区在能源建设方面，一开始就处在高起点。

新区目前正在建设以移动、联通、电信三大运营商为基础的云计算中心，"十三五"期间还将有大量的国内外大型企业的数据中心落户新区，这就意味着新区的信息收集、处理、储存拥有超强的能力。这也是能源互联所需要的基础能力。

新区采用集中组团的模式开发建设，既能高效利用土地，又能使各种用户与分布式能源集中开发，提高信息的集中交换，从物理结构上更便于新区能源互联网的建设。

为新区下一步能源互联建设，笔者建议新区及早开展能源互联网规划研究，为工程项目的具体实施打好基础。

2. 节能建筑技术

新区基础设施薄弱，在未来的建设开发中，将会有大量的建筑需求，为贯彻节约能源这一长期的战略方针，新区在今后的建设中应推广应用成熟的节能建筑技术，引入被动式建筑节能技术。在新区建筑规划设计中，通过对建筑朝向和遮阳进行合理布置、设置，采用建筑围护结构的保温隔热技术以及方便自然通风的建筑开口设计等以实现建筑所需的空调、采暖、通风等能量消耗的减少。

3. 核电小堆应用的可行性

小型核反应堆凭借其初始投资小、建设周期短、可移动性好的优势，可有效解决大电网不便延伸区域供电等困难；近年来，我国已经有几个省份在和核电企业联合进行小堆项目开发。福建、江西、吉林等省都正在或计划开发小堆项目。因为各个省份地理环境条件的不同，对于发展核电小堆项目的初衷也不一样。东南部沿海省份如广东、福建发展核电小堆项目主要是用于海水的淡化；吉林发展小堆核电是基于其高安全性和热电联供能力；湖南等内陆缺煤省份则主要是为了优化能源结构。因此，新区有必要对开发核电小堆的需求及条件进行分析，进一步明确新区开发核电小堆的可行性。

新区虽然目前电网结构薄弱，但得益于新区优越的地理位置，在新区规划区域的南北两侧，均有贵州电网500千伏主要输电通道经过，因此新区属于大电网覆盖范围，不需要通过核电小堆的建设来满足用电需求。

根据新区发展定位及产业规划，在新区范围内没有需要大量供热的高能耗企业。新区属于亚热带湿润温和型气候，四季气候宜人，适合居住，新区在未来发展中，只有在大型社区及城市综合体才有集中供热的需求。

根据目前的核安全条例，核电站周边有5公里的限制发展区域。核电小堆依然被归类到核电站的范围。新区虽然规划区域为1795平方公里，但新区城乡建设用地面积是控制在260平方公里左右，并且新区发展建设始终贯彻生态型发展和组团式布局的理念，在新区考虑核电小堆的建设可能会出现两种情况，在组团内建设将影响大片土地的利用，在组团外建设将增加供热或供电距离，增加损耗降低运行经济性。

贵安新区境内约有 93% 的面积位于贵阳市主要饮水水源的上游，新区直管区的东侧及东南侧部分地区处于水源一、二级保护区范围内。从水环境敏感性看，整个场地的中部地区均为水环境高度敏感区，仅东部地区与北部乐平河沿线的水环境压力比较小。同时，本地地表水源联系十分紧密，因此，新区的开发建设对全区水环境的保护具有较高的敏感性，水系统安全风险问题比较突出。虽然核电小堆安全性较高，不容易出现核泄漏问题，但尚处于探索发展阶段，其长期影响现在还很难判断，因此从这个方面分析，在新区范围内也不适宜开发核电小堆。

综合以上分析，在新区范围内开发核电小堆的可行性较低，建议在新区发展初期，开展探索性研究，为更好地在新区范围内利用该技术打好基础。

4. 氢能应用的可行性

作为可再生清洁能源的新宠，氢能被全球公认为低碳与零碳能源的重要发展方向，已经受到各国越来越多的关注和重视。进入 21 世纪，我国和欧盟、美国、日本等都先后制定了有关氢能开发、使用的发展规划。近年来，我国在氢能应用领域已取得很多方面的进展，且在不远的未来有望成为氢能技术研究与应用方面世界领先的国家之一，同时也被国外同行认为最有可能在全球率先实现氢燃料电池与氢能汽车产业化。

氢燃料电池技术，多年来一直被业内认为是利用氢能解决未来地球乃至全人类能源危机的最终方案。上海一直是中国氢燃料电池研发和应用的重要基地，包括上汽、上海神力、同济大学等企业、高校，也一直在从事研发氢燃料电池和氢能车辆的工作。随着我国经济持续、高速的发展，汽车制造工业已成为我国的主要支柱产业之一，2009 年我国汽车消费市场规模已位居世界首位，而到 2014 年我国汽车生产量也超越美国跃居世界第一。与此同时，汽车燃油消耗也达到 8000 万吨，约占中国石氢能源油总需求量的 1/4。用氢能作为汽车的燃料无疑有很大的市场基础。新区可与有关高校和科研机构合作研究，引进相关成熟的技术、企业及人才，在部分公共领域用车开展氢能汽车试点，逐步尝试、推广。

5. 其他先进的节能减排技术

在未来 10~20 年发展中，贵安新区在电力、交通运输和建筑等行业中广泛利用先进的节能减排技术。

（1）逐步推广使用天然气联合循环发电技术、天然气热电联产技术、燃煤一体化发电技术，同时考虑应用碳捕获和存储技术，以及实现低碳化石燃料电力发展。

（2）大力普及太阳能热水器和地源热泵等可再生能源供热供暖技术，同时引入先进垃圾处理技术，促进本地污水处理，构建小区中水循环系统。

参考文献

《国务院关于同意设立贵州贵安新区的批复》（国函〔2014〕3 号），2014 年 1 月 6 日。

《国家发展改革委关于印发贵州贵安新区总体方案的通知》（发改西部〔2014〕298 号），2014 年 2 月 19 日。

李传统：《新能源与可再生能源技术》（第二版），东南大学出版社，2012。

《贵安新区"十三五"能源发展规划》，2015。

贵州省能源局：《贵州风能资源详查和评估报告》，2011 年 11 月。

国家能源局：《关于推进新能源微电网示范项目建设的指导意见》，2015 年 7 月。

贵州省能源局：《贵州省风能资源开发规划》，2011。

梁盛平、潘善斌：《贵安新区绿色发展指数报告（2016）》，社会科学文献出版社，2016。

申泮文：《氢与氢能 21 世纪的动力》，南开大学出版社，2000。

《能源发展战略行动计划》（2014~2020 年），2014 年 12 月。

第四部分　**实施篇：
"1+5"绿色发展质量
体系探索**

　　2015 年 9 月，国家发布《生态文明体制改革总体方案》，把"绿色发展"作为五大新发展理念之一。国家"十三五"规划纲要，明确提出了"构建绿色金融体系"的宏伟目标。2017 年 6 月 14 日，国务院常务会议决定在贵州、浙江、江西、广东、新疆 5 省建设绿色金融改革创新试验区，在体制机制上探索可复制、可推广的经验。由此，贵安新区成为全国首批、西南地区唯一一个获准开展绿色金融改革创新的国家级试验区。

　　贵安新区在"大数据中心"产业实现后发赶超后又迎来一个关键的发展机遇期，与已经获批的"国家南方大数据基地""海面城市首批试点"等 9 个国家改革试点后第 10 个国家改革实验任务，对推进贵安新区第二阶段向绿色贵安质量体系建设意义重大，贵安新区进入继土地融资、发债融资、基金融资三个阶段之后的第四个最为关键的绿色金融阶段。为了加快贵安新区生态文明建设，根据目前的发展现状条件，贵安新区提出建设"绿色金融＋绿色制造、绿色建筑、绿色交通、绿色能源、绿色消费"（1+5）绿色发展质量体系，重点围绕"绿色金融改革创新实验区""绿色能源车桩网综合体""绿色大学城""海面城市试点"等重点项目建设。

生态省建设是一项长期战略任务

（二〇〇四年五月十一日）

　　近年来，我们在生态省建设方面做了大量工作，成效比较明显。但必须清醒看到，生态省建设是一项长期的战略任务。搞生态省建设，好比我们在治理一种社会生态病，这种病是一种综合征，病源很复杂，有的来自不合理的经济结构，有的来自传统的生产方式，有的来自不良的生活习惯等，其表现形式也多种多样，既有环境污染带来的"外伤"，又有生态系统被破坏造成的"神经性症状"，还有资源过度开发带来的"体力透支"。总之，它是一种疑难杂症，这种病一天两天不能治愈，一两服药也不能治愈，它需要多管齐下，综合治理，长期努力，精心调养。

　　古人讲："知之非艰，行之唯难。"生态省建设是发展模式的转变，涉及经济社会发展各个方面,我们对生态省建设面临的困难和矛盾要有足够的估计,对生态省建设的长期性和艰巨性要有清醒的认识。只有认真分析生态省建设面临的严峻形势,做好打持久战的思想准备,才能面对困难不退缩,碰到矛盾不回避,真正沉下身子,痛下决心、真下决心,脚踏实地,埋头苦干,真正实现经济社会可持续发展。

建设资源节约型社会是一场社会革命

(二〇〇五年二月二十三日)

建设资源节约型社会是一场关系到人与自然和谐相处的社会革命。人类追求发展的需求和地球资源的有限供给是一对永恒的矛盾。古人"天育物有时,地生财有限,而人之欲无极"的说法,从某种意义上反映了这一对矛盾。在生产力落后、物质生活贫困的时期,由于对生态系统没有大的破坏,人类社会延续了几千年。而从工业文明开始到现在仅三百多年,人类社会巨大的生产力创造了少数发达国家的西方式现代化,但已威胁到人类的生存和地球生物的延续。西方工业文明是建立在少数人富裕、多数人贫穷的基础上的,当大多数人都要像少数富裕人那样生活时,人类文明就将崩溃。当今世界都在追求的西方式现代化是不能实现的,它是人类的一个陷阱。所以,必须在科学发展观指导下,探索一条可持续发展的现代化道路。这对于既是资源小省,又是经济大省的浙江来说,建设资源节约型社会显得更为迫切,这也是我们建设生态省的本义所在。

努力建设环境友好型社会

(二〇〇五年五月十六日)

改革开放以来我省经济年均增长率高达百分之十三,但也付出了沉重的环境代价。现在,环境污染问题已不是局部的、暂时的问题。江南水乡受到污染没水喝,要从这里调水从那里买水。近岸海域海水受到污染,赤潮频发。这就好比借钱来做生意,钱是赚来了,但也欠了环境很多的债,同时还要赔上高额的利息。欠债还钱,天经地义。生态环境方面欠的债迟还不如早还,早还早主动,否则没法向后人交代。为什么说要努力建设资源节约型、环境友好型社会？你善待环境，环境是友好的；你污染环境，环境总有一天会翻脸，会毫不留情地报复你。这是自然界的客观规律，不以人的意志为转移。因此，对于环境污染的治理，要不惜用真金白银来还债。目前在全省上下全力实施的"811"环境污染整治行动，是生态省建设的重要内容，是一项针对现实的、刻不容缓的、极具意义的任务。这也是一场环境污染整治的攻坚战、持久战。我们一定要打赢这场攻坚战、持久战。

科技创新是建设节约型社会的关键

（二〇〇六年一月二十五日）

通过科技创新和技术革新节约成本、降低消耗，是我们国家从社会主义建设初期就形成并保持下来的一个好做法、好传统。在社会主义市场经济条件下，在以信息技术、新能源、新材料、生物工程等高新技术引领科技潮流的背景下，我们建设节约型社会，更要以推进创新型国家建设为契机，通过科技创新来降低生产、消费、流通等各个领域的资源消耗。现代社会早就告别了烟囱林立的"大工业时代"，进入了信息化时代。节约资源，特别是节约不可再生资源成为现代科技发展最突出的特征和最重要的目标。我们建设节约型社会，就要健全政府支持、企业主导、产学研结合的技术研究和开发体系，加大对资源节约和循环利用关键技术的攻关力度，努力突破技术瓶颈，构建节约资源的技术支撑体系。在节约方面的技术创新，一方面，要眼睛向内，大力推广已有的技术，使之真正发挥效用。另一方面，要眼睛向外，注重对引进技术的系统集成和综合创新，不求所有，但求所用。同时，要充分发挥人才在技术创新中的关键作用，加快科技成果向现实生产力转化，使经济发展真正走上依靠科技进步和提高劳动者素质的轨道。

深化改革是建设节约型社会的动力

（二〇〇六年二月九日）

从经济学的角度来看，节约资源最有效的方式就是利用充分反映供求关系的价格机制，达到对资源性产品的优化配置。目前，资源浪费的一个重要原因，就是反映资源性产品稀缺程度和供求关系的价格形成机制尚未建立起来。资源性产品的价格偏低，使企业对过高的资源消耗敏感不够，使其相当部分利润来自低成本的资源和劳动力，导致企业在技术创新、管理创新，形成和提升核心竞争力方面缺乏压力和动力。所以说，价格是市场经济条件下资源配置效率的"牛鼻子"，抓住了它，就抓住了矛盾的主要方面。当然，水价、电价和油气等资源价格改革，在生产经营性领域和生活消费性领域是有所不同的。对于前者来说，要充分发挥市场机制和经济杠杆的作用，有针对性地消除导致产业结构低度化和经济增长方式粗放型的体制性根源，建立能够反映资源稀缺程度的价格形成机制。通过深化改革和制度创新，把节约资源转化为发展的动力和内在的约束，使节约者在市场竞争中获得更多的利益和机会，使浪费者付出更大的成本和代价。对于后者来说，由于收入差距的存在，不同收入人群对价格的敏感程度是不一样的。如果一味强调配置效率，其价格就不能被低收入人群所接受，还需要按照社会公平原则制定有关配套措施，对低收入人群的生活给予必要的保障。

机关表率是建设节约型社会的重点

（二○○六年二月十五日）

机关带头节约资源，既是建设节约型社会的重点任务，又是加强机关效能建设的重要内容。各级机关在节约上存在巨大潜力，通过管理体制改革完全可以实现大幅度的节约。必须认识到，"浪费也是腐败，节约也是政绩"。机关的办公费用都是来自纳税人，每花一分钱都要倍加珍惜、精打细算，这是对社会公共财富的节约，对人民群众劳动成果的尊重，这也体现国家公务人员应具有的品格和道德。机关要在建设节约型社会中走在全社会前列，自觉做资源节约的表率，从自己做起，从现在做起，从身边点滴事情做起，厉行节约，反对浪费。要抓好机关建筑物和办公系统节能改造以及公务车节能，抓紧建立科学的绩效评估体系，将资源节约责任和实际效果纳入各级机关目标责任制和干部考核体系中。

——摘自《之江新语》

第五章

贵安绿色金融创新总体布局

本章前半部分主要是从新区绿色金融建设中政府扮演的角色、金融机构的协调发展、金融产品的创新、金融风险的防范、人才的引进与培养等方面出发提出具体措施，推进新区的绿色金融建设。后半部分具体介绍了贵安新区绿色金融港的建设进展和金融港的招商引资以及新区产业结构绿色化升级情况。未来我国绿色产业每年至少需 2 万亿元投资规模，巨大的投资需求，将为贵安新区绿色金融提供广阔的发展空间，同时贵安新区绿色金融的发展要结合贵州本地特殊情况，特别是要发挥新区的自然资源优势和大数据产业优势。贵安新区要发展好新区绿色金融，探索出西部欠发达地区发展新路，为西部地区经济实现"换道超车"创造条件。

第一节　绿色金融创新试验区总体方案

贵安新区深入贯彻党中央、国务院决策部署，落实《生态文明体制改革总体方案》和《政府工作报告》要求，加快推进贵州建设生态文明先行示范区，充分发挥绿色金融在调结构、转方式、促进生态文明建设、推动经济可持续发展等方面的积极作用，探索绿色金融引导西部欠发达地区经济转型发展的有效途径，为构建中国绿色金融体系积累经验。

一　总体要求

（一）指导思想

全面贯彻落实党的十八大和十八届三中、四中、五中、六中全会精神，以邓小平理论、"三个代表"重要思想和科学发展观为指导，深入贯彻习近平总书记系列重要讲话精神和治国理政新理念新思想新战略，统筹推进"五位一体"总体布局和协调推进"四个全面"战略布局，牢固树立和贯彻落实新发展理念，以绿色金融创新推动试验区特色绿色产业快速发展为主线，深化绿色金融体制机制改革，创新绿色金融组织与产品服务、健全绿色金融支持体系、优化绿色金融市场运作机制、打造绿色金融宣传与交流平台，完善绿色金融服务体系，构建绿色、低碳、环保的发展体系，为全国绿色金融支持试验区绿色产业健康发展，为全国绿色金融创新模式，探索可复制可推广的经验。

（二）基本原则

坚持绿色创新，服务实体。立足服务实体产业，防止脱实向虚，以金融改革创新为突破口，探索金融支持绿色发展的新思路、新模式和新途径，构建符合主体功能区定位的差别金融服务体系，突出特色，合理设计符合实际需求的金融产品，引导金融资源加大对节能减排、循环经济和生态保护的投入，形成支持绿色产业发展的资源配置体系，为试验区绿色产业发展提供新动力。

坚持市场导向，专业运行。统筹兼顾环境、社会和经济效益，短期和中长期效益，科学处理金融支持绿色发展与自身可持续发展的关系，充分发挥市场在资源配置中的决定性作用，建立健全绿色金融市场化、专业化运作模式和激励约束机制，引导金融机构加快绿色转型，既要创新服务，又要降低成本，吸引更多社会资本参与绿色投资，形成市场主体持续推动绿色发展的良性循环，使绿色经济得到有效的金融支持。

坚持稳步有序，防范风险。按照"积极稳妥、有力有序、精准务实、先易后难、风险可控，成熟一项、推动一项"思路，强化风险意识，提高绿色金融领域新型风险识别能力，稳步推进试验区绿色金融改革创新，科学设计风险预警与防范处置机制，确保绿色金融运行安全稳定，守住不发生系统性金融风险底线。

（三）主要目标

通过 5 年左右的努力，基本建立多层次的组织机构体系、多元化的产品服务体系、多层级的支撑服务体系和高效灵活的市场运作机制，绿色信贷投放规模逐年上升，绿色贷款不良贷款率不高于小微企业平均不良贷款率水平，绿色保险覆盖面不断扩大，绿色债券发行初具规模，初步形成辐射面广、影响力强的绿色金融服务体系，切实推进试验区生态文明建设和绿色金融创新协调发展。

二 主要任务

（一）建立多层次绿色金融组织机构体系

引导和鼓励金融机构在试验区设立绿色金融事业部，强化绿色金融业务发展，提高环境风险管理专业化水平，加大支持地方生态环境建设和绿色产业发展的力度。建立适用于试验区内银行业金融机构的绿色信贷实施情况关键评价指标，定期开展实施情况自评价，探索开展绿色银行评级，将评级结果作为银行业金融机构监管评级、机构准入、业务准入、高管人员履职评价的重要依据。支持全国性金融机构设立后台服务中心，打造总行级数据处理中心、灾备中心等。

（二）加快绿色金融产品和服务方式创新

科学设计绿色信贷产品、创新绿色信贷抵质押担保模式，开展知识产权质押融资和应收账款质押融资业务。探索推动节能项目收益权、海绵城市建设政府和社会资本合作（PPP）项目收益权、排污权、用能权等环境权益及其未来收益权成为合格抵质押物，进一步降低节能项目收益权、海绵城市建设政府和社会资本合作项目收益权、排污权、用能权等环境权益抵质押物的合规风险；创新绿色惠农信贷产品，重点支持都市现代农业、有机生态农业、农村水利工程建设、农业生产排污处理等农业产业项目。成立由政府和社会资本合作的绿色产业基金，合理设定产业基金的组织形式、政府参与形式和退出机制。综合运用多种金融工具，重点支持空气污染、土壤污染和流域水环境联防联治。推进信贷、信托、股票、债券等传统金融工具的绿色化转型。

（三）拓宽绿色产业融资渠道

充分发挥金融市场支持绿色融资的功能。鼓励符合条件的银行业金融机构发行绿色金融债券。引导具备资质的大型绿色企业发行绿色债券。积极推动中小型绿色企业发行绿色集合债，探索发行绿色项目收益票据。探索建立试验区绿色企业上市培育和辅导机制，严格甄选、重点培育一批市场前景广阔、项目回报稳定、征信记录良好的优质绿色企业，充分利用资本市场平台拓宽融资渠道。推动大数据、高端装备制造、大健康新医药、现代服务业等优势产业企业在主板和中小板上市；支持新能源、绿色建筑、绿色矿山和绿色交通产业企业在创业板上市和"新三板"挂牌，加快推进绿色企业股份制改造和绿色股权融资。鼓励社会资本建立节能服务产业投资基金。在符合国家法律法规前提下，依托现有合格交易场所开展绿色股权、绿色债券和其他绿色金融资产交易。积极探索用能权、用水权、排污权新型绿色投融资机制，完善定价机制和交易规则。

（四）加快发展绿色保险

支持设立贵州绿色保险机构，加强新型绿色保险产品的设计与推广，强化绿色产业风险抵御能力。《贵州省贵安新区建设绿色金融改革创新试验区总体方案》是为深入贯彻党中央、国务院决策部署而制定的。贵安新区积极落实《生态文明体制改革总体方案》和《政府工作报告》要求，加快推进贵州建设生态文明先行示范区，充分发挥绿色金融在调结构、转方式、促进生态文明建设、推动经济可持续发展等方面的积极作用，探索绿色金融引导西部欠发达地区经济转型发展的有效途径，为构建中国绿色金融体系积累经验。

（五）夯实绿色金融基础设施

充分利用试验区大数据技术优势，加强金融管理部门与相关政府部门之间的信用信息共享，完善信息共享机制，将企业环保、安全生产、节能减排、违法违规情况等信息纳入全国信用信息共享平台和企业征信系统。科学设计金融评价指标,支持开展绿色企业征信、绿色信贷业务审批、投向监测和绩效评估。加强对关键指标的监测和评估,适时调整政策导向,引导金融机构优化信贷投向和产品组合,提高金融支持绿色产业的精准度。建立绿色金融服务平台和绿色企业(项目)库,由专业机构定期开展绿色企业(项目)遴选、认定和推荐工作,为入库企业(项目)提供服务。加强农村信用体系建设,针对新型农村生产合作组织发起绿色农业产业项目,探索将组织内农户信用等级评定情况作为项目信用等级评估的重要依据。

(六)构建绿色金融风险防范化解机制

建立健全绿色预警机制,健全客户重大环境和社会风险的内部报告制度、公开披露制度、与利益相关者的沟通互动制度和责任追究制度,积极稳妥做好风险化解和处置工作。加强政府环保、安全生产、用能等系统,金融监管部门风险识别系统,商业银行风险管控系统,担保公司备案登记系统以及第三方机构之间的信息沟通与共享,实现绿色企业和项目风险评估全覆盖。鼓励金融机构建立绿色信贷风险监测和评估机制,密切监测绿色债券支持项目的杠杆率和偿付能力等关键指标变化,控制和监督绿色项目融资杠杆率,防止出现资本空转等问题。明确各类市场主体环境责任,建立健全绿色金融市场约束机制。加强对与绿色投资相关的金融风险监管,将试验区绿色债券违约率控制在贵州省平均水平之下,绿色贷款不良贷款率不高于小微企业贷款平均不良贷款率水平,确保守住不发生系统性金融风险底线。

三 保障措施

(一)加强组织领导

贵州省要成立绿色金融创新工作领导小组,加强领导、精心组织、统筹规划、协调推进,研究制定贵安新区绿色金融改革创新实施细则。建立科学的绩效考核机制,定期跟踪落实情况,适时组织开展第三方绩效评估。国务院有关部门要加强与贵州省的沟通，指导贵安新区绿色金融改革创新工作稳妥有序推进。

（二）加强政策支持

运用再贷款、再贴现等货币政策工具，加大对绿色信贷方面表现优异的金融机构的支持力度。制定绿色企业和典型绿色项目授信指引，督促银行业金融机构对绿色环保产业和国家重点调控的限制类或有重大环境风险的行业实行差别化授信政策。探索降低绿色债券发行和管理成本的政策措施。贵州省统筹人力、物力、财力，加大对贵安新区绿色金融改革创新工作的支持力度，确保绿色金融改革创新工作扎实推进、取得实效。

（三）加强人才储备

建立绿色金融专业人才储备库，制定吸引高层次金融人才的相关配套政策，大力引进国内外金融专业人才。加强与高等院校合作，培养绿色环保技术专业人才，为试验区发展绿色金融提供人才支撑。设立绿色金融发展创新研究院，整合国内外资源，研究绿色金融创新发展理论与实践，适时发布绿色金融发展指数和蓝皮书。

（四）加强宣传引导

制定宣传方案，充分利用报刊、电视、广播、网站等传媒，加大宣传力度，提高社会关注度，激发各参与主体的积极性，为全面推进试验区绿色金融改革创新营造良好的社会环境。

（五）加强执法追责

强化主体责任，加强事中事后监管。建立企业环境与社会责任追究机制。加大用能、环境、安监等方面的检查执法力度。建立企业环境信息披露制度和重大环境风险的申诉交流制度，强化社会监督，发挥舆论导向和监督作用，对违反相关环保、安全等法律法规，对利益相关者造成重大损失的企业，应依法严格追责。

表6-1 贵安新区绿色金融改革任务清单

主要任务	具体要求	牵头单位	参加单位	成果和进度
一、加强组织领导	1. 成立绿色金融创新工作领导小组，加强领导、精心组织、统筹规划、协调推进，研究制定贵安新区绿色金融改革创新实施细则	省政府金融办、人行贵阳中支、贵安新区管委会	省财政厅、省发改委、省环境保护厅、贵州证监局、贵州保监局等有关单位	1. 成立省绿色金融创新发展工作领导小组（2017年7月）； 2. 省政府金融办牵头、从有关单位和金融机构抽调人员组建省绿色金融创新发展工作专班（2017年7月）； 3. 贵安新区管委会成立绿色金融改革创新试验区工作专班（2017年7月）
	2. 建立科学的绩效考核机制，定期跟踪评估实情况，适时组织开展第三方绩效评估	省政府督查室、省政府金融办、人行贵阳中支	贵州省推进绿色金融创新工作领导小组各成员单位及有关金融机构	4. 省政府督查室、省政府金融办共同制定绩效考核办法（试行）（2017年9月）； 5. 省政府督查室、省政府金融办、人行贵阳中支按季度开展绩效评估（持续推进）
	3. 国务院有关部门要加强与贵州省的沟通，指导贵安新区绿色金融改革创新工作稳妥有序推进	人行贵阳中支、省政府金融办、贵安新区管委会	贵州省推进绿色金融创新工作领导小组各成员单位及有关金融机构	6. 人行贵阳中支牵头，定期与国务院有关部门沟通，争取国家有关支持政策（持续推进）； 7. 在黔金融机构积极争取总部给予政策倾斜（持续推进）

续表

主要任务	具体要求	牵头单位	参加单位	成果和进度
	4. 引导和鼓励金融机构在试验区设立绿色金融事业部或绿色金融事业部发展，强化绿色金融业务发展，提高环境风险管理专业化水平，加大支持地方生态环境建设和绿色产业发展的力度	贵州银监局、贵州证监局、贵州保监局	省政府金融办、人行贵阳中支、贵安新区管委会、地方法人金融机构、在黔金融机构	8. 贵州银监局牵头、推动相关地方方法人金融机构设立绿色金融事业部或绿色金融事业部或绿色金融事业部或绿色金支行（2018年6月）； 9. 贵州银监局牵头、鼓励在黔金融机构设立绿色金融事业部或绿色金融支行（持续推进）
二、建立多层次绿色金融组织机构体系	5. 建立适用于试验区内银行机构的绿色信贷实施情况关键评价指标，定期开展实施情况自评价，探索开展绿色银行评级，将评级结果作为银行业金融机构监管评级、机构准入、业务准入、高管人员履职评价的重要依据	贵州银监局	人行贵阳中支、贵安新区管委会	10. 贵州银监局出台《绿色信贷评价实施办法》（2018年6月）
三、加强绿色金融产品和服务方式创新	6. 支持全国性金融机构设立支后服务中心、打造总行级数据处理中心、灾备中心等	省政府金融办、省大数据发展管理局	人行贵阳中支、贵州银监局、贵州证监局、贵州保监局、贵安新区管委会及在黔金融机构	11. 省政府金融办牵头、争取全国性金融机构在贵安新区设立支后服务中心、灾备中心（持续推进）
	7. 科学设计绿色信贷产品、创新绿色信贷抵（质）押担保模式、开展知识产权质押融资和应收账款质押融资业务、探索以排放权和排污权等为抵（质）押等的绿色信贷业务	人行贵阳中支	贵州银监局、省农委、省财政厅、省发改委、省环境保护厅、省水利厅、贵安新区管委会以及在黔金融机构	12. 人行贵阳中支出台《支持绿色信贷产品和押担保质权创新的指导意见》（2018年6月）； 13. 贵州省金融商会发布《贵州绿色金融案例研究》（2018年2月）

续表

主要任务	具体要求	牵头单位	参加单位	成果和进度
三、加强绿色金融产品和服务方式创新	8. 探索推动节能项目收益权、海绵城市建设政府和社会资本合作（PPP）项目收益权、排污权、用能权等环境权益抵质押及其未来收益权成为合格抵质押品，进一步降低节能项目收益权、海绵城市建设政府和社会资本合作项目收益权、排污权、用能权等环境权益抵质押物业务办理的合规风险	省发改委、人行贵阳中支	贵州银监局、贵州证监局、省财政厅、省环境保护厅、省建厅、省水利厅、贵安新区管委会以及在黔金融机构	14. 按归口管理原则，有关部门分别制定节能项目收益权、海绵城市建设政府和社会资本合作（PPP）项目收益权、排污权、用能权等环境权益及其未来收益权成为合格抵质押物的实施方案（2018年6月）
	9. 创新绿色惠农信贷产品，重点支持都市现代农业、有机生态农业、农村水利工程建设、农业生产排污等处理等农业产业项目	人行贵阳中支、贵州银监局	省农委、省财政厅、省政府、省环境保护厅、省水利厅、贵安新区管委会、相关金融机构	15. 人行贵阳中支、贵州银监局引导金融机构开展绿色惠农信贷产品创新和推广（持续推进）
	10. 成立由政府和社会资本合作（PPP）的绿色产业基金，合理建设产业基金的组织形式、政府参与形式和退出机制	省财政厅、省发展改革委	省政府金融办、贵安新区管委会	16. 省财政厅、省发展改革委制定贵州绿色产业基金设立方案（2017年12月）；17. 贵安新区或绿色产业基金或PPP基金设立方案（2017年12月）
	11. 综合运用多种金融工具，重点支持空气污染、土壤污染和流域水环境联防联治。推进信贷、股票、债券等传统金融工具的绿色化转型	省环境保护厅、人行贵阳中支	贵州银监局、贵州证监局、省财政厅、省发改委、省水利、省国土资源厅、贵安新区管委会	18. 省环境保护厅、人行贵阳中支出台《推进传统金融工具绿色化转型的指导意见》（2018年6月）

续表

主要任务	具体要求	牵头单位	参加单位	成果和进度
四、拓宽绿色产业融资渠道	12. 鼓励符合条件的银行业、金融机构发行绿色金融债券	省政府金融办、贵州银监局	人行贵阳中支、贵安新区管委会以及地方法人金融机构	19. 贵州银行、贵阳银行加快发行绿色金融债（2018年6月）
	13. 引导具备资质的大型绿色企业发行绿色公司债券。积极推动中小型绿色企业债券集合债，探索发行绿色项目收益票据	省发展改革委、贵州证监局	人行贵阳中支、省国资委、省财政厅、贵安新区管委会	20. 省发展改革委牵头筛选符合绿色发展条件的企业、建立绿色发展项目库（2017年12月）； 21. 省发展改革委牵头鼓励和支持符合条件的企业发行债券（持续推进）
	14. 探索建立试验区绿色企业上市培育和辅导机制，严格甄选、重点培育一批市场前景广阔，项目回报稳定、征信记录良好的优质绿色企业，充分利用资本市场平台拓宽融资渠道	省政府金融办、贵州证监局	省财政厅、省经济和信息化委、省科技厅、贵安新区管委会、贵州股交中心	22. 省政府金融办、贵州证监局牵头制定贵安新区绿色企业上市培育和辅导工作方案（2017年12月）； 23. 茅台集团、贵安金融投资公司牵头制定贵安证券公司设立方案（2017年12月）
	15. 推动大数据、高端装备制造、大健康新医药、现代服务业等优势产业在主板和中小板上市；支持新能源、绿色建筑、绿色矿山和绿色交通产业企业在创业板上市和"新三板"挂牌，加快推进绿色企业股份制改造和绿色股权融资	省政府金融办、贵州证监局	省发展改革委、省财政厅、省经济和信息化委、省科技厅、省卫计委、省商务厅、省大数据管理局、贵安新区管委会、贵州股交中心	24. 省政府金融办牵头建立贵安新区绿色企业上市后备资源库（2017年12月）； 25. 省政府金融办牵头鼓励和支持符合条件的企业上市（持续推进）
	16. 鼓励社会资本建立节能服务产业投资基金	省发展改革委、省财政厅	省经济和信息化委、贵安新区管委会	26. 省发展改革委牵头制定贵州节能服务产业投资基金设立方案（2017年12月）

续表

主要任务	具体要求	牵头单位	参加单位	成果和进度
四、拓宽绿色产业融资渠道	17. 在符合国家法律法规前提下，依托现有合格交易场所开展绿色产权、绿色债券和其他绿色金融资产交易。积极探索用能权、用水权、排污权新型绿色投融资机制，完善定价机制和交易规则	省政府金融办、贵州证监局	省发展改革委、省水利厅、省环境保护厅、贵阳市政府、贵安新区管委会	27. 省政府金融办依托现有合格交易场所建立新型绿色投融资机制（持续推动）
五、加快发展绿色保险	18. 支持设立贵州绿色保险机构，加强新型绿色保险产品的设计与推广，强化绿色产业风险抵御能力	贵州保监局、省环保厅	省发展改革委、省经济和信息化委、贵安新区相关保险业金融机构	28. 贵州保监局、贵安新区管委会制定贵州绿色保险机构设立方案（2017年12月）
	19. 支持在环境高风险领域按程序推动修订环境污染强制责任保险相关法律或行政法规	贵州保监局、省环保厅	省发展改革委、省林业厅、省经济和信息化委、省政府法制办、贵安新区管委会	29. 贵州保监局牵头制定贵安新区绿色保险创新工作实施方案（2017年12月）30. 省环保厅探索提出环境污染强制责任保险相关法律或行政法规的修订建议（2018年6月）
	20. 支持试验区建立强制性环境责任保险制度，选择环境风险较高、环境污染事件较为集中的领域，全面深化环境污染强制责任保险试点工作，扩大环境污染责任保险覆盖范围	贵州保监局、省环保厅	省发改委、省林业厅、省经济和信息化委、省政府法制办、贵安新区管委会	31. 贵州保监局牵头制定贵安新区强制责任保险实施方案（2017年12月）

续表

主要任务	具体要求	牵头单位	参加单位	成果和进度
五、加快发展绿色保险	21. 根据各类型企业的潜在环境污染风险、能源消耗水平、环保评估达标情况等，设计多样化绿色保险品种。探索发展危险化学品安全绿色责任险、场所污染责任险、森林保险等业务	贵州保监局，省环保厅	省发改委、省林业厅、省经济和信息化委、省政府法制办、省安监局、贵安新区管委会	32. 贵州保监局引导和督促保险业金融机构设计和推广多样化的绿色保险品种和业务（持续推进）
	22. 支持保险资金以股权、债券、基金、资产支持计划等形式参与新区绿色投资	贵州保监局，省金融办	贵安新区管委会	33. 贵州保监局引导和支持保险业金融机构以多种形式参与贵安新区开发建设（持续推进）
	23. 建立绿色项目风险补偿基金，分担项目运行的损失风险	省财政厅	贵安新区管委会	34. 省财政厅、贵安新区管委会制定绿色项目风险补偿基金设立方案（2017年12月） 35. 省财政厅、贵安新区管委会制定的绿色项目贴息资金的方案（2017年12月）
六、夯实绿色金融基础设施	24. 充分利用试验区大数据技术优势，加强金融管理部门与相关政府部门之间的信用信息共享，完善信息共享机制，将企业环保、安全生产、节能减排、违法违规情况等信息纳入全国信用信息共享平台和企业征信系统	省政府金融办，省大数据发展管理局，贵安新区管委会	省发展改革委、人行贵阳中支、贵州银监局、贵州证监局、贵州保监局、省环境保护厅、省工商局、省安监局	36. 省金融办牵头建立信用金融信息共享机制，并纳入贵州金融云平台建设（2018年6月）

续表

主要任务	具体要求	牵头单位	参加单位	成果和进度
	25. 科学设计金融征信、绿色信贷业务审批、投向监测和绩效评估，适时调整政策导向，引导金融机构优化信贷投向和产品组合，提高金融支持绿色产业的精准度	人行贵阳中支、贵州银监局	省发改委、省经济和信息化委、贵安新区管委会	37. 人行贵阳中支、贵州银监局出台《贵州贵安新区绿色金融评价指标方案》(2018年6月)
六、夯实绿色金融基础设施	26. 建立绿色金融服务平台和绿色企业（项目）库，由专业机构定期开展绿色企业（项目）遴选、认定和推荐工作，为入库企业（项目）提供服务	省政府金融办	贵安新区管委会	38. 贵安新区管委会建立绿色金融企业（项目）库(2017年12月)
	27. 加强农村信用体系建设成果转化与应用，针对新型农村生产合作组织发起的绿色农业项目，探索将组织内农户信用评定情况作为项目信用等级评估的重要依据	人行贵阳中支、省发改委	省环境保护厅、省工商局、贵安新区管委会、省农村信用社等有关金融机构	39. 人行贵阳中支牵头制定《贵州农村信用体系建设成果转化与应用实施方案》(2018年6月)
七、构建绿色金融风险防范化解机制	28. 建立健全绿色金融风险社会预警机制、健全客户重大环境和社会风险的内部报告制度、公开披露制度，与利益相关者的沟通互动制度和责任追究制度，积极稳妥地做好风险化解和处置工作	贵州银监局、贵州保监局	人行贵阳中支、省政府金融办、省财政厅、省环境保护厅、省发改委、省工商局、贵安新区管委会	40. 人行贵阳中支、贵州银监局、贵州保监局根据归口管理原则，制定《贵安新区绿色金融风险防预警工作方案》(2018年6月)

续表

主要任务	具体要求	牵头单位	参加单位	成果和进度
七、构建绿色金融风险防范化解机制	29. 加强政府环保、安全生产、用能等系统，金融监管部门风险识别系统，商业银行风险管控系统，担保公司备案登记系统以及第三方机构之间的信息沟通与共享，实现绿色企业和项目风险评估全覆盖	省政府金融办、省大数据管理局、贵安新区管委会	人行贵阳中支、贵州银监局、贵州证监局、贵州保监局、省环保厅、省发改委	41. 省金融办牵头建立信息沟通与共享机制，并纳入贵州金融云平台建设（2018年6月）
	30. 鼓励金融机构建立绿色信贷风险监测和评估机制，密切监测绿色债券支持项目的杠杆率和偿付能力等关键指标变化，控制和监督绿色项目融资杠杆率，防止出现资本空转等问题。明确各类绿色金融市场主体环境责任，建立健全系统性金融市场约束机制	贵州银监局、贵州证监局、贵州保监局	人行贵阳中支、省发展改革委、省政府金融办、贵安新区管委会	42. 贵州银监局、贵州证监局、贵州保监局根据归口管理原则，制定《绿色金融风险监测和评估办法》（2018年6月）
	31. 加强绿色投资相关的金融风险监管，将试验区绿色债券违约率控制在贵州省平均水平之下，绿色贷款不良贷款率不高于小微企业平均不良贷款水平，确保守住不发生系统性金融风险底线	贵州银监局、贵州证监局、贵州保监局	人行贵阳中支、省政府金融办、省财政厅、贵安新区管委会	43. 贵州银监局、贵州证监局、贵州保监局根据归口管理原则，定期开展风险评估，出具风险监测和评估报告（持续推进）
八、建立健全绿色金融统计制度	32. 推动和支持试验区建立涵盖信贷、股票、债券、保险、基金、信托、担保等多种新型绿色金融产品的专项统计制度	人行贵阳中支	贵州银监局、贵州证监局、贵州保监局、省统计局、省政府金融办、贵安新区	44. 人行贵阳中支、贵州银监局、贵州证监局、贵州保监局制定《贵安新区绿色金融产品专项统计方案》（2018年6月）

续表

主要任务	具体要求	牵头单位	参加单位	成果和进度
九、加大政策支持	33. 运用再贷款、再贴现等货币政策工具，加大对绿色信贷方面表现优异的金融机构的支持力度	人行贵阳中支	贵州银监局、贵安新区管委会	45. 人行贵阳中支探索利用新型货币政策工具建立绿色信贷激励机制（持续推进）
	34. 制定绿色企业和典型绿色项目授信指引，督促银行业金融机构对绿色环保产业和国家重点调控类或有重大环境风险的行业实行差别化授信政策	贵州银监局	省环保厅、人行贵阳中支、省政府金融办、贵安新区管委会	46. 贵州银监局出台《绿色企业和典型绿色项目授信指引》（2017年12月）
	35. 探索减低绿色债券发行和管理成本的政策措施	省发改委、省财政厅	人行贵阳中支、贵州证监局、贵安新区管委会	47. 省发改委牵头制定《降低绿色债券发行和管理成本的措施》（2017年12月）
	36. 贵州省统筹人力、物力、财力，加大对贵安新区绿色金融改革创新工作的支持，确保绿色金融改革创新工作扎实推进，取得实效	省委组织部、省财政厅	省发改委、省人社厅	48. 省财政厅牵头制定《关于支持贵安新区建设绿色金融改革创新试验区的若干意见》（2018年6月）
十、加强人才储备	37. 建立绿色金融专业人才"储备军"，制定吸引高层次高端金融人才的相关配套政策，大力引进国内外金融专才	省委组织部	省人社厅、省政府金融办、贵安新区管委会	49. 贵安新区管委会制定《培育和引进绿色金融专业人才的意见》（2017年12月）
	38. 加强与高等院校合作，培养绿色环保技术专业人才，为试验区发展绿色金融提供专业人才	省教育厅、省环保厅	省财政厅、贵安新区管委会	50. 省教育厅牵头制定《关于培养绿色环保技术专业人才的意见》（2017年12月）

续表

主要任务	具体要求	牵头单位	参加单位	成果和进度
十、加强人才储备	39. 设立绿色金融发展创新研究院，整合国内外资源，研究绿色金融创新发展理论与实践，适时发布绿色金融发展指数和蓝皮书	省政府金融办、省教育厅	省财政厅、人行贵阳中支、贵州银监局、贵州证监局、贵州保监局、贵安新区管委会、贵州财经大学及相关金融机构	51. 省政府金融办牵头制定《绿色金融发展创新研究院设立方案》(2017年12月) 52. 绿色金融发展创新研究院适时发布绿色金融发展蓝皮书（持续推进）
十一、加强宣传引导	40. 制定宣传方案，充分利用报刊、广播、网站等传媒，加大宣传力度，提高社会关注度，激发各参与主体的积极性，为全面推进试验区绿色金融改革创新营造良好的社会环境	省委宣传部、省政府金融办	人行贵阳中支、贵州银监局、贵州证监局、贵州保监局、贵安新区管委会	53. 省金融办、贵安新区管委会于2017年7月中旬举办贵安新区绿色金融咨询会； 54. 省委宣传部、省金融办、人行贵阳中支、贵安新区管委会2017年7月下旬召开试验区新闻发布会； 55. 省委宣传部、省政府金融办牵头组织绿色金融微信公众号、媒体宣传、各类研讨活动（持续推动）
十二、加强执法追责	41. 强化主体责任，加强事中事后监管。建立企业环境社会责任究制机制。加大用电、环能、环境、安监等方面的检查执法力度	省政府督查室、省政府金融办、人行贵阳中支	省发改委、省环境保护厅、省质监局、贵安新区管委会	56. 省政府督查室、省金融办、人行贵阳中支将绿色金融发展奖惩纳入考核办法（2018年6月）
	42. 建立企业环境信息披露制度和重大环境风险的申诉交流制度，强化社会监督，发挥舆论导向和监督作用，对违反相关环保、安全法律法规，对利益相关者造成重大损失的企业，应依法严格追责	省环保厅、省安监局	省司法厅、省政府金融办	57. 省环保厅牵头建立企业环境信息披露和重大环境风险的申诉信息交流机制，并定期发布环境信息披露和重大环境风险的报告（持续推进）

第二节　绿色金融改革创新试验区建设举措

一　健全绿色金融组织机构体系，激发绿色金融市场活力

（一）引导金融机构在贵安新区设立绿色金融事业部

推动有条件的地方法人金融机构在贵安新区设立绿色金融事业部或绿色支行，强化绿色金融业务发展，提高环境风险管理专业化水平，加大支持地方生态环境建设和绿色产业发展的力度。引导设立贵安新区绿色金融事业部，一是加快推进绿色金融产品研发和创新，为新区企业提供多层次的绿色金融服务。二是提升绿色金融服务品质，鼓励绿色金融事业部与专业研究机构合作，加强绿色业务开展，建立专业化服务队伍，为绿色金融发展提供支撑。

鼓励在黔金融机构设立绿色金融事业部或绿色支行，培育发展本土绿色金融机构。

（二）支持全国性金融机构在贵安新区设立后台服务中心

充分发挥贵安新区大数据产业和综合金融服务业优势，将产业优势与绿色金融发展相结合，争取全国性金融机构在贵安新区设立后台服务中心、数据处理中心、灾备中心。

二　加快绿色金融产品和服务方式创新，提升绿色金融服务水平

（一）探索绿色信贷产品，创新绿色信贷抵质押担保模式

科学设计绿色信贷产品、创新绿色信贷抵质押担保模式，积极探索科技贷款、小额担保贷款、经营权质押贷款、股权质押贷款、知识产权质押贷款、应收账款质押贷款等信贷业务支持绿色产业发展。积极探索、规范试点排污权、用能权等环境权益抵质押业务。

（二）推进贵安新区绿色 PPP 基金或产业基金设立

设立绿色发展基金，按照"政府引导、市场运作、科学决策、防范风险"的原则，通过政府和社会资本合作模式动员社会资本支持贵安新区发展，重点投向具有发展潜力、高成长性的绿色产业。

三 探索培育多层次资本市场，拓宽绿色企业融资渠道

（一）鼓励有条件的金融机构发行绿色金融债券

鼓励贵州银行、贵阳银行加快发行以贵安新区绿色产业项目为载体的绿色金融债券。筛选符合绿色发债条件的企业，建立贵安新区绿色企业债券发行项目库，搭建银行、证券等各类金融机构与企业对接平台，为发行绿色债券企业提供全方位金融服务。

（二）设立贵安新区本土绿色证券公司

支持贵州贵安金融投资有限公司和贵州茅台酒厂（集团）有限责任公司牵头发起设立贵安绿色证券公司，丰富贵安新区金融业态，培育发展贵安新区本土企业。

（三）探索建立贵安新区绿色企业上市培育和辅导机制

严格甄选、重点培育一批注册在贵安新区，市场前景广阔、项目汇报稳定、征信记录良好的优质绿色企业，引导和扶持其在主板、中小板以及新三板挂牌、上市。鼓励绿色产业龙头企业、优质企业改制上市。政府给予相关奖励和指导。

（四）建立上市资源库

建立贵安新区绿色企业上市后备资源库，配合上市辅导，鼓励企业利用资本市场平台拓宽融资渠道。支持贵州股交中心设立绿色产业版，推动绿色企业挂牌融资。

四　积极发挥保险业对绿色金融的支持作用

（一）支持设立贵州绿色保险机构

制订贵安新区绿色保险创新公司设立方案，培育贵安新区本土保险公司，丰富贵安新区金融业态，服务新区企业。

（二）加强新型绿色保险产品的设计与推广

充分发挥保险功能作用，探索适合贵安新区经济和绿色金融改革创新试验区要求的特色保险产品和服务体系，促进贵安新区经济转型发展和社会和谐稳定。加大绿色保险产品创新力度，强化绿色产业风险抵御能力。鼓励保险机构根据新区产业规划，制订合适的绿色保险计划。同时，制订贵安新区绿色项目风险补偿方案，分担项目损失。

（三）支持保险机构以多种形式参与贵安新区开发建设

探索保险资金服务实体经济的新模式、新路径，引导保险资金以股权、债权、基金、资产等形式投资贵安新区基础设施建设、参与贵安新区绿色产业投资。

五　健全绿色金融基础设施，助推企业成长

（一）推进建设贵安新区绿色金融信息平台

利用贵安新区大数据产业优势，加强政府、金融管理部门、第三方金融中介机构以及银行之间的信息共享，建立信息共享平台。将企业环保、安全生产、节能减排、违法违规、征信等情况纳入信息共享平台，为政府、金融监管机构引导绿色金融发展提供数据参考和风险预测。同时，信息共享平台开通业务在线申报、审核、管理等业务支撑系统，为企业和金融机构提供增值服务。

（二）建立贵安新区绿色企业（项目）库

与专业机构合作，从贵安新区已有项目中，定期开展绿色企业（项目）遴选、认定和推荐工作。建立健全绿色金融统计制度。培育、扶持有发展前景的绿色企业（项目），纳入绿色企业（项目）后备库。为项目库中的企业（项目）提供全方位金融服务。

六　完善配套金融措施，优化绿色金融生态环境

（一）构建绿色金融风险防范化解机制

加强政府节能环保系统、金融监管部门风险识别系统、商业银行风险管控系统、担保公司备案登记系统以及第三方机构之间的信息沟通与共享，实现绿色企业和项目风险评估全覆盖。定期开展风险评估，出具风险评估报告。

加强金融监管部门与地方政府工作协调，增强金融监管合力，建立金融政法联动机制，加快构建完整高效的金融风险防范处置工作体系。完善贵安新区金融突发公共事件应急预案，健全地方金融风险预警体系和处置体系。排查和化解各类风险隐患，提高监管有效性，严守不发生系统性、区域性金融风险的底线。

（二）加大政策支持

探索利用新型货币政策工具建立绿色信贷激励机制，研究降低绿色债券发行和管理成本的措施。制定《贵州省绿色企业和典型绿色项目授信指导意见》以及制定《关于支持贵安新区绿色金融改革创新试验区的若干意见》。

优化金融营商环境，对绿色企业注册登记、产业发展、金融服务等给予政策支持。充分发挥财政资金奖励补偿等激励作用，调动绿色产业支持贵安新区发展的积极性、主动性和创造性。对公司治理优良，业务发展突出，风险内控健全，客户服务先进的绿色企业，给予适当奖励。安排专项资金，用于绿色金融高端人才和绿色机构总部引进、绿色金融改革创新奖励等。

七 保障措施

（一）加强组织领导

组建贵安新区绿色金融改革创新试验区工作专班，切实推进贵安新区绿色金融改革创新试验的实施工作。同时，及时总结推广工作经验，力争为绿色金融引导西部欠发达地区经济发展走出一条可复制的成功道路。

（二）开展绩效评估

建立督导考核机制，进一步明确改革目标和责任分工，与专业机构合作，定期督查和通报工作情况，确保各项工作落到实处。健全汇报机制，定期梳理汇总绿色金融改革创新试验工作推进情况，专题研究和协商改革创新过程中的重大事项，及时向贵安新区管委会、省人民政府和一行三会报告工作情况。

八 加强人才储备和人才吸引

制定《培育和引进绿色金融专业人才的意见》，建立绿色金融专业人才储备库，落实吸引高层次金融人才的相关配套政策，大力引进国内外金融专业人才。加强与高等院校合作，培养绿色环保技术专业人才，为试验区发展绿色金融提供人才支撑。

（一）设立绿色金融发展创新研究院

与国内外专业机构、各大院校积极联系、开展合作，设立绿色金融发展创新研究院。整合国内外资源，研究绿色金融创新发展理论与实践，适时发布绿色金融发展指数和蓝皮书。

（二）加强宣传引导

召开贵安新区建设绿色金融改革创新试验区新闻发布会和咨询会，充分利用各类媒体，加大绿色金融和贵安新区改革创新工作宣传，提高社会关注度、认知度，营造良好氛围。

（三）建立沟通机制

积极争取国家相关部委支持，实现绿色金融改革创新试验工作部、省、区联动，定期会商研究改革过程中出现的新情况和新问题，协调推进相关改革创新试验工作。

加强与其他绿色金融改革创新试验区的联系，建立联席会议制度，学习借鉴其他地区绿色金融改革创新经验。

第三节　绿色金融初步实践

贵安新区将通过5年左右时间，基本建立多层次的金融组织机构体系、多元化的金融产品服务体系、多层级的金融支撑服务体系、高效灵活的金融市场运作机制，使绿色信贷投放规模逐年上升、绿色保险覆盖面不断扩大、绿色债券发行初具规模，初步形成辐射面广、影响力强的绿色金融服务体系，推动试验区生态文明建设、绿色金融创新协调发展。推动绿色金融改革创新，有助于贵安新区探索借力金融创新支持绿色产业发展、助推生态文明建设的做法和举措，为贵州建设国家生态文明试验区累积先行经验。

一　绿色金融港一期竣工

2016年6月，贵安新区绿色金融港一期工程开工建设。经过1年多作业，如今已初具雏形，南塔楼、北塔楼完成主体封顶，预计年底竣工交付使用。届时，这里将成为贵安新区绿色金融业态集聚、发展的平台。根据《贵安新区绿色金融港开发建设三年行动实施方案（2015~2017年）》，到2017年底之前，贵安新区争取吸纳入驻传统银行业、非银行业金融机构近百家，其中总部级或区域性总部级机构不低于10家，入驻或新设创新型互联网金融机构近百家，逐步将绿色金融港建成一个设施先进、机构集中、服务完善、环境优良、特色鲜明，具有辐射效应的绿色金融中心、社会财富管理中心、绿色金融产业新高地。绿色金融港布局在贵安新区城市核心区，因集中大量金融资本及其他生产要素，将成为金融机构集中、金融市场发达、金融信息灵通、金融设施先进、金融服务高效的融资枢纽。

随着绿色金融港的加快建设，一期办公大楼基本被多家金融机构预订。目前，金融港二期已启动建设。贵安新区"金改区"获批后，这块"金字招牌"的吸附作用正在释放，为新区发展绿色金融汇聚各种资源、要素。

二　多形态金融资源集聚贵安

商业银行入驻、保险公司开业，小额贷款股份有限公司挂牌营业，互联网财产保险有限公司获批筹建；贵安新区金融租赁公司、贵安新区地方资产管理公司成立，贵安新区中小微企业融资服务中心建立……如今，贵安新区正力争在互联网银行、互联网证券、互联网保险、互联网基金、互联网小贷 P2P、股权众筹等互联网金融业态上取得突破。随着多种形态的金融资源聚集，贵安新区已初步形成多层次的金融市场体系。截至 2016 年底，全区引入包括银行业、保险机构、小贷公司、担保公司等金融机构 29 家及类金融机构 200 余家；全年实现金融业增加值 10.5 亿元，占地区GDP 的 9.2%。2015 年 8 月 25 日，贵安新区与上海普兰金融服务有限公司携手组建的贵安普兰金融服务有限公司揭牌。该平台围绕"绿色票据交易中心""贵安普兰艺术金融村"项目展开，将着力推动全区绿色金融创新、金融资源聚集。2015 年 11 月 23 日，贵州银行贵安支行正式挂牌营业，随即与贵安新区开发投资公司签订协议，拟投入 40 亿元用于新能源汽车电桩网一体化项目，加大绿色金融信贷资金投放力度，支持园区绿色企业、绿色产业项目发展；同时，为贵仁生态砂科技有限公司申报 1 亿元资金，用于建设海绵城市生态地砖项目。围绕大数据、大文旅、大健康、新能源、新材料"三大两新"产业布局，贵安金融投资有限公司初步搭建了"FOF基金＋战略投资基金＋创业投资基金"三大基金体系系统支持全区产业发展的格局——率先成立国内首支针对云后服务市场的"贵安新区白山煦安产业投资基金"，推动相关产业入驻新区，加速云后产业发展；建立贵安智慧制造医药大健康产业并购基金、高端装备制造产业园创业投资基金、数字经济产业园创新创业基金，通过基金投资引领，先后带动白山云、新致普惠、数据宝、贝格大数据、充电桩等一批项目在贵安落地。为推动贵安"金改区"加快建设，中国人民银行贵阳中心支行行长张瑞怀表示，贵阳中心支行将积极引导辖区内金融机构加快绿色信贷产品创新，加强对试验区绿色产业的融资支持；积极争取人民银行总行支持，在试验区先行先试绿色金融再贷款等新型货币政策工具；建立健全对金融机构支持试验区绿色金融改革创新的激励、约束机制。

金融体系向绿色化转型。"构建绿色金融体系，是通过绿色信贷、绿色债券、绿色股票指数和相关产品、绿色发展基金、绿色保险、碳金融等金融工具及政府相关政策支持经济向绿色化转型的制度安排，有利于引导金融资源配置到绿色产业，促进环保、新能源、节能等领域技术进步，加快培育新的经济增长点，提升经济增长潜力。"贵安金融投资有限公司副总经理黄冬梅介绍说，该公司构建综合金融服务平台、产业资本整合平台两个平台，通过发起设立、重组并购等方式参与控股银行、基金、保险、资产管理、融资租赁、小额贷款、担保、商业保险等金融及类金融机构，形成了集资金汇集、股权投资、债权投资、金融服务于一体的金融产业体系。在她眼中，绿色金融改革创新还有一个重要领域：依托贵安新区的大数据优势，构建大数据征信体系，打造"信用新区"，实现金融产业生态绿色化。截至目前，贵安新区组建的 17 只投资基金全部面向绿色产业。2017 年以来，贵安金融投资有限公司通过信贷支持 5000 多万元，加快全区绿色企业发展。据预测，"十三五"期间，我国年均 2 万亿元的绿色产业投资规模中，各级政府财政出资占比仅为 10%~15%，其余部分均由社会资本投资构成。处于建设初期的贵安新区，仅依靠财政投入难以满足绿色产业发展的资金需求。推动绿色金融改革创新，建立高效的绿色金融体系，能充分发挥财政资金对社会资本的引导、示范作用，撬动更大规模的私人资本，有助于缓解绿色产业发展的资金瓶颈。如今，贵安新区正在探索建立绿色产业项目库，积极推行绿色债券。推进金融体系绿色化转型，是探索社会资本支持绿色产业发展的有效路径。贵安新区将通过建立健全多层次的绿色金融体系，提高社会资本的配置效率，不断满足绿色经济实体多样化的融资需求，破题绿色产业"融资难""融资贵"，推动传统融资与金融服务模式革新，为经济结构绿色化转型提供引领和支撑。"通过一些配套政策构建长效机制，让政府、银行、企业构成'命运共同体'，风险共担、利益共享，一起扶持绿色产业发展，可以形成政府实现微利、银行获得利润、企业得到发展的良好格局。"黄冬梅说。

三　产业结构向绿色化升级

围绕"高端化、绿色化、集约化"的要求，贵安新区构建了以大数据为引领的电子信息、高端装备制造、大健康医疗、文化旅游、现代服务五大新兴产业为核心的产业结构。贵安新区生态环境优越、自然资源禀赋良好，具备发展绿色产业的优势。设立以来，全区招商引资签约的是清一色的"绿色"项目。2016 年末，贵安新区五大主导产业，即大数据、大制造、大生态、大健康、大旅游实现增加值分别占全区 GDP 总额的 18.58%、15%、5.1%、1.7%、2%，增速分别达 29.3%、35%、41%、102%、17%。绿色化的产业结构，为贵安新区推进绿色金融改革创新奠定了坚实的产业基础、广阔的需求市场，符合"金融发展服务于实体经济"的基本要求。据测算，"十三五"期间，为推动绿色经济发展、生态文明建设加速，我国绿色产业每年至少需 2 万亿元投资规模。巨大的投资需求，将为贵安新区绿色金融提供广阔的发展空间。

推进绿色金融改革创新，不仅有助于促进贵安产业结构优化调整、经济增长潜能提升，还将推动新区能源消费结构、交通运输结构向绿色化升级。清洁能源、绿色交通是绿色金融重点支持的产业领域，也是贵安新区产业布局的重要组成部分。通过金融产品、服务创新助力更多社会资本支持清洁能源类、绿色交通类项目技术攻关，不断提高清洁能源、清洁出行的市场占比，在优化绿色能源消费、交通运输结构的同时，可进一步促进全区经济增长科技含量的持续提升。坚持发展绿色金融、服务新区建设，贵安努力探索构建"1+5"发展模式，旨在以绿色金融改革创新试验区建设为支撑，带动绿色产业、绿色城镇、绿色交通、绿色能源、绿色消费协同发展。贵安新区建设绿色金融改革创新试验区，肩负着"建设西部地区重要的经济增长极、内陆开放型经济高地、生态文明示范区"三大使命，有助于全区更加紧密围绕"高端化、绿色化、集约化"的要求，借力金融创新为绿色产业体系提供多样化的融资支持，探索绿色金融引导生态良好的西部欠发达地区走绿色新路，通过绿色金融机制避免再走"先污染后治理"的老路，也不走"守着绿水青山不发展"的穷路。

第六章

贵安绿色金融改革创新探索

本章围绕贵安新区绿色大数据中心和绿色金融双驱动绿色发展实践，探索落后地区后发赶超新结构经济发展路径，通过地方试点创新政策希望能够促进供给侧理论发展，并对中西部绿色金融发展提出思考。绿色发展是社会可持续发展的必然趋势，也是当今世界发展的重要趋势，旨在将生态文明建设与经济发展相结合，建设和谐、高效的人类社会命运共同体。十九大报告提出加快生态文明体制改革，建设美丽中国的四大战略部署，首当其冲的便是推进绿色发展。绿色发展的重要驱动力便是绿色金融，绿色金融旨在将投融资决策过程中潜在的环境影响因素考虑进去，包括与环境条件相关的成本、风险和回报。环境保护理念成为金融部门考虑一切日常事务的基本政策与前提，在金融经营活动中应重视对环境的保护、对社会经济资源的绿色引领，促进社会的可持续发展。

贵安新区作为国家级首批绿色金融改革创新试验区之一，先试先行，"白手起家，白纸作画"，为绿色金融发展提供了良好的空间，贵安新区必然是绿色金融改革创新发展的最佳选择。

第一节　开发性金融与绿色金融的比较

一　开发性金融

开发性金融是依托政府增信，为特殊的产业需求提供中长期贷款服务的金融机构，以政府特定的发展目标为导向，同时以培育市场和完善体制机制的方式，加快经济发展，促进社会经济长期增长的一种金融形式。

我们也可以简单地理解为，开发性金融是由政府出资支持，为传统银行所不能服务到的行业提供贷款的一种金融活动，目的在于有效地避免政府失灵和市场失灵，提高整个社会的生活水平，以政府的发展目标为导向，增强国家经济金融实力和国际金融竞争力的一种金融形式。

与传统金融相比，开发性金融既不同于商业性金融，也不同于传统政策性金融。一方面，开发性金融具有商业金融所不具有的战略性和全局性，具有引领和带动作用；同时还具有政府背景，对于政策信息的知晓灵敏度更高，拥有更低的交易和信息成本。另一方面，开发性金融有别于政策性金融，前者主要是依靠国家信用在银行间市场发债融资，方式多样且可以降低对政府财政支出的依赖。因此可以有效地克服商业性金融的局限性和政策性金融的边际效益递减规律。开发性金融的国家增信，不同于政府兜底或担保，能够将金融中介职能和政府的组织协调能力有机结合，从全局出发，动员市场的力量，有效落实政府目标，按照政府的需要实现资金的精准投放。

二　绿色金融

绿色金融，顾名思义，兼顾绿色（环境、生态等）和经济发展，对环境保护、生态恢复、气候变化应对和资源高效化集约化利用等有特定作用的一种经济活动，即为绿色交通、绿色能源、绿色基础设施建设、绿色消费、绿色产业、绿色建筑等领域的项目提供金融服务的一种金融形式。

绿色金融定位后随之而来的就是构建绿色金融体系，相应的信贷、债券、基金等产品或金融工具以及国家相关政策也会向绿色化转型。构建绿色金融体系关键在于绿色产业的发展，这需要更多社会资本的投入，需要更有效的环境保护和监管制度，需要更有利的优惠政策扶持，同时避免污染性投资。构建绿色金融体系，是加快我国经济和产业技术向绿色化转型的重要方式，也是构建生态文明改革体制的根基。

与传统金融不同的是，绿色金融更强调人类发展与环境的关系，它将环境的保护力度和资源的高效集约化利用纳入活动成效计量标准，通过绿色金融活动引领行业经济发展方向，注重人与自然和谐发展，注重自然资源资本确权，注重生态环境保护等，最终达到社会经济永续健康发展的目的。

三 开发性金融与绿色金融

（一）相同点

开发性金融和绿色金融均介于政府与市场之间，通过政府的扶持起到培育市场的作用，实现政府与市场之间的良性循环；均是涉足于超前性、社会性、公益性项目的基础；两者所涉足项目产业覆盖周期长，回报周期也长；均要求有强大的"自力更生"能力；均促进经济结构创新和转型，实现有活力的经济增长；均提高金融的包容性；均为基础设施投资提供融资支持（经济增长的关键所在）；均支持公共产品供应，尤其是支持应对气候变化，提高环境可持续性并促进"绿色增长"；均致力于支持健康扶贫工程等等。

（二）不同点

1. 背景差异

开发性金融产生于19世纪的欧洲，萌芽于工业革命的起步阶段，中国开发性金融起步于20世纪90年代，正处于中国改革开放时期和经济转型期，国家财政体系和银行金融均经历转型，同时面临市场失灵、政府失灵与长期公共融资的挑战，中国必须借鉴国际经验，并结合中国处于并将长期处于社会主义初级阶段的基本国情，探索出具有中国特色的金融模式，开发性金融模式应运而生。

目前，绿色金融已经引起世界各国的关注，党的十八大以来，绿色金融成为国家生态文明发展战略的重要措施。2017年，国家明确了绿色金融工程的标准化问题，建设了各有侧重、各具特色的绿色金融改革创新试验区。十九大以来，绿色金融首次写入全国代表大会报告，报告指出我国要建设的现代化是人与自然和谐共生的现代化，创造更多的物质财富和精神财富以满足人民日益增长的美好生活的需要。在这种背景和形势下，绿色金融作为当今时代新发展理念——绿色发展的重要组成部分，日益深入人心，社会对绿色金融的需求也愈发强烈，我国绿色金融发展迎来了"新时代"。

2. 资本差异

国家是我国的开发性金融机构的唯一股东，因此开发性金融机构没有及时盈利的压力，不靠政府补贴，自主经营，这也就充分允许其涉足"两基一支"、脱贫攻坚、棚户区改造及绿色发展等领域。绿色金融体系是动员和激励更多社会资本投入绿色产业（环保、新能源、新材料和节能减排产业等），这些社会资本要获得有效运转，要求尽可能地及早获利，需要国家较大优惠政策的支持和补贴，前期运营困难较大。

绿色金融对政府的依赖性要比开发性金融更大，"自力更生"的能力也就相对较弱，这也是绿色金融体系中一直在探讨研究和亟待解决的问题。怎样具有独立性，可能是绿色金融需要向开发性金融学习的重点。

3. 阶段差异

目前，中国特色的开发性金融模式已形成，成为中国金融体系的关键组成部分，在中国经济社会中发挥着不可替代的作用。从萌芽阶段到成熟阶段，中国开发性金融经历了一次次的改革与重塑，最终形成了可借鉴可推广的中国特色开发性金融理论与实践。

绿色金融体系还在不断地完善和建设中，从绿色金融近几年发展及国家产业结构调整来看，几乎可以确定的是，绿色金融已正式进入"风口"阶段，在政策大力推动下，我国绿色金融发展逐步由分散化、试验性探索，向系统化、规模化推进转变。近年来，绿色信贷、绿色债券、绿色基金、绿色保险等各种创新业务不断出现，市场主体的参与方式多样，绿色金融监管机构的体制机制也日趋完善，绿色金融已经到了战略实施层面。

综上所述，无论是开发性金融还是绿色金融都是时代的产物，也是我们向前发展的必经之路，绿色金融可以借鉴开发性金融的经验，开发性金融可以利用绿色金融实现更好的发展，相互学习，相互促进，相互补充。开发性金融与绿色金融发展的价值呈现异曲同工之妙，共同承担着国家改善民生、绿色发展和美丽中国建设的使命。中国特色开发性金融理论与实践对于我们思考绿色金融的定位与发展带来很大的启示，相信不久的将来，这两种金融形势都将让中国获得更大的发展，让中国的老百姓获得更多绿色发展带来的生态红利，也将再一次刷新世界对中国的看法。

第二节 国家绿色金融试验区比较

通过对比广州市花都区及浙江省湖州市绿色金融支持政策，并结合贵安新区现状可得知，贵安新区绿色金融支持政策目前存在的主要问题是：绿色企业和项目支持政策未出台，绿色企业和项目库未建立，各类型政策细分程度不够，补贴、奖励支持力度有待加大，与其他试验区相比没有突出亮点。建议贵安新区尽快建立绿色企业和项目库，出台相关绿色企业支持政策，并结合贵安新区及贵州省重点产业、项目进行金融产品的细分化支持，加大人才保障力度，搭建贵安新区绿色上市快捷通道，打造贵安新区独有的亮点，形成竞争力。

一 绿色金融改革创新试验区发展情况

2017 年 6 月 14 日，国务院总理李克强主持召开国务院常务会议，决定在部分省（区）建设绿色金融改革创新试验区，推动经济绿色转型升级。2017 年 6 月 26 日，央行等七部委联合下发通知，公布建设五个绿色金融改革创新试验区的总体方案。

截至 2017 年 12 月 31 日，五省份八个试验区根据各自总体方案要求，经过前期酝酿与准备，交出了绿色金融改革创新工作的第一份"成绩单"。八个试验区中，广州市花都区绿色金融改革创新工作进度领先一步，各项政策较为齐全，企业入驻、项目投资等已初具规模；浙江省湖州市除了出台各项政策和规划，还针对项目（企业）、产品服务、政策激励、改革任务、司法保障分别出台不同细则规定；贵安新区与江西省赣江新区工作进度大致相同，政策制度已基本出台，接下来要落实财政支持等相关政策；其次为浙江省衢州市，召开了试验区建设动员大会，并印发相关《实施意见》；最后是新疆维吾尔自治区哈密市、昌吉州和克拉玛依市三个州市，只召开了动员大会，其他工作进度未知。

二 国家级新区绿色金融发展情况

在全国 19 个国家级新区中，对绿色金融工作非常重视且有相应政策、规划发布，有实质性工作推进的共有 5 个新区，分别是上海浦东新区、重庆两江新区、江西赣江新区、雄安新区和贵安新区。另外，天津滨海新区已与多家企业签订绿色金融战略合作协议，积极推进绿色金融建设；陕西西咸新区发行绿色债券 16.7 亿元，是全国第一只城投平台公司绿色债券，也是全国首只国家级新区发行的绿色债券。其他 12 个国家级新区暂时无绿色金融相关工作推进。

三 试验区绿色金融政策分析

截至 2017 年 12 月 31 日，公开发布建设绿色金融具体支持政策的地区只有广东花都区以及浙江湖州市。以下政策措施对比研究不包含其他地区。广州花都区、浙江湖州市以及贵安新区每年均安排 10 亿元专项资金支持试验区建设工作。

（一）金融机构落户、经营及其他补贴

"两区一市"因各自经济发展状况不同，关于金融机构落户、经营及其他补贴方面的政策也有很大区别，例如贵安新区大多施行的是定量补贴，而其他两个新区大多施行按比例补贴，设上限封顶。总体来讲，贵安新区在支持金融机构落户经营方面力度小于其他两个新区，例如金融机构总部落户广州花都区最高奖励 2000 万元，浙江湖州市最高奖励 5000 万元。但花都区与湖州市因地处沿海地带经济较发达，对金融企业更加看重；贵安新区因为城市建设不成熟、属于经济欠发达地区，更应该将重心放在绿色实体企业与项目上。

（二）培育绿色企业和项目

贵安新区目前在培育绿色企业和项目方面暂未制定相关具体支持政策，花都区与湖州市在股权投资、经济贡献、高新技术企业、重大并购重组、土地供给、融资担保、融资租赁等方面对绿色企业和项目出台了相应

的支持政策。贵安新区应结合自身实际，借鉴花都区与湖州市相关政策，大力扶持培育绿色企业和项目。

（三）绿色企业上市激励

两区一市在支持绿色企业上市补贴方面无较大区别，但只有贵安新区针对证券公司服务绿色企业上市做出了奖励政策，其他两个新区只针对绿色企业上市实行奖励。广州市花都区将建立政务服务绿色通道，对上市挂牌企业和上市挂牌后备企业在绿色产业园区的建设项目上开方便之门，以"事中事后监管"取代"事前审批"。

（四）绿色基金、信贷、债券、保险

绿色基金方面，湖州市与花都区在成立子基金、基金用途等方面做了细分规划，贵安新区则针对基金投资出台了补贴政策，可借鉴这两个地区的相关政策，对绿色基金及子基金的成立、投资范围等方面形成有效支持，引导社会资金及相关机构共同参与到绿色基金中。

绿色信贷方面，花都区与湖州市在支持企业绿色贷款、绿色贷款贴息补偿、银行风险补偿、科技型中小企业专项贷款贴息、专利权质押贷款等方面出台了相关政策，贵安新区则针对绿色贷款贴息、银行放款奖励两方面做出支持。

绿色债券方面，两区一市均对发行绿色债券的发行机构或企业给予补贴。

绿色保险方面，贵安新区对购买绿色保险的企业和提供保险资金支持的各类金融机构给予奖励和补贴，未针对保险进行政策细分。而湖州市在农业保险、绿色企业贷款保证保险、高新技术企业实施科技保险、专利保险、科技型中小企业专项贷款保证保险等方面进行了政策的细分。

（五）人才保障政策

贵安新区与花都区主要对高级管理人员的所得税、购房、租房、户籍落户、子女入托等方面给予支持，而湖州市对保险精算师、证券保荐人等紧缺型的金融高端人才还直接给予人才奖励，提出对湖州市绿色金融发展做出突出贡献的专家和学者，给予重点奖励。

第三节 "绿色金融＋"绿色发展质量体系分析

一 贵安新区立足禀赋条件谋绿色金融发展

贵安新区独特的自然条件与地理状况，使当地的经济格局具有地域特色，经济发展同时面临机遇与困难。新区政府通过全域资源普查，对新区资源禀赋条件、自然地理环境优势，结合当前的发展阶段，对自身进行定位，认真践行党中央领导对贵安新区视察时的指示精神，实现"精心谋划，精心打造，做到集约化、高端化、绿色化，不降格以求"。

贵安新区坐落于贵阳市和安顺市的接合部，处在黔中经济发展的核心区，四通八达，自然人文旅游资源丰富，拥有国家级风景名胜区（重点文物保护单位、历史文化名镇）22处，拥有成百上千的山峰、湖泊和地下泉眼等；据统计贵安新区拥有822处生态资源单体，新发现637处，其中入级资源包括，五级2个、四级11个、三级124个、二级224个、一级276个。

贵安气候宜人、地质结构稳定、自然资源丰富，得天独厚的自然环境使得贵安具备发展成为大数据产业中心的前提条件，加之政府优惠政策的支持，高端投资企业先进技术的引进，人才储备不断地壮大，金融环境的不断完善，使得贵安新区逐步成长为全球绿色金融中心建设与发展的首选地之一。

新区政府积极推进生态文明建设，促进绿色发展，坚持绿水青山就是金山银山，坚守发展和生态两条底线，坚持以改革创新为动力，以生态文明示范工程建设为抓手，积极探索绿色金融的发展路径，创新绿色发展体系。贵安新区找准自身定位，勇于探索——积极发挥绿色金融的作用，驱动推进绿色发展，让贵安的青山绿水变成金山银山，让贵安的百姓富起来，生态美起来，日子红火起来。

二 贵安绿色金融系统政策探索

2017年6月14日，贵州贵安被纳入首批建设国家级绿色金融改革创新试验区之列。2017年6月23日，贵州贵安建设绿色金融改革创新试验区总体方案出台，为建设贵安特色的绿色金融改革创新试验区做出明确指示，以期探索可复制可推广的贵安发展实践经验。

贵州省人民政府积极响应国家号召，印发《贵安新区建设绿色金融改革创新试验区任务清单》，重点围绕绿色金融组织机构体系、绿色金融产品和服务、绿色产业的投融资渠道、绿色金融基础设施建设、绿色金融风险防范化解机制等 12 个方面，提出了 57 项具体任务清单。

贵安新区制定《关于支持绿色金融和绿色产业发展的优惠政策》，通过一些配套政策构建长效机制，使得政府、银行、企业成为真正意义上的"命运共同体"，共担风险、共享利益，一起致力绿色产业的发展，为实现政府、银行、企业互惠互利，合作共赢的良好格局而努力。

贵安新区的绿色金融体系正在逐步建立，绿色化、创新化、集约化决不仅仅是口号，到目前为止，新区绿色产业的建立已集合数十个投资基金。2017 年以来，贵安新区金融获得数千万元的信贷投资支持，对贵安管辖区域内的绿色企业起到强有力的支撑作用。贵安政府财政资金的正确引导以及先试先行的作用，为新区吸引了多样化的社会资本，"绿色金融+"（1+5）绿色发展体系（绿色金融 + 绿色产业、绿色建筑、绿色交通、绿色能源、绿色消费）的建立将助力贵安生态文明建设与发展。

三　贵安绿色金融发展机制改革创新

（一）贵安新区"放管服"（六个一）政府服务新模式

"放"即减权先行，降低市场准入门槛；"管"即强化监管，促进市场公平竞争；"服"即优化服务，推进办事效率提升。构建行政审批："一章审批、一网审管、一单规范"；构建政务服务："一号申请、一窗受理、一网通办"。双轮驱动改革新模式，取得较好成效，不仅解决了审批多、办证慢等问题，还促进了当地营商环境更加透明化、规范化。2015 年 8 月改革以来，贵安新区新增市场主体是改革前的 6.5 倍。

（二）绿色金融 +（1+5）绿色发展体系

重点抓好绿色发展的内涵"五个绿色"，全面抓好绿色发展的外延"五个结合"。"五个绿色"：绿色金融 + 绿色产业、绿色建筑、绿色能源、绿色基础设施建设（含绿色交通）、绿色消费（"1+5"绿色发展探索实践体系）；"五个结合"：推进大生态与大扶贫融合发展、推进大生态与大数据融合发展、推进大生态与大旅游融合发展、推进大生态与大健康融合发展、推进大生态与大开放融合发展。

（三）生态文明体制机制改革

新区生态文明体制机制建设正逐步完善与规范化，主要包括生态规划建设、大数据、绿色金融、生态建设市场化、政策力度加大等七大方面改革，以及海绵城市、环城水系、山头绿化、绿色产业、绿色文化等八大工程创新。坚守生态红线，以绿色化、集约化、高端化建设目标为导向，以提高居民对生态红利的获得感与幸福感为落脚点，积极推进绿色发展。

四 贵安大数据与绿色金融"双驱动"发展

（一）贵安大数据驱动绿色金融发展

随着时代的发展，大数据产业成为全世界瞩目的新兴产业，可以说掌握好大数据就可以掌握时代发展的方向，贵安新区无论在政策支撑、企业青睐及自身自然禀赋条件方面都具有发展成为全球绿色数据中心的优势。贵安新区是贵州大数据中心建设的示范区与核心区，无论是国家、贵州省还是新区政府都对以给予了很多支持，以期形成贵州省乃至全国可复制可推广的绿色数据金融中心的实践经验。

国家层面——获取"中国南方数据中心示范基地""国家创新创业示范基地""国家大数据综合试验区"等称号，贵州成功向国家申请到国内第一个数据中心示范基地；省级层面——贵州省率先提出数据存储业务的创新发展理念，制定了2017~2020年的省数字经济发展规划，为数据中心的建设提供有效的理论依据；新区层面——以《贵阳贵安大数据集聚区创建工作实施方案》为纲领，以《贵阳贵安新区大数据集聚区创建三年行动计划》为目标，稳步推进贵安新区大数据中心基地建设。

新区以大数据产业基地引领电子产业园区、大旅游、大健康、高端装备产业园等发展，成为贵阳市创建全国首个大数据中心基地的发展核心区，全国首批绿色数据中心在贵安落户，富士康隧道数据中心全国第一家获美国 LEED 铂金级认证，上百个重点项目在贵安落地并开始运行，其中包括高通、微软、三大通信运营商、华为、腾讯等。

（二）绿色金融助力贵安大数据发展激发"双创"活力

贵安新区具有很大的绿色金融发展潜力和发展空间，为中小企业家带来了很多的机遇与挑战，成千上万的创业者纷至沓来。仅几年的时间，贵安新区累计政策扶持项目上百个、涉及上千万元金额，贵州银行设立贵安创客银行，累计发放"双创"贷款 300 余万元，贵安新区还成立 25 家"双创"孵化平台，获批两个国家级众创空间平台，目前已为全区创客提供配套公寓上千套，培育在孵企业近 2000 家。贵安新区"双创"示范基地的蓬勃发展指日可待。

第四节　绿色金融改革创新亮点

一　贵安政策日趋完善——国家级改革试点先行先试

新区自成立以来，获批国家大数据产业发展集聚区、国家服务贸易创新发展试点、国家相对集中行政许可权试点、国家绿色数据中心试点、国家海绵城市建设试点、国家新型城镇化综合试点、全国首批双创示范基地、国家美丽乡村标准化建设试点、国家行政执法三项制度改革试点、国家绿色金融改革创新试验区等重大试点试验，贵安综合保税区封关运行，中国—东盟教育交流周、文旅博览会、国家级新区绿色发展论坛永久落户新区。

二　贵安大数据起飞——世界绿色隧道数据中心

贵州拥有得天独厚的自然条件，能源充足，山洞里的恒温、恒湿是数据中心的天然、优质基础条件。富士康科技集团充分利用这个地理优势，根据贵州多年季风条件、年均气温以及独特的喀斯特地形，在贵州贵安新区一个占地近 2500 平方米的特殊的山洞里，建立起了世界绿色隧道数据中心，这一设计大大降低了服务器运营中占比较大的电费成本，在不损害生态的情况下，为富士康集团创造了不可估量的经济价值，同时该数据中心还获得了全中国第一个 LEED 白金认证殊荣。

目前贵安大数据中心基地（山洞数据中心）正在建设中，在富士康的推动下，各大项目纷纷落户贵安，包括：贵安信投 – 富士康绿色隧道数据中心、腾讯贵安七星绿色数据中心、美国苹果公司亚太数据中心、中国联通（贵安）云计算基地、中国移动（贵州）数据中心、首个国际级大数据综合试验区、中国电信云计算贵州信息园等，将带动贵州大数据产业升级发展。

三 贵安新能源崛起——纯电动汽车"车桩网一体化"

贵安新区建成目前中国最大规模的智能互联网充电站，为打造全国首个大数据"车桩网"一体化运营示范区打下坚实基础，是国内第一个把生产、充电、服务、支付联通起来的大型平台，初步形成汽车制造和充电、租赁、用户结算、支付的一体化中心。另外贵安高端装备园区首创了充电示范区，将通过车桩配比公式依托大数据云计算与智能计算相适应的充电设施规划，科学建设不同级别的充电站，具备了互联网一体化的充电效果。体现了园区和充电的能源结构相互贯通。贵安新能源纯电动汽车"车桩网一体化"与当今时代特点"大智移云"不谋而合，即大数据、人工智能、移动互联网（含物联网）与云计算。

新能源产业发展一直在绿色发展中占据重要位置，目前，五龙投资集团的新能源汽车产业项目落户贵安，一期投资工程达数十亿。贵安将与其携手建设纯电动汽车生产能力年产达 15 万辆的新能源汽车产业基地。整车企业年产值在项目达产后，可达数百亿元，最终将形成千亿级的汽车产业生态园区。该基地最大特色就是融入工业 4.0 柔性化生产模式，将形成纯电动整车世界一流的智能化工厂。

首批新能源纯电动汽车在贵安新区投放，纯电动汽车集中出行平台在贵安新区率先上线，续航里程达到近 200 公里，核载人数近 20 人。团体（8人以上）通过 APP 预约使用。费用收取按照日租 800 元、半日租一半或里程按 4 元 / 公里进行计算。

四 贵安"金改区"建设——绿色金融引领现代服务业赶超发展

贵安绿色金融港一期工程于 2016 年 6 月开工建设。按照贵安绿色金融港开发建设行动计划新区在 2017 年吸纳入驻金融机构、创新型互联网金融机构近 200 家,实现设施先进、机构集中、环境优良、服务完善、特色鲜明的绿色金融港,成为绿色金融中心、绿色金融产业新高地和社会财富管理中心的新基地。

目前已经完成金融港一期工程,二期也已开始建设。贵安"金改区"获批,初步效益逐步显现,贵安新区直至目前引入各种金融机构 39 家及类金融机构 260 余家,金融业全年增加值实现 12.5 亿元,GDP 占全区的10.2%。金融港建设在硬件上大力推动绿色金融改革创新,以更加强劲的驱动力促使绿色产业迅速发展。

五 贵安绿城诞生—— 一座会呼吸的城市

贵安将"低冲击开发"理念贯穿于新区开发建设整个过程中,大力推进海绵城市建设,在生态体系保护上坚持"山水林田湖草"为一体的"生命共同体","水少不积水、水多不内涝"的功效整体显现,每个组团及相对独立又相互连接的"海绵体",对雨水"微循环"达到渗、滞、蓄功能,最终实现源头分散、慢排缓释、水多水少都能利用。贵安新区分类对境内"十河百湖千塘"(109 条河、5 座水库、131 个湖、515 口塘)进行自然完善,形成重要的海绵体,体现在逐步改造成生态海绵公园。

贵安新区是全国首批 16 个试点海绵城市之一,第一期启动约 20 平方公里建设,逐步在 1795 平方公里的规划区内实施海绵城市建设,以实现"全域海绵"。首期海绵城市试点建设区域涉及 29 个排水分区和 5 个流域分区,已开工建设包括综合治理、城市公园、房建、市政道路、公建配套等约 80 个海绵城市有关项目,截至 2018 年上半年,海绵工程完工项目将达约 70 个,完工区域面积近 18 平方公里,累计完成海绵城市建设总投资近 70 亿元。

第五节　发展绿色金融挑战

通过对贵安新区"绿色金融+"（1+5）绿色发展体系实践探索，比较五省八区"绿色金融改革创新试验区"以及全国各地绿色金融探索的经验，绿色金融的健康有序发展仍面临困难与挑战，可简单概括为两个方面：共性与个性。共性包括一方面存在不统一绿色金融标准体系和不完善的绿色认证以及不完善的评级制度，另一方面绿色环境信息披露制度尚未建立和"真金白银"的有效外部激励措施欠缺等。个性包括地方探索的因地制宜地绿色金融技术体系、产品体系以及政策体系不明显，存在"泛绿"和"无绿"等现象，千城"一绿"。

不统一的绿色金融标准体系和不完善的绿色认证以及不完善的评级制度。我国绿色金融标准目前还未成体系，在绿色金融标准方面存在不一致。一是绿债发行和存续期的监管要求不统一。二是绿色项目界定存在不统一的标准。三是绿色项目也有不一致的标准。四是标准间缺少紧密联系，无法有效衔接各类产品。绿色认证和评级制度不完善主要表现为绿色认证和评级缺乏官方指引和标准及对绿色认证机构尚无明确监管规范。

尚未建立绿色环境信息披露制度和欠缺"真金白银"的有效外部激励措施。绿色金融持续发展的重要基础就是环境信息披露。七部委的指导意见提出要尽快建立和完善发债企业和上市公司环境信息披露制度。沪深交易所、人行、交易商协会等主管机构在各自发布的文件中，对于绿色债券信息披露都提出了明确的要求，但尚未形成统一监管要求，尤其是绿色债券的信息披露方式、披露频次和内容。更突出的问题是目前还未出台具体的规定和办法应对上市公司的环境信息披露制度。在目前的政策环境下，银行业金融机构开展绿色信贷的动力不足。主要原因是银行业金融机构开展绿色信贷业务时成本较高，而又缺乏政府财政、税收等方面的实质性激励机制。

第六节　贵安及西部绿色金融探索思考

绿色金融体系建设在西部这样经济欠发达的地区，因为人才、基础设施、资金、实体产业等方面都不具备优势禀赋条件，要想后发赶超发展，首先就要进行差异化定位和新结构构建或结构升级，其次围绕"绿色"发展实施，最后在"新"字下大力气，挖掘"新"的禀赋要素，创造"新"的改革红利，重点培育"三新"（新政策、新业态、新平台）。

一　新政策

西部地区首先在政策上要有大胆创新和新的突破，才能在绿色金融建设方向走在国内外前列，实现"后发赶超"。一是要创新"敢为天下先"的绿色金融有关政策。在国内外先行先试的政策出台方面走在前列，"敢为天下先"，赢取绿色金融创新改革"绿色"红利。贵安新区于2017年6月获批国家绿色金融改革创新实验区，更要在以上方面大胆创新率先突破，为其他区域尤其是西部区域发展提供可复制的经验。二是要及时明确不同阶段重点支持方向和领域，及时发布绿色金融改革创新任务清单。为了大力扶持绿色金融机构和类绿色金融机构以及绿色企业发展，通过创新设立绿色发展基金等金融产品进行快速推进。尤其是针对绿色金融体系基础设施和绿色金融发展硬件等资本投资强度较大的项目，充分吸引国内外银行、券商资管、民间资本等资金增加投资力度，减少对国有公共资金的依赖和降低债务风险。同时尽量降低融资成本，加快绿色标准评级和绿色担保体系建设。尤其是贵安新区，加快与花溪大学城高校共同创新开发并定期公布有关指数，促进金融机构开发创新绿色金融产品。贵安新区在被批复作为绿色金融改革创新实验区后，很快就公布了57项改革任务清单，为绿色金融创新实验提出了具体目标和改革内容。

二　新业态

新业态体现了绿色金融创新的状态和改革的程度，主要指不同于传统金融机构如银行、保险、证券、信托等的机构新业态，包括风投、基金、创投、绿色银行、金融公司等。通过新型金融业态的改革传统金融产业可以更多更丰富地发展，尤其是对于激活绿色金融产业发展非常重要，可以更好地释放金融产业在生态文明新时代的创新红利，更加快速推进生态文明建设和绿色城市发展。一方面，西部地区更要主动积极吸引私募股权基金、风投、创投、天使基金、种子基金等投资机构入驻，加入进绿色金融创新体系，对于科技型企业和拟上市企业绿色发展的全生命周期都要推进股权投资全覆盖；另一方面，促进成立专业绿色金融服务组织，尤其是低碳基础设施和节能及能效等中间行业领域，可关注如英国绿色投资银行（GIB）、美国新泽西州能源适应力银行、康涅狄格州绿色银行和澳大利亚清洁能源金融公司等。

三　新平台

贵安新区乃至西部绿色金融创新必须主动积极搭建绿色要素交易平台。因为西部地区多为生态大省、农业大省、资源大省和民族及边境地区，资源丰富但地区发展落后，因为包括贵安新区在内的西部地区其要素交易市场不活跃，导致交易定价没有主导权，严重制约了区域经济尤其是绿色金融的发展。随着"一带一路"迅速发展，贵安新区面临新的绿色金融发展机遇期，所以要加快绿色要素交易平台和有关配套建设。一是碳排放交易市场。绿色金融产品包括碳期、碳资产、碳证券等，进而发展相关贷款、债券、股权等业务，主要是各类以未来碳收益为支持和抵质押物的金融产品以及西部区域性碳排放交易市场。二是绿色资源权交易市场。包括各种城市资源进和出的权利，例如排污权、用能权、水资源使用权等。三是二级交易市场。主要是指为了促进绿色企业债券发展的绿色债券和风险缓释工具的二级交易市场。四是其他要素交易中心。为了积极打造商品期货交易所，大力建设包括地方绿色农产品、陶瓷、林权、稀有金属、文化艺术品等其他类要素交易市场中心。

绿色是永续发展的必要条件，绿色金融是实现绿色发展的重要措施，本文旨在从生态开发视角出发，比较开发性金融与绿色金融，以期通过对开发性金融理念和实践的学习与思考，指导"绿色金融体系"建设的各个阶段。本文从贵安生态文明建设实践探索入手，总结贵安绿色发展的驱动路径就是有为政府的支持下的绿色金融，绿色金融正处于发展时期，还需要不断地改进与完善，通过实践经验与对比研究本文得出以下结论：第一，绿色金融应当平衡好政府与市场的关系，要推动生态文明建设，实现绿色现代化；第二，绿色金融不能完全脱离政府，但应当具有独立性，最终具有自负盈亏的能力；第三，绿色金融在推动绿色发展的同时，应当建立主动建设和培育市场的意识和增强相关方面的能力；第四，绿色金融应具有自我重塑的能力，从而推动金融体系的重塑，这也是最重要的一点，时不待我，只争朝夕，与时俱进，不断地自我完善才是最重要的。

参考文献

孙国峰：《中国的开发性金融是有中国特色社会主义金融体系的有机组成部分》，《开发性金融研究》2017 年第 4 期。

斯特凡尼·格里菲思 - 琼斯、约瑟·安东尼奥·奥坎波、费莉佩·雷森德、阿尔弗雷多·施克拉雷克、迈克尔·伯雷：《国家开发性银行的未来》，《开发性金融研究》2017 年第 4 期。

肖志明、赵昕、卓凯：《开发性金融支持健康扶贫工程融资模式研究报告》，《开发性金融研究》2017 年第 4 期。

徐佳君：《政府与市场之间：新结构经济学视角下重思开发性金融机构的定位》，《开发性金融研究》2017 年第 4 期。

徐奇渊：《国家开发银行：自我重塑和推动金融体系的重塑》，《开发性金融研究》2017 年第 4 期。

"中国特色开发性金融实践研究"课题组黄子恒、沈继奔、贺耀敏：《中国特色的开发性金融理论与实践》，《开发性金融研究》2017 年第 4 期。

王钦方：《地方绿色金融发展的路径选择》，《绿色贵安》2017 年第 4 期。

刘翌、鲁政委：《六大瓶颈制约中国绿色金融落地》，资本证券网，2017。

杨睿：《贵安大数据发展激发"双创"活力》，《绿色贵安》2017 年第 4 期。

纪缘圆：《大数据助推新能源汽车产业集群升级》，《绿色贵安》2017 年第 4 期。

刘涛：《中西部地区发展绿色金融要培育六个"新"》，《绿色金融微信》2018 年 1 月 16 日。

第七章

贵安新区"5"大绿色质量体系建设

为了加快贵安新区"又好又快"发展，相关部门针对绿色交通、绿色人居建筑、绿色能源、绿色制造以及绿色消费"5"大绿色质量体系确立了总体目标、重点任务、保障措施，强调实施过程和效果。绿色人居建筑的发展，通过在立项审批、国土规划以及工程规划等八个方面明确责任，加强监管，切实推进绿色建筑发展，通过全面推动绿色建筑发展、加强建筑节能运营管理以及大力发展绿色建材和绿色建筑关键技术来加快绿色建筑技术开发和推广应用。绿色交通的发展，重点任务在于发挥绿色金融优势以推动绿色交通项目加快建设、鼓励交通工具绿色消费以及优化绿色交通服务体系三个方面。绿色能源的发展，在设立总体规划的基础之上，重点任务在于大力发展绿色能源、推广和利用绿色能源以及完善金融支撑体系三个方面。

绿色制造的发展，重点任务首先在于加快五大新兴产业发展，即大力推进以大数据为引领的绿色电子信息产业、新能源、绿色高端装备制造产业、大健康医药产业、文化旅游产业以及现代服务业，然后再从打造绿色金融支持绿色制造政策环境等七个方面辅以产业配套政策加以支持。绿色消费的发展，在明确定性目标和定量目标的基础之上，坚持绿色增长与科学发展、统筹协调与重点推进、市场运作与政府引导三大基本原则，同时提出重点任务在于构建政策支持体系、创新绿色消费模式、加大金融支持力度以及推动公共机构绿色消费等方面。

第一节　绿色人居建筑发展

为贯彻绿色发展理念，贵安新区深入推进绿色建筑行动，转变城乡建设发展方式，实现建筑节能减排目标，落实《国务院办公厅关于转发发展改革委住房城乡建设部绿色建筑行动方案的通知》（国办发〔2013〕1号）、《关于加快推动我国绿色建筑发展的实施意见》（财建〔2012〕167号）、《贵州省人民政府办公厅转发省发展改革委省住房和城乡建设厅贵州省绿色建筑行动实施方案的通知》（黔府办发〔2013〕55号）、《贵安新区直管区绿色建筑管理办法（试行）》等有关文件精神。

一　重要意义

绿色建筑是指在建筑的全寿命周期内，最大限度地节约资源（节能、节地、节水、节材）、保护环境和减少污染，能够有效改善人居环境，为人们提供健康、适用和高效的使用空间，与自然和谐共生的建筑。

新区直管区目前正处于全域城市化快速发展时期。直管区有关单位要把开展绿色建筑行动作为贯彻落实科学发展观、大力推进生态文明建设的重要内容，把握新区全域城市化和新农村建设加快发展的历史机遇，切实推动城乡建设走上绿色、循环、低碳的科学发展轨道，促进经济社会全面、协调、可持续发展。要充分认识发展绿色建筑的重要性和紧迫性，采取更加有力的措施，加快推进新区绿色建筑发展。

二　总体要求

在直管区城乡全面推进绿色建筑发展，重点推动政府投资的公益性建筑、保障性住房以及大型公共建筑率先执行绿色建筑标准。新区以先进理念、高标准规划、严格质量要求建设一个崭新的城市。以政策、规划、标准等手段规范市场主体行为，综合运用价格、财税、金融等经济手段，发挥市场配置资源的决定性作用，营造出有利于绿色建筑发展的市场环境，激发市场主体设计、建造、使用绿色建筑的内生动力与需求。

三　工作目标

凡在新区直管区范围内，新建、改建、扩建国家机关、学校、医院、博物馆、科技馆、体育馆等建筑，保障性住房（含园区和企业自建），车站、宾馆、饭店、商场、写字楼等公共建筑和居住小区，按照绿色建筑的标准进行规划设计和建设，其中政府投资新建、改建、扩建的公共建筑和保障性住房须达到二星级以上绿色建筑标准。同步按照国家、省有关要求逐步提高绿色建筑在新区新建建筑中的比重。

2016年底，贵安新区新建建筑全面执行一星级绿色建筑评价标准；到2017年获得二星级绿色建筑设计标识新建建筑200万平方米，获得三星级绿色建筑设计标识新建建筑20万平方米；到2020年获得二星级绿色建筑设计标识新建建筑800万平方米，获得三星级绿色建筑设计标识新建建筑100万平方米。

四　成立组织机构，加强领导

新区管委会成立绿色建筑委员会，管委会主任任绿委会主任，分管规划建设副主任任常务副主任，规建局、经发局、财政局、国土局、环保局、审计局等部门为成员单位。绿委会下设办公室在新区规建局，新区规建局局长任办公室主任，办公室具体负责贵安新区促进绿色建筑发展的协调推进和实施工作。

五　明确责任，加强监管，切实推进绿色建筑发展

（一）立项审批

建设单位提交的项目建议书、项目可行性研究报告等相关文件应当列出绿色建筑内容，对拟采用的绿色建筑技术进行可行性分析。项目可研阶段，将执行绿色建筑标准增加的投入纳入项目总投资，尤其对政府投资的公益性建筑、保障性住房等非盈利民生项目，在可研审批和项目资金预算安排时，将实施绿色建筑所产生费用列入项目概预算，要保证执行绿色建筑标准增加的投入。

新区发改部门在固定资产投资项目节能审查环节强化对大型公共建筑、政府投资的公益性建筑、保障性住房等项目执行绿色建筑二星级标准情况的审查。对达不到绿色建筑标准要求的项目不得通过节能审查。

（二）国土规划

新区国土部门研究制定促进绿色建筑发展在土地转让方面的政策，在土地招拍挂出让规划条件中，要明确绿色建筑的建设用地比例。

（三）工程规划

在新区规划建设部门进行规划设计方案审查时，建设单位必须提供绿色建筑专篇，规划部门按绿色建筑标准对项目建筑布局、日照条件等进行审查，如不符合绿色建筑相关要求，不予办理建设工程规划许可证。

（四）环保审批

新区环保部门加大对项目环境影响评价文件进行审查，提出防治环境污染和生态保护措施。达不到绿色建筑相应标准要求的不得通过环境影响评价文件批复。

（五）建设监管

新区规划建设主管部门加强绿色建筑工程建设监管。

（1）建设单位在进行房屋建筑工程招投标备案时，应明确绿色建筑指标、绿色建筑星级标准；招标文件将绿色建筑指标作为评标的重要依据；在签订设计、施工合同中必须明确绿色建筑指标、绿色建筑星级标准和采用的主要技术、绿色建筑专项方案、绿色施工措施等相关内容。

（2）设计单位应按国家和省级相关绿色建筑标准进行设计。方案设计阶段应提供绿色建筑设计专项方案，专项方案包括建设目标、初步技术方案和效益分析等内容；在施工图设计阶段编制绿色建筑专篇，将绿色建筑设计落实到建筑结构、给排水、暖通、电气等各个领域，并明确绿色建筑的技术措施。

（3）施工单位应按审查合格的施工图设计文件，实施绿色施工，不得擅自更改已通过施工图设计审查的相关内容，确需修改的应由建设单位向原施工图审查机构重新报审。总承包企业应编制绿色施工技术方案，对绿色施工全过程负责。

（4）监理单位应严格按照审查合格的设计文件和绿色建筑标准的要求实施监理，对违反规定擅自改变绿色建筑相关设计或不按绿色建筑标准进行施工的，监理工程师不得签字认可。同时，监理单位要针对工程的特点制定符合绿色建筑要求的监理实施细则。

（5）建设工程质量监督部门应当按照绿色建筑设计文件、绿色施工方案及相应的标准、规范对绿色建筑项目施工实施监督管理，发现不符合要求的行为应责令整改。在竣工验收阶段，应重点核实设计文件中绿色建筑技术要求的落实情况，对不满足要求的不得进行验收备案。

（6）建设单位应将绿色建筑设计内容纳入工程验收内容，工程验收合格后报建设行政主管部门或相关职能部门进行竣工验收备案。

（六）项目审计

新区审计部门在对政府投资的房屋建筑等非营利民生项目预算审计、结算审计过程中，将绿色建筑内容纳入专项审计，对无绿色建筑专项预决算的项目不予审计。

（七）项目运行管理

在绿色建筑竣工验收后运行阶段，规划建设管理部门应按绿色建筑相关标准规定提出运行管理要求，指导物业服务企业按合同约定和绿色建筑相关标准加强运营管理过程监督，制定管理办法，做好绿色建筑的管理和维护工作。

（八）奖励政策

（1）新区财政部门设立绿色建筑专项资金，用于奖励和扶持已申请取得国家级或省级绿色建筑试点示范工程、绿色建筑技术产品的研发、可再生能源应用等工作，按照绿色建筑标准进行建设的项目，达到二、三星级绿色建筑标准的，享受国家奖励资金补助和省财政给予配套奖励。为积极推进绿色建筑发展，新区将对获得绿色建筑标识的建设项目实行配套补助，补助标准为二星级每平方米建筑面积补助 10 元、三星级每平方米建筑面积补助 20 元。最高不超过 200 万元。

（2）对取得星级绿色建筑且按照绿色建筑标准施工并达到竣工验收的建设项目，城市基础设施配套费采取先征后返的政策，即对取得三星级绿色建筑评价标识的项目，且按照绿色建筑标准施工并达到竣工验收，城市配套费返还 10%；取得二星级绿色建筑评价标识的项目，且按照绿色建筑标准施工并达到竣工验收，城市配套费返还 50%；取得一星级绿色建筑评价标识的项目，且按照绿色建筑标准施工并达到竣工验收，城市配套费返还 20%。奖励资金兑付给建设单位或投资方。

（3）获得绿色建筑设计评价标识的项目，在保证土地利用与资源环境平衡的前提下，给予建设单位在本项目上 3% 以内的容积率奖励。容积率按法律法规规定进行变更。

（4）税务部门拟出相应税收优惠政策，对使用绿色建材、可再生能源材料、装配式建筑的施工单位或开发商给予适当的优惠政策。

（5）在信贷方面，提出改进和完善对绿色建筑的金融服务，金融机构对绿色建筑的消费贷款利率可下浮 0.5 个百分点、开发贷款利率可下浮 1 个百分点，消费和开发贷款分别针对消费者和房地产开发企业。开发贷款利率下浮 1 个百分点，对整体金融业务的平衡影响较小，对房地产企业激励程度则需要数量方面的核算，如果房地产企业能够将贷款利率下浮带来的绿色建筑增量成本相平衡，那么建设绿色建筑的增量成本将基本被消纳。

（6）对取得星级绿色建筑的建设项目，推荐参评省优秀工程勘察设计奖。按照绿色建筑标准竣工验收备案的项目，优先推荐申报黄果树杯、鲁班奖等评优评奖项目，同时积极推荐绿色建筑参评全国优秀勘察设计奖、国家优质工程质量奖。

六 加快绿色建筑技术开发和推广应用

（一）全面推动绿色建筑发展

科学编制绿色建筑发展规划。将绿色建筑面积和建设用地比例作为规划的约束性指标，并在建设项目规划条件、房地产开发建设条件意见书中，增加建筑节能和绿色建筑有关要求的内容。严格执行绿色建筑标准。积极引导商业服务和房地产开发项目执行绿色建筑标准，鼓励房地产开发企业建设绿色住宅小区。积极推进绿色生态城区建设。推广应用新型墙体材料、围护结构保温、太阳能热利用等适用技术和产品。

（二）加强建筑节能运营管理

绿色建筑应当安装建筑能耗实时监测设备、用电分项计量等装置，规划建设主管部门应当建立绿色建筑能耗统计、能耗公示制度，不断提高新区建筑节能工作科学化、规范化和信息化水平。

新建绿色建筑建成后应当实行绿色物业管理。对既有建筑通过科学管理和技术改造，实行绿色物业管理，降低运行能耗，最大限度节约资源和保护环境。尤其用能水平在新区主管部门发布的能耗限额标准以上的既有大型公共建筑和公共机构建筑，应当进行节能改造。

（三）大力发展绿色建材和绿色建筑关键技术，加快推广应用

（1）鼓励采用适宜于新区直管区的绿色建筑技术和产品，充分利用自然通风、自然采光、外遮阳、太阳能、雨水渗透与收集、中水处理与回用、地源热泵、余热回收等绿色技术，优先选用本土植物、高能效设备及节水型产品。鼓励采用绿色建筑创新技术，运用信息化手段预测绿色建筑节能效益和节水效益等。具备太阳能集热条件的新建建筑，应当在屋面安装太阳能光热系统或光伏系统，公共区域用电应当优先采用光伏等再生能源发电。

（2）绿色建筑推广使用高强钢筋、高性能混凝土，鼓励开发利用本地建材资源。整个建设过程应当全面使用绿色建材，新建道路的非机动车道、地面停车场等应当铺设透水性绿色建材。

（3）鼓励在建筑立面、地下和上部空间进行多层次、多功能绿化和美化，改善局部气候和生态服务功能，拓展城市绿化空间。绿色建筑的所有居住和办公空间应当符合采光、通风、隔声降噪、隔热保温及污染防治的要求。绿色建筑竣工后，建设单位应当委托有资质的检测机构按照相关标准对室内环境污染物浓度进行检测，并将检测结果在房屋买卖合同、房屋

质量保证书和使用说明书中载明。

（4）鼓励企业研发、生产、推广应用绿色建材。鼓励新建、改建、扩建的建设项目优先使用获得评价标识的绿色建材。绿色建筑、绿色生态城区、政府投资和使用财政资金的建设项目，应当使用获得评价标识的绿色建材。

七　完善促进绿色建筑发展的保障措施

（一）强化目标责任

直管区各部门要高度重视发展绿色建筑工作，贵安新区管委会将绿色建筑发展目标纳入对有关部门节能目标责任考核体系。规划建设主管部门负责绿色建筑发展的组织、协调、评价和管理等日常工作。各有关部门要结合各自职能明确工作任务，加强协调配合，健全联动机制，完善配套措施，保障工作落实。

（二）健全标准体系与评价标识制度

（1）规划建设管理部门编制《贵安新区直管区绿色建筑评价标识技术导则》等相关技术标准，用于指导直管区绿色建筑评价工作。

（2）绿色建筑评价标识实行分级管理，省住房和城乡建设厅负责指导和管理全省行政区域内一、二星级绿色建筑评价标识及三星级绿色建筑的初审和上报工作。新区规划建设行政主管部门负责本辖区内绿色建筑评价标识项目的申报与监督管理工作。

（3）鼓励企业研发、生产、推广应用绿色建材。鼓励新建、改建、扩建的建设项目优先使用获得评价标识的绿色建材。绿色建筑、绿色生态城区、政府投资和使用财政资金的建设项目，应当使用获得评价标识的绿色建材。

（三）完善激励机制

加大绿色建筑资金投入，重点支持绿色建筑及绿色生态城区建设、既有建筑节能改造、供热系统及分户计量节能改造、绿色建材及设备科技创新、可再生能源建筑应用等。建立绿色建筑评价自愿性标识与强制性标识相结合的推进机制，对获得二星级及以上的绿色建筑运行标识项目，一星级绿色建筑达到一定规模的房开项目，并申请作为示范性项目进行推广，按相关规定申请中央及省财政奖励；在土地招拍挂出让规划阶段将绿色建筑作为前置条件，研究规划阶段容积率具体补贴政策；完善绿色建筑金融服务体制，金融机构对购买绿色住宅的消费者给予适当的购房贷款利率优惠。

（四）加快技术研发推广

研究设立建筑节能与绿色建筑专项科技计划，加快绿色建筑共性和关键技术研发。符合条件的建筑节能与绿色建筑科研项目，优先给予成果奖励，优先推荐上报更高层次科技计划和奖励。要研究制定新区绿色建筑技术和产品应用推荐目录，积极组织开展新区绿色建筑技术应用示范工程建设。按照省政府要求，依托花溪大学城的高等院校、科研机构等，加快建设绿色建筑工程技术中心，建立绿色建筑技术服务机构。

（五）满足海绵城市建设需求

新建建筑与小区要推广使用绿色屋顶，合理布局雨水花园、透水铺装、雨水回收调蓄等设施，建造雨水回用与径流控制系统，同时鼓励有条件的既有建筑进行绿色屋顶改造，结合小区绿地以及景观水体建设，配套建设雨水收集、调蓄、利用设施。

（六）开展宣传培训

要充分利用各类媒体加大宣传力度，进一步提高公众对发展绿色建筑重要性的认识，引导全社会推行节约资源、保护环境的生产生活和消费模式，为发展绿色建筑营造良好氛围。要对相关主管部门监管人员及建设、设计、施工、监理等单位从业人员加强业务培训，增强推动绿色建筑发展的综合能力。积极开展绿色建筑学术交流、技术研讨等活动，加强对外技术交流与合作，不断提高全市绿色建筑技术与管理水平。为发展绿色建筑营造良好的氛围。开展绿色社区、绿色校园、绿色医院、绿色宾馆、绿色商场等创建活动，示范带动全社会绿色建筑发展。

第二节　绿色交通发展

根据国家七部委下发的《关于构建绿色金融体系的指导意见》、《省人民政府关于印发贵州省大气污染防治行动计划实施方案的通知》（黔府发〔2014〕13号）以及人民银行等七部门印发的《贵州省贵安新区建设绿色金融改革创新试验区总体方案》、《交通运输部关于印发〈加快推进绿色循环低碳交通运输发展指导意见〉的通知》（交政法发〔2013〕323号）、《中共中央国务院关于加快推进生态文明建设的意见》和《生态文明体制改革总体方案》等文件精神，加快推进新区绿色交通发展，建立完善绿色金融与绿色交通融合发展一系列政策措施机制，全面推动新区绿色交通建设。

一　总体要求

（一）指导思想

深入贯彻党的十八大，十八届三中、四中、五中、六中全会，十九大精神，坚持节约资源和保护环境基本国策，以切实推进绿色金融改革创新试验区生态文明建设和绿色金融创新支持交通项目建设协调发展为主导。以推进绿色交通基础设施建设、交通装备制造、客货运输等节能减排为重点抓手，强化科技创新、金融创新、建设模式创新，促进能源、资源高效利用，促进金融绿色发展，加快转变交通运输发展方式和消费方式，加快建设资源节约型、环境友好型交通，加快构建以绿色、循环、低碳为特征的综合交通运输体系，努力形成市场导向、政府推动、金融机构等企业和公众主动参与的发展格局，促进新区交通运输现代化建设，为进一步改善新区环境空气质量，切实保障人民群众身体健康，着力解决新区大气环境污染问题，大力推动交通运输事业绿色发展，加快建成绿色循环低碳交通体系提供有力支撑。

（二）主要目标

到 2020 年，新区交通运输行业率先建成绿色低碳交通基础设施网络；率先推广绿色低碳交通运输装备；率先优化绿色低碳运输组织；率先建成绿色低碳交通运输技术创新与服务体系；率先夯实绿色低碳交通运输管理基础。率先建立地方性绿色金融体系；率先推进和建设绿色金融与交通建设融合发展的激励约束机制、协调机制以及配套机制。率先在绿色金融改革创新支持绿色交通项目建设体制机制上探索可复制可推广的经验，为贵州省其他地区的绿色金融改革和全国性的绿色金融体系建设趟出路子等；同时率先以绿色金融支持建成一批省级或国家级绿色低碳交通运输示范园区、示范小区、示范公路、示范景区、示范企业，全面建成绿色循环低碳交通运输示范区。

二　基本原则

（一）突出重点，全面推进

以推动绿色交通项目建设、智慧交通建设等为重点，全面推进新区绿色金融与绿色交通建设融合发展，按照发展与统筹兼顾、协调与共赢原则，不断鼓励绿色金融在支持绿色交通基础设施建设、绿色交通运输装备推广应用、绿色交通运输组织体系构建等方面取得较大突破。

（二）政府主导，加强协作

以政府为主导，主动加强政府相关部门、金融机构、企业和大众的协调与配合，充分调动社会各个方面参与绿色交通建设的主动性和积极性，形成政府领导、部门指导，金融机构等企业主体、社会公众共同参与的绿色金融与绿色交通共同建设推进机制，同时支持符合条件的其他地区金融机构在新区设立合资证券、基金、期货和保险公司，拓展绿色交通项目绿色融资渠道。

（三）试点示范，鼓励创新

筛选一批绿色循环低碳交通运输试点和绿色交通示范项目，鼓励和引导金融机构绿色创新发展，重点以绿色金融投资支持示范项目，以点带面，整体提升，全力推动新区"绿色交通"建设。

（四）完善机制，科学监管

建立健全绿色金融与绿色交通协调发展的目标责任制和考核评价制度，加强监督检查，加大奖惩力度，增强绿色交通与金融创新发展的目标责任与制度约束。

三　重点任务

（一）发挥绿色金融优势，推动绿色交通项目加快建设

（1）筛选一批绿色循环低碳交通运输试点和绿色交通示范项目，鼓励和引导金融机构绿色创新发展，重点以绿色金融投资支持示范项目，以点带面，整体提升，全力推动新区"绿色交通"建设。

（2）对企业将通过回收利用交通建设项目所产生的废料用于生产经营，绿色金融机构要以低于银行同期利息的信贷支持企业经营以及企业技改项目。

（3）对在新区建设新能源汽车充电设施的企业，绿色金融要以低于银行同期利息的信贷支持企业充电设施建设，企业运行充电设施所收取的服务费优先存入绿色金融机构，金融机构对企业提供理财绿色金融服务。

（4）绿色金融机构优先支持新能源汽车项目建设，对新能源汽车生产项目贷款要以低于银行同期利息的信贷支持项目建设。

（二）发挥绿色金融优势，鼓励交通工具绿色消费

（1）对公共交通、出租汽车、泊车、自行车（共享单车）、客运、货运、综合交通枢纽等交通运输服务行业购买新能源汽车用于经营的企业，绿色金融机构以低于银行同期利息的信贷支持企业购买新能源汽车。

（2）绿色金融要积极支持政府部门等公共机构、个人购买新能源汽车。对个人贷款购买新能源汽车的，除减免相关手续费外，三年内贷款免息，三年以上五年内按同期利息支付。

（三）发挥绿色金融优势，优化绿色交通服务体系

（1）发起成立贵安新区绿色交通发展基金，鼓励绿色金融机构参与基金运作管理，专项用于支持绿色交通项目建设。

（2）鼓励金融机构在新区设立绿色银行，紧紧围绕推动新能源汽车等有利于绿色交通发展的战略性主导产业快速发展，建立一个绿色金融市场与经济增长相互促进的新型发展模式。

（3）绿色金融机构要为交通节能环保绿色企业提供海内外公开发行上市、并购重组、债券发行、咨询研究及财务顾问等投行服务；瞄准国内外资本市场，为企业提供现金管理、财务顾问、结构化融资、融资租赁等相关金融服务，为绿色交通产业发展壮大提供更多金融服务支持。

（4）在绿色交通实施领域，对于绿色金融服务对象，只要环保不达标，都应予以否决；设计科学"绿色保险"产品，防范企业弄虚作假，产生投保之后的道德风险；建立绿色经济知识产权质押、核证减排额质押等新型风险保障措施的价值评估、有效登记和处置体系，并建立相应的绿色金融风险补偿机制。

（5）对列入绿色债券支持的轨道交通建设运营、新能源汽车推广、综合管廊建设运营等行动，绿色金融机构要积极给予支持，证券监管部门鼓励企业发行"绿色企业债券"或"绿色金融债券"，并支持上市融资和再融资。

四　保障机制

（一）强化组织领导

成立由党工委管委会分管领导任组长，各相关部门为成员的绿色金融助推绿色交通发展领导小组，统筹协调推进绿色交通建设，各部门把"绿色金融融合绿色交通"建设纳入重要工作，并制定各所属领域的具体工作

实施方案，各司其职，统筹兼顾，明确时间进度和阶段性目标，抓好职责范围内的各项任务。

（二）创新工作思路

各单位要创新工作思路，转变工作作风，深入实际，深入基层，开展调查研究，及时发现"绿色交通"建设中出现的新情况新问题，集中力量解决突出矛盾。同时，要大力支持绿色交通建设技术研发、规划政策研究和标准规范制定，加大对节能减排关键技术与产品、重大项目示范、试点和推广的支持力度。

（三）加大资金投入

财政年度预算内安排专项资金，并逐步扩大专项资金规模，加大对绿色金融支持的绿色交通项目建设、交通运输、生态保护、生态恢复、污染防治与节能减排的贴息力度。

（四）加强督查考核

各单位要严格"绿色交通"建设的督促检查，强化绩效考核和行政问责，确保实现节能减排低碳的预期发展目标。对工作成效突出的单位给予表彰和奖励，对工作推进缓慢的单位给予严肃处理。

（五）注重宣传引导

各单位要加大宣传教育，特别是加大对绿色金融的宣传力度。积极宣传绿色金融领域的优秀案例和业绩突出的金融机构和绿色企业，推动形成绿色金融与绿色交通融合发展的广泛共识，形成共建生态文明、支持绿色金融和绿色交通发展的良好氛围。

第三节　绿色能源发展

奋力将新区建成生态文明示范区，进一步推进新区绿色能源发展，走绿色低碳发展之路，优化能源结构。

一　总体目标

到 2020 年，直管区城镇居民气化率达 100%，实现无煤区发展目标；城区节能器具普及率达到 85%。同时，绿色能源推广管理体制、运行机制和政策支持体系在新区更加健全，分布式能源布局更加全面合理，以电力、燃气、太阳能等为主体的新能源体系更为完善，能源结构得到明显优化。

二　重点任务

（一）大力发展绿色能源

（1）优化能源发展布局。结合新区实际，统筹推进太阳能等可再生能源开发利用，试点高度集成化的新能源汽车供能设施，推广可换电池纯电动出租车。对在新区内集中开发的新建楼宇及大型综合体项目，要采用节能环保材料及技术建造，并综合考虑光伏建筑一体化系统的建设。

（2）支持天然气产业发展。支持中石油和中石化在新区的天然气管线建设，积极发展新区乡镇居民生活用气，大力调整工业企业用能结构，努力促进资源的多次、多级利用。

（3）积极推动光伏发电。结合新区电力体制改革，全面推进新区分布式光伏发电。综合各园区板块电力市场条件，统筹开发布局与市场消纳，有序规范推进集中式光伏电站建设。

（4）探索发展生物质能。开展对山桐子等生物质能源林在新区规模化种植的可行性研究，并以红薯、玉米、土豆等生产乙醇项目纳入新区发展的研究范围。

（二）推广和利用绿色能源

（1）全面推行绿色生产。对新区五大主导产业领域中的企业推行绿色生产，广泛采用先进技术，创建一批"三废"综合利用先进企业。

（2）优化新区能源消费结构。因地制宜地扩大液化气、天然气等绿色燃料使用量和使用比例。不断拓展太阳能热的应用领域和市场，巩固扩大太阳能热水市场，推动供暖和工农业热水等领域的规模化应用，拓展制冷、季节性储热等新兴市场，形成多元化的市场格局。

（3）发展碳排放交易市场。加速碳排放交易市场建设，加强顶层设计，优化发展碳排放交易市场，设置适当的限制和交易机制，推进实现上网交易，进一步促进新区绿色能源产业的发展。

（4）加强电池回收再利用。制定电池回收管理办法，积极组建由行业内的动力电池生产商、电动汽车生产商或电池租赁公司组成的行业联盟，由金融机构出资参股与行业联盟共同设立专门回收组织，加大金融机构支持力度，促进电池回收再利用。

（5）强化交通领域使用绿色能源。积极推进节能型综合交通运输体系建设，鼓励使用节能环保型交通工具和替代燃料，推广使用新能源汽车和智能化数字交通管理技术，提升交通运输一体化水平。到 2020 年，新能源汽车推广应用规模达到 4 万辆，其中新能源公交车比重达 100%，新能源出租车比重不低于 90%。

（6）强化建筑领域使用绿色能源。坚持规划控制，实施城乡一体化绿色、低碳建筑技术标准，继续坚持主城区居住建筑实现节能 65%、其他公用建筑执行节能 50% 的强制标准，新建建筑设计及验收节能标准执行率为100%。提倡绿色建筑，到 2020 年新建建筑中绿色建筑比重达到 60%，生态景观区及绿色城镇等重点发展区公共建筑全部执行绿色建筑二星级及以上标准。

（7）强化服务业领域使用绿色能源。对新区内宾馆、餐馆等从事饮食服务业的企业、个体工商户及相关企事业单位，强化使用管道燃气、液化石油气或电力。

（8）大力推行合同能源管理模式。积极鼓励节能服务公司与用能单位签订节能合同，用户以节约的能源费用按照一定比例与节能服务公司进行结算。

（三）完善金融支撑体系

（1）强化绿色信贷。针对绿色能源产业链融资特点，鼓励金融机构创新绿色信贷产品；开展以绿色能源开发企业碳减排指标作质押信贷融资，并为企业参与碳交易提供优质金融服务。

（2）引导资本市场。培育绿色能源产业企业主体挂牌上市，支持和引导其通过资本市场融资。积极稳妥发展绿色能源绿色信托业务和绿色能源资产证券化业务，提升信贷支持绿色能源产业发展的能力。

（3）发展融资租赁。鼓励融资租赁公司深入绿色能源产业和节能环保产业，做好投资和融资两端工作。以直接租赁和售后回租等业务模式开展绿色能源业务和保理业务，并在此基础上进行业务模式的创新，如通过经营性租赁、产业基金等方式支持绿色能源项目。

（4）发行绿色债券。鼓励金融机构和绿色能源企业发行绿色债券，解决融资渠道、成本和期限错配问题。通过运用税收优惠、利率贴息、财政担保等手段降低融资成本。

（5）推行绿色保险。积极创新保险金融服务，推行绿色保险，引导绿色保险定价，探索差别保险费率机制，发挥费率杠杆调节作用，促使能源企业向绿色化发展。

三　保障措施

（一）加强组织领导

成立新区绿色能源开发利用工作领导小组，负责安排部署绿色能源开发利用工作，协调解决重大问题，确保工作按计划时间、进度推进，确保完成绿色能源发展总体目标。

（二）加大投入力度

加大财政资金对绿色能源开发利用项目的投入力度。建立新区管委会引导、企业为主和社会参与的投入机制。整合现有资金，努力调整支出结构，安排专项工作经费，逐步建立新区绿色能源开发利用专项资金，对绿色能源开发利用项目给予适当补助。

（三）加强政策支持

落实国家、省节能减排、资源综合利用和环境保护等有关税收优惠政策，对注重环境保护和资源循环利用的企业给予税收优惠或减免。

（四）加强舆论引导

新区各部门各单位要充分发挥新闻媒体作用，广泛、深入、持久地开展绿色能源的宣传教育，不断提高全社会绿色能源推广意识，广泛宣传低碳环保理念，争取广大群众和社会各界的关注和支持。

第四节　绿色制造发展

加快新区绿色制造发展，进一步提升新区生态环境，充分发挥绿色制造对经济结构调整和产业结构转型升级的支撑保障作用。

一　发展目标

以新区产业发展政策为指引，坚持创新、协调、绿色、开放、共享发展理念，适应新区经济社会发展的要求，立足于绿色制造发展实际，以优化产业发展环境为保障，以促进绿色制造发展现代化、便利化为目标，激发"绿色制造+"的创新模式，促进电子信息、高端装备制造、大健康医药、文化旅游、现代服务业为主的五大新兴主导产业稳健、安全和可持续发展。

二　重点任务

（一）加快五大新兴产业发展

1. 大力推进以大数据为引领的绿色电子信息产业

（1）加快大数据基础设施建设。以三大运营商、华为、苹果、腾讯数据中心为依托加快推进公共数据中心、园区数据中心、园区宽带信息网络等基础设施建设，建成贵州省和全国的信息存储中心、中国南方数据中心。

（2）加快电子信息产品研发制造。以芯片研发为核心，围绕大数据产业链上下游制造环节，加快龙头企业引进和优秀企业培育，将贵安大数据产业基地打造成为特色信息产品研发制造中心。

（3）加快大数据分析应用与交易。以大数据分析挖掘和应用为核心，结合省内外大数据应用需求，吸引产业资源集聚，不断拓展服务对象，创新服务模式，打造贵州省和我国大数据产业发展先导区。快速建设大数据交易平台，为数据供需双方提供对接和交易服务，探索发展数据资产评估、大数据征信、大数据质押、大数据融资等相关配套业务。

2. 加快发展新能源、绿色高端装备制造产业

（1）加快新能源汽车政策及基础设施配套。贯彻落实国家、省关于促进新能源汽车推广应用的相关意见，制定出台《贵安新区关于推广应用新能源汽车的实施意见》《贵安新区电动汽车充电基础设施专项规划（2017~2020年）》，加快新区新能源汽车推广应用。

（2）积极打造国家级军民融合创新示范基地。抓紧编制《贵安新区军民融合发展规划（2017~2020年）》，争取国家批复磊庄机场改建为军民合用机场并尽快开工建设，全力打造军民融合创新示范区，推动绿色高端装备制造业快速发展。

3. 加快发展大健康医药产业

（1）加快研发基地建设。以《贵安新区大健康医药产业发展规划（2015~2020年）》为指导，加快研发孵化基地包括研发中心与孵化中心建设。引进和培育一批研发机构、研发企业和研发团队，提高贵安新区大健康医药产业研发水平、加快研发速度，为"西南药谷"的打造提质增效。

（2）加快医药生产、医疗器械基地建设。重点打造现代中药、特色苗药等医药产业。在现代中药方面，筛选一批重点中药名优品种，进行二次开发，创制一批疗效明显、质量可控、剂型稳定、服用方便的现代中药。加快发展一批疗效确切、安全性好的特色苗药和中药独家品种，推进苗医药品种进入国家医保和基药目录。重点打造高端医疗设备、家用医疗器械、高值医用耗材、医药包装材料产业，吸引知名医疗器械企业和医用材料生产企业进驻园区。

（3）加快医疗健康养生养老服务基地建设。以《贵州省健康养生产业发展规划（2015~2020年）》为依据，充分发挥贵安新区中医药文化与健康养生资源丰富、品质高端的优势，将中医药养生、疗养、诊疗、康复保健、旅游等有机结合，打造集中医药观光旅游、特色医药体验旅游、中药购物旅游、养生度假、度假式养老、康体养生等为一体的中医药生态旅游养生度假产业链，高标准打造"中医药医疗健康养生示范基地"。

4.大力发展文化旅游产业

编制实施《贵安新区全域旅游发展总体规划》，以"山水资源"为基础，以"景观、景区、旅游配套建设"为手段，以"前沿体验产品"为依托，全域打造精品景观和景区，全域布局旅游运营业态，全域完善旅游服务配套，加快建设成为贵州重要旅游服务集散地。

5.大力发展现代服务业

（1）以建设绿色金融改革创新试验区为契机，创新绿色金融，促进绿色制造、绿色消费、绿色交通、绿色能源等方面加快发展。大力引进银行、证券、期货、保险公司以及信托公司、金融租赁公司、汽车金融公司等各类金融机构，并争取设立贵安生态银行。

（2）抓住国家服务贸易创新发展试点机遇，大力发展"大数据＋服务贸易"新业态，制定出台《贵安新区总部经济认定管理办法》，鼓励国内外企业总部落户新区，打造产业和行业总部聚集高地；制定出台《贵州贵安新区支持特色会展业发展若干政策》，推动贵安新区特色会展业发展。

（二）加快产业配套政策支持

1.加大绿色制造政策支持

为支持绿色制造发展营造合理的、可持续的发展环境，加快制定绿色制造发展相关的制度或规定，对指导绿色制造发展的思想、原则进行明确，使绿色制造发展有据可依。

2.加快打造绿色金融支持绿色制造政策环境

建立管委会主导、银行指导、其他金融机构配合、企业参与的绿色金融支持绿色制造发展的全面规划，出台绿色制造发展项目认证规则，制定绿色制造考评制度、信贷制度。对绿色金融机构制定差别化的监管和激励政策，鼓励绿色金融机构发行专项用于绿色制造的金融债，允许符合条件的绿色金融贷款不纳入存贷比考核，给予符合条件的绿色金融融资更高的不良贷款容忍度和更宽松的呆坏账核销政策。

3. 加强绿色制造发展的配套支持

加强绿色金融政策、环保政策、绿色制造政策、财税政策之间的配套与衔接。应运用财政和税收等手段，对开展绿色金融业务的金融机构给予一定的补贴政策，由财政补贴降低绿色金融机构办理绿色制造业务的营业税率以及相关所得税税率，为银行投放的绿色制造项目贷款进行贴息，鼓励金融机构提高环境责任意识，增强绿色金融支持绿色制造发展的积极性。

4. 拓宽绿色制造融资渠道

尽快建立新区绿色银行，规范新区绿色金融市场。同时鼓励现有银行成立绿色事业部，推动发行企业绿色集合债券、绿色保险、绿色证券、绿色基金、环境证券化、碳金融等绿色金融产品及绿色金融工具，开辟多元化绿色经济融资渠道，降低绿色经济融资成本。

5. 明确绿色制造信贷的支持方向和重点领域

根据国家环保法律法规、产业政策、行业准入政策等规定，明确新区绿色信贷的支持方向和重点领域。对国家重点调控的限制类及有重大环境和社会风险的行业制定专门的授信指引，实行有差别、动态的授信政策。

6. 加快绿色制造项目库建设

加快建设国家生态文明试验区，积极构建具有贵安特色的绿色制造体系，编写《贵安新区绿色制造发展引导目录》，作为绿色发展和建设生态文明的重要依据和参考，适时公布绿色制造发展清单，指导新区各部门各单位发展生态利用型、循环高效型、低碳清洁型、环境治理型"四型"产业。对于纳入目录的项目，在资金安排等方面要予以支持和倾斜，并积极引导社会资金投入。

7. 加大绿色制造政策引导，促进企业转型升级

通过发展绿色金融来引导社会资金参与新区绿色制造发展，让更多资金投向绿色、环保行业。财税、金融政策应向鼓励创新、促进高技术产业和节能环保等战略性新兴产业的方向调整。把来自国家和省的绿色金融发展资金、基础设施建设资金、产业化贷款和自身用于支持环境保护发展的相关资金有机整合、统筹使用，鼓励、引导绿色金融机构向中小型环保企业发放贷款，加快绿色制造转型升级。

三 保障措施

（一）加强组织领导

成立由党工委管委会分管领导同志任指挥长的绿色制造发展领导小组，统筹协调促进绿色制造发展工作。指挥部下设办公室在经济发展局，承担指挥部日常工作。设立专家咨询委员会，提供决策咨询服务。

（二）建立协同推进机制

建立贵安新区绿色制造发展推进机制，研究解决绿色制造的重大问题和工作推进措施，建立信息报送和通报制度。

（三）建立督查、考核、评估机制

将绿色制造发展工作纳入党工委管委会事项跟踪督办和考核。评估工作委托第三方实施。

（四）加强舆论引导

通过各类新闻媒体广泛宣传，引导舆论、凝聚共识，营造全社会关心、参与、支持绿色金融促进绿色制造发展的良好氛围。

（参考有关讨论材料）

第五节　绿色消费发展

为落实开放、创新、协调、绿色、共享五大发展新理念，深入贯彻习近平总书记视察贵安新区时的重要指示精神，根据《国务院关于积极发挥新消费引领作用加快培育形成新供给新动力的指导意见》，国家发改委《关于促进绿色消费的指导意见》等文件要求，促进贵安新区绿色消费，加快生态文明建设，推动经济社会绿色发展。

一 总体要求

（一）指导思想

全面落实党的十八大，十八届三中、四中、五中、六中全会和十九大精神，按照绿色发展理念和建设生态利用型、循环高效型、低碳清洁型、环境治理型"四型"社会的要求，树立勤俭节约的风尚，推动消费理念绿色化。通过引导消费行为，打造绿色消费主体，推广绿色消费产品和服务，增加绿色供给，营造绿色消费环境。完善政策体系，构建有利于绿色消费的长效机制，努力形成市场导向、政府推动、金融机构等企业和公众主动参与的绿色消费格局。

（二）发展目标

定性目标：绿色消费理念成为共识，率先推进和建设绿色金融与绿色消费融合发展的激励约束机制、协调机制以及配套机制；"互联网＋"等新兴消费模式的比例进一步提高，绿色、节约、低碳、文明的消费模式基本形成，为贵州省其他地区的绿色消费提供有益经验。

定量目标：至 2020 年，无纸化办公率达 50% 以上；公共机构内部停车场电动汽车专用停车位比例不低于 20%，公共机构配备更新公务用车总量中新能源汽车的比例达到 50% 以上；能效标识 2 级以上的空调、冰箱、热水器等节能家电市场占有率达到 50% 以上；新增创建 20 家节约型公共机构示范单位，同时争创 1~2 家绿色大型批发市场和一批绿色商场及购物中心。

二 基本原则

坚持绿色增长，科学发展。立足服务实体产业和人民生活，探索建立绿色金融与绿色消费相互兼容的新型发展模式，推动贵安新区消费方式绿色转型。

坚持统筹协调，重点推进。加强全面统筹、部门协作，建立健全信息共享机制，探索创新绿色产品和服务供给、公共机构绿色消费、居民绿色生活方式、绿色消费长效机制。

坚持市场运作，政府引导。加强政府在规划指导、规范运作、服务保障等方面的作用，统筹兼顾环境、社会和经济效益，短期和中长期效益，充分发挥市场在资源配置中的决定性作用，推进绿色消费良性发展。

三　重点任务

构建政策支持体系。探索建立和完善涵盖新区企业、公共服务机构、个人的绿色消费支持政策；对符合条件的节能、节水、环保、资源综合利用项目或产品，由新区各相关职能部门制定优惠政策；加大新区财政对公益性绿色公共建设项目的支持力度。

创新绿色消费模式。打造直管区"互联网+"绿色消费、电子商务绿色消费等新兴消费模式；建设一批坚持绿色管理、倡导绿色消费、提供绿色服务、保护生态和合理使用资源、节能降耗的绿色商场；拓展直管区乡镇绿色产品农村消费市场。

加大金融支持力度。支持银行等金融机构在贵安新区设立绿色金融事业部或绿色支行，围绕投资绿色企业、产业和项目成立股权投资基金、创业投资基金等私募基金，对新区企业、批发市场、大型商业综合体等机构的绿色产品和服务项目等给予优先支持。

推动公共机构绿色消费。推动新区管委会、各园区管委会、直管区各乡镇建立绿色企业和项目库；建立健全新区公共部门绿色采购标准体系和执行机制，扩大政府绿色采购范围，提高绿色采购在政府采购规模中的比例。

培养绿色生活方式。把绿色消费理念的宣传融入贵安新区精神文明工作；在直管区开展反过度消费行动、反食品浪费行动；将绿色消费、反过度包装等作为考评指标纳入新区文明创建和示范点评比。

强化监督问责机制。推动新区相关部门与企业合作建立产品追溯体系，探索实施直管区企业产品标准信息公开和监督制度，构建涵盖政府、企业、个人的全领域监督问责机制。

四　具体措施

出台绿色产品和服务的标准体系；制定绿色市场、绿色宾馆、绿色饭店、绿色旅游等绿色服务评价办法；制定发布绿色旅游消费公约和消费指南。

设立绿色消费奖励基金，对新区商场、超市、集贸市场等商品零售场所严格执行"限塑令"，对推行使用生物材料环保包装制品给予一定奖励。

支持新区批发市场、商场超市等流通企业在显著位置开设绿色产品销售专区和专柜，并设置醒目标签标识，引导消费者购买，促进绿色产品销售。

打造"绿色支付工程"，以免费 WIFI 应用为基础，打造贵安新区大学城、贵安综合保税区（电子园）、同济医院、北师大附中等商业集中区智慧化商圈。

建设一批社区微 Mall 和电子商务综合服务点，大力推广网订店取、网络订餐、预约上门、用户定制、社区配送等业务。

通过电商平台提供面向直管区各乡镇的绿色产品，丰富产品服务种类。

建立直管区农副产品大市场、农产品集散中心等电子结算系统。

开展绿色企业和项目的遴选、认定和推荐工作，为绿色项目和企业提供绿色项目债发行、绿色信贷支持。

设立绿色消费金融积分业务，对新区旅游景点、星级宾馆、连锁酒店等推出绿色旅游消费积分奖励措施，根据积分给予一定信贷优惠。

出台金融政策鼓励贵安商贸投资有限公司、农投公司等大型商贸企业深入开展与省内外农产品生产加工企业和绿色产品生产企业的紧密合作关系。

研发适合污染防治等环保领域政府和社会资本合作（PPP）项目的绿色信贷产品。

支持发行中小企业绿色债券，加大对绿色产品研发、设计和制造的投入。

开展政府绿色项目采购第三方环境效益认定服务，建立集约型公共机构评价标准，制定用水、用电、用油指标。

在管委会、各园区、直管区乡镇政府食堂及北斗湾开元酒店、群升豪生大酒店等重点场所实行健康科学营养配餐，推进自助点餐计量收费。

鼓励消费者旅行自带洗漱用品，提倡重拎布袋子、重提菜篮子、重复使用环保购物袋，减少使用一次性日用品。

在大学城试点课本循环利用。鼓励大学城设立跳蚤市场，方便大学生交换闲置旧物。

推动直管区星级宾馆、连锁酒店要逐步减少"六小件"等一次性用品的免费提供，试行按需提供。

结合全国节能宣传周、全国低碳日、环境日等主题宣传活动做好宣传工作，及时宣传报道绿色消费的理念、经验和成功做法。

通过政府服务外包方式，委托具有实力的企业建立贵安新区产品追溯体系，建立企业产品标准信息公开网络平台。

五　组织保障

（一）加强组织领导

成立由党工委管委会分管领导同志任指挥长的绿色消费领导小组，统筹协调促进绿色消费工作。指挥部下设办公室在经发局，承担指挥部日常工作。设立专家咨询委员会，提供决策咨询服务。

（二）建立协同推进机制

建立贵安新区绿色消费协调推进机制，研究解决绿色消费的重大问题和工作推进措施。建立信息报送和通报制度。

（三）建立督查、考核、评估机制

将绿色消费工作纳入党工委管委会事项跟踪督办和考核。评估工作委托第三方实施。

（四）加强舆论引导

通过各类新闻媒体广泛宣传，引导舆论、凝聚共识，营造全社会关心、参与、支持绿色消费的良好氛围。

（参考有关讨论材料）

第五部分 **讨论篇：**
绿色发展博士微讲堂

国家级新区绿色发展博士微讲堂，开办于 2016 年 2 月，定位是有志于服务国家级新区绿色发展虚拟博士研讨平台。目标是服务于国家级新区绿色发展有关报告编制，提出绿色发展相关思考建言，探索国家级新区可复制可推广的绿色发展经验和模式，主办单位是贵安生态文明国际研究院，协办单位是贵安发展研究中心、国内外相关高校、科研院所企事业单位，组成人员是国内外相关博士（来自政府、企业、社会领域），包括多名院士、多位千人计划学者、有关学院院长和高校校长共九人，目前微信群共有约 500 人，研讨周期是每月两次线下讨论，每天线上讨论，发起人有梁盛平（贵安新区发展研究中心、北京大学博士后）、柴洪辉（贵安发展研究中心、中央财大博士后）、潘善斌（贵州民族大学、中央民族大学博士），宗旨是不忘读书报国初心，继续前进，奋力推进博士微讲堂，每期三五博士说微语、道未言、尽为事。

实现经济发展和生态建设双赢

（二○○四年四月十二日）

科学发展观是一个系统的理论，是当前必须认真贯彻的指导经济社会协调发展的重要思想。不树立和落实科学发展观，就不可能在今后的发展中走一条正确的道路。科学发展观，强调经济增长不等于经济发展，经济发展不单纯是速度的发展，经济的发展不代表着全面的发展，更不能以牺牲生态环境为代价。人无远虑，必有近忧。不和谐的发展，单一的发展，最终将遭到各方面的报复，如自然界的报复等。发展，说到底是为了社会的全面进步和人民生活水平的不断提高。抓生态省建设，是我省落实科学发展观的重要体现，就是要追求人与自然的和谐相处，就是要实现经济发展和生态建设的双赢。

加强监管是建设节约型社会的保障

（二○○六年二月十三日）

目前，我们在资源开采、储运、生产、消费等各个环节还存在大量损失浪费现象。其中一个重要的原因就是管理松懈，监督不力。通过加强管理监督来实现节约，既有十分巨大的潜力，也是最直接、最有效的办法。要抓紧制定和完善促进资源节约使用、有效利用的法律法规，建立健全各项规章制度，弥补体制、机制以及法律法规等方面的诸多漏洞，坚持科学管理和严格管理，切实改变土地、水、能源等各种资源的浪费现象。制定更加严格的节约标准，并通过有效监管加以落实，奖励节约，惩罚浪费。建立强制淘汰制度，完善市场准入制度，建立新上建设项目的资源评价体系。还要进一步加大资源保护和节约的执法力度，严肃查处各种破坏和浪费资源的违法违规行为。

——摘自《之江新语》

第八章
生态文明与贵安城市质量体系众说

本章主要围绕着以下方面展开研讨：生态文明博物馆谈，围绕着贵安新区生态文明国际研究院的研究设计建设，尤其是利用大数据新技术结合群众获得感和体验感等方面进行热烈讨论，各位专家学者对研究院发展也提出了很多好建议；共享经济生态谈，围绕着贵安新区"共享经济"与"绿色发展"共同推进这个主题，探讨了如何促进新区经济发展、产业升级与破解环保难题等重要议题；城市集约质量谈，各位博士分别从不同角度谈城市集约发展、更高质量发展，尤其是提出创新混合用地的建议并进行交流；规划区产业联动谈，通过微讲堂走进非直管区产业园区，与夏云工业园相关部门代表就产业联动横向发展有关协作机制等进行了讨论；城乡产业振兴谈，共同讨论了石板镇近8个产业板块的企业优势与问题，并对贵安用地合规等手续完善和原有企业转型升级等较为突出问题提出了重要建议；绿色制造谈，博士们到西秀产业园区管委会与园区11家民营企业代表进行了热烈交谈，尤其对绿色企业和混合联盟这样的企业运营模式以及加强绿色制造增强竞争力进行较深入的讨论；新区老城水体系区域谈，围绕着陈栋为博士分享的"贵州清水河流域综合环境治理可持续发展实施方案"，大家分别从区域生态协同发展、避免九龙治水、相互促进共同发展等方面进行了热烈的讨论。

绿色社区建设谈，通过研究讨论，博士们建议贵安新区绿色社区建设指标的编制可重点综合国家发改委、环保部等主要部委相关社区建设与评价标准内容，更多体现群众的切身获得感指标；生态文明再谈，通过对生态文明建设回头看、回头想，新任领导，认为与各位专家博士再次讨论"生态文明"，贵安质量体系从发展和本身特点来讲更多体现在生态文明方面，探寻新区绿色发展的新思维、新灵感；生态经济质量发展谈围绕着贵安生态经济发展的主题进行了讨论，为翻开新区生态文明新篇章献智献策，下一步将结合林毅夫老师的新结构经济学进一步研究新结构生态经济学贵安实践。

第一节　生态文明博物馆谈

2016 年 11 月 25 日

习近平总书记在 2016 年 11 月 10 日国际博物馆论坛时的贺信中指出，博物馆是保护和传承人类文明的重要殿堂，是连接过去、现在、未来的桥梁，在促进世界文明交流互鉴方面具有特殊作用。中国各类博物馆不仅是中国历史的集存者和记录者，也是当代中国人民为实现中华民族伟大复兴的中国梦而奋斗的见证者和参与者。

目前据公开资料查证国内外专门的生态文明博物馆还没有出现，贵安新区作为国家级生态文明示范区和国家首批三个生态文明综合试验省份之一的先行区，依托现有的生态园（生态文明创新园）中的生态文明国际研究院，嵌入式利用虚拟和增强现实技术（VR/AR）创新设计生态文明数字内容博物馆（简称生态文明数博馆）意义重大，使研究院集会议办公、研究沙龙、教育科普、博览创新等功能于一体。为此，专家们专门进行本次微讲堂线下讨论。

相关讨论

梁盛平博士：

贵安生态文明国际研究院（简称生态研究院）室内装修已经基本完成，根据工作安排下一步拟进行植入虚拟增强现实技术（VR/AR）完善布置，要在有限的空间内进行生态文明数博馆体验式设计。今天要讨论的是现实可能性和如何实现？

生态研究院是由清华大学设计的，项目总用地面积 8654 平方米，总建筑面积 3664 平方米。它是未来中心区的一个重要的生态建筑，是生态园的体量最大的建筑，建筑物本身就应用了磁悬浮空调、清风系统等十余项先进生态技术。

我先来介绍一下生态研究院室内空间。室内一层从主门进来，右手边有多功能会议厅、餐厅和厨房。左手边有咖啡厅、中庭、两个数控室、办公室等。中庭是个天井，采光很好。数控室包括新区未来整个海绵城市的数据监控显示。一层的咖啡厅以及过道、数控室边上一个单间加上一个大开间以及 5.5 米宽的过道，还有中庭及水池空间，共 300 平方米左右。立面可利用玻璃墙及水幕等。二层可再利用的空间除了过道的墙上，还有办公区与住宿区之间的屋顶空间，估计有 100 平方米左右。第二层可展示的地方不多，主要展示会放在第一层。

可以说，生态研究院室内再设计，可再利用空间小，作为兼生态博物馆的功能，设计挑战大，使用 VR/AR 虚拟增强技术、新媒体技术等创新的空间大。今天，微讲堂里既有新区各部门的熟悉新区情况的博士，也有 VR/AR 虚拟技术专家、会展专家以及新媒体专家，希望大家共同献计出力。

我认为，在这么有限的空间中，可能要从入口处、过道、咖啡厅、小室内、大室内、水面、玻璃墙以及二层的屋顶花园等地方入手，用新技术创新对生态文明进行博览及体验式设计。欢迎大家发言讨论。

潘善斌博士：

作为生态文明国际研究院，生态文明展览馆应是它的一个核心功能。刚才梁博士讲了，这栋建筑自身就是一个展示的载体。同时传统和现代技术上的结合，有比较好的亮点。

我谈点感受，第一次做是否要做得这么满？现在正考虑引进海绵城市、清华清洁能源和生态扶贫等研究中心，后面是否还有科研项目进来，空间布局以及局部的利用是不是要做得这么饱满。刚才提到的白天进展览馆，那么晚上呢？第二层的玻璃天空顶上是否也可以利用。比如有些人晚上来参观，可以有一种时间时空的转换。春夏秋冬四季变换也应考虑，冷暖色的变化，在不改变第二层现状的情况下可以做一些亮化技术的东西。在内容方面，除了贵安新区自己的东西（主体），那么对于世界其他国家方面呢？比如可借鉴上海的"世博会"做法，其他国家的一些亮点，可以吸收进来，体现一个国际化的视角。还有开放度的问题。现在贵安新区有很多好的东西，但利用率不高。生态文明教育，生态文明理念的传播，要依赖生态文明教育基地的作用。比如大学生、青少年甚至幼儿园小朋友都可以来这里参观，从小播下一粒绿色的种子，所以应考虑对社会公众的开放、社会化的利用问题。还要考虑到如果领导、精英人士来看，应该向他们展示什么。布局上，要考虑建筑体本身与周边的环境的协调问题。比如展馆外是传统的硬化路面，进到展览馆内却是另一番天地，需要里外统一，减少反差感，增强绿色的概念。最后，贵安新区的水是非常充分了，利用水的非常多（山水、园林、田）。其他的元素能否在某个区域体现一下，要有综合性。

胡方博士：

技术设计和高科技应用跟生态研究院结合得挺好，我现在有一个问题：整个面积空间并不是很多，整个设计的功能定位涉及实际的使用。比如近期是怎么使用，根据贵安新区的发展，将来在某个时间段怎么使用以及日常应该怎么使用。如果新区发展得很好，可能这个面积不适合使用，将来可能需要扩大，那么扩大的空间能有多大？食堂和会议室虽可容纳100多人，如果真是要在里面开会的话，交通不便，那么能不能在这儿住，是部分住还是全部住？如果住不下去，开会能开多长时间。这里的位置比较偏，所以功能定位需要好好考虑一下。

展示内容方面，山水是立体的，按我的理解应该是包括地上、地下、地表，它这个空间是怎么对接的。我们讲生态的时候，不可能只讲一个层面，如果只讲一个层面，肯定是解决不了问题。比如很多时候水看着是地表的问题，实际上是地下的问题。既然是将生态展示，就要把立体空间的层次给展示出来，生态环境是实实在在的、立体的。人是活在一个中间层，而中间层怎么去影响上下。地下土壤里的一些成分，通过水不断往上走，到了空气当中就变成污染。所以有些东西治表面却治不好，根本问题是在地下土里。所以环境治理最难治的是土壤和地下水。所以这个展示给做研究的人一个引领，这个意义会更大点。

潘善斌博士：

我刚才提的这么一点，这个展览馆功能开放利用的问题，除了住的机构，包括精英人士。这涉及如何引领绿色理念、文化甚至技术问题，这里有很多高科技含量的东西，包括现在正在使用的生态技术，是否可以跟环保宣教部门和省教育厅联合，作为一个青少年生态环境教育基地。实际上省里面也做了一些工作。当然，我们大家在展览馆天天看的这些内容，两三年后会产生审美疲劳，但是作为那些青少年，甚至一些农村的孩子，他们看到这种现代技术，从小形成一种生态文明的理念和意识，这个是很重要的。

可能在贵州来说，我们这个是第一家，甚至将来做到一定平台后，可以到环保部申请一个国家级的基地，可能影响力就扩大了，甚至和国外的通道也接起来了。关于这个创新园的问题，除了研究院内以外，院外也可以搞点绿色交通工具，参观者也可以自助体验，这也是功能的外溢，就把整个创新园联系起来了。

梁盛平博士：

潘博士提得很好，最早主要领导讲博物馆，很多人认为博物馆的概念确实有点大，国家层面就有一个标准与规范。我们这个有点小，姑且叫生态文明数字内容博物馆（简称生态数博馆）。数字平台和现实终端可以巧妙地用起来，我这次回北京，很有感受。北京的"小黄车"（黄色自行车）可以在任何点自租自停，用手机微信就可以完成付款，一元即可，解决了开车停车不便（或特定区域停放）等问题，并且绿色环保。

我们2016年完成了《绿色再发现》编著，2017年我们是否可以围绕新区质量和标准，编著《绿标再发现》和《新区质量发展报告》？绿标再发现就是支撑新区质量的资料整理。现在新区市场监管局正在推质量兴区活动和整理新区正在做和计划做的标准，采用数字化模块进行表现。说绿色质量标准的意思就是希望生态数博馆有展示体现质量标准的平台，核心是有技术创新的展示。刚刚结束的VR/AR虚拟现实峰会给我们提供了技术创新前提，用好这个大数据技术，可以创新综合展览体验、教育科普、国际沙龙交流等多种功能，建成生态文明建设综合体。

潘善斌博士：

"绿标"往往是说一个目标，一个理想的东西（过去什么样，现在什么样，未来什么样）。未来的理念实际上就是对高标准的追求。有些时候内容的东西稍微好搞一点，它是静态的。动态的东西做了三五年之后它就要变化了。

我觉得走廊的地面可以模拟一下海绵城市的状态，利用多媒体投影假雨，来展示循环系统。铺一段海绵城市的虚拟表现，雨水怎么回收的，怎么渗透下去的。

关于地下水利设施这点，投影投在地上，但是展示的是解剖地下的隐蔽空间，包括水、管廊、光、气等都可以体现。现在一般海绵城市能达到如果下小雨路面是干的，雨水再大点，路面只是稍微潮湿。展示雨水回收，怎么利用这个系统，看能不能技术上展示出效果。我们对它定位是生态文明国际研究院，那么来参观的也有一些世界各地的人，可以带一些国际化的色彩，语言、文字甚至翻译也需要融合进来。

向一鸣博士：

我们需要根据参观者的不同显示不同的主题。如果把展示给精英人士的东西给小孩看，（小孩）是接受不了的。如果是孩子来，他们更希望的是通俗易懂了解整个生态系统，它是什么样的，内部构造是什么样，有什么影响。既然你对青少年进行教育科普，他们肯定要问为什么，很多疑惑。我觉得展示内容上，说实话，空间是比较小的，有一定挑战性，（这）实际上是把所有东西压缩在一个空间里。整体布局，是对精英人士而言的。如果老百姓进来的话，觉得太高大上了，觉得跟自身没有什么关系。那么怎么办呢？因为空间有限，只能像巴西奥运会那样，利用投影针对不同的人群，采用不同的内容展现，这样的话才能服务不同的群体。借着潘老师的话来说，我觉得我们整个建筑物是在整个范围内的一个聚焦点，但是还要发展它的外面功能，比如说有一些空地，不管是精英人士也好，老百姓也好，要让他们体验到绿色。我们作为生态研究院，大部分还是会对社会公众来开放，精英人士不会天天或者经常在这里开会。既然我们要发挥教育基地的作用或者引领生态文明建设，大部分时间还是要考虑对社会大众的引领和让大众多参与。

梁盛平博士：

大家一致认为"生态文明数博馆"通过数字化技术可以达到博物馆效果。接下来怎么把数字技术和生态技术用进去，无论是内容还是形式都要展示出新效果，我们将有很多想象。我们的挑战就是（在）有限的空间怎么做无限的展示，我觉得这个能以小见大，以有限做到无限，将展示理念和技术设置做到很巧妙不别扭，打破传统的展览博物馆的模式。传统的很多都是平面展示，看了一遍过后印象不深。我们这边需要聚焦，要有新形式，要有新技术。

所以我们要把有限空间用起来，如公共空间、过道、实体空间、水、墙、地、顶、玻璃，还有建筑物本身的已有的十余项先进生态技术体系怎么展出来。怎么样把新媒介用起来，利用虚拟和增强现实技术（VR/AR），把核心价值、引领性技术展出来。

张永贤：

我想到两个展示 VR/AR 的点，刚才潘老师也讲了，水的东西比较多，但林、园的东西体现得不多。我想的是到时候可以留块区域出来，顶部有一个大的屏幕，可以播放各种东西（景点、林、园）。参观者站在这个区域，可以与数字虚拟的景象（如恐龙、小鸟、植物）一起被显示在大屏幕里。甚至可以加声音和感官（鼓风机）进来，让参观者通过屏幕感受到置身于某一个景点某一个场景（黄果树瀑布、园林），身临其境的感觉，特别有互动性。建筑物里的长廊也可以利用起来，就像之前博物馆里动态的清明上河图，很多人排队去看。我们也可以使长廊有一个春夏秋冬的过渡，或者一个穿越或者切换。

VR/AR 现在大多是用于游戏，体验那种真实感，头盔比较重要。在展馆里我们也有这种体验区，所以头盔还是有很大的局限性。包括 AR 也是需要手机扫描，所以说我们比较能达到的就是投影的技术通过屏幕来展示。

胡方博士：

我觉得，一个生态文明数博馆，怎么把生态文明主题利用现代的技术，在有限的空间按照一个合理的逻辑展示。我看了好多地方实景演出，围绕生态文明这个新事物，从内容上，分篇章展示，每个篇章里内容和技术巧妙对接，然后在这个空间里，用很自然的方式给人走一遍体验学习，始终能融入生态友好的氛围中。

潘善斌博士：

我认为，一下子布满以后，有时候是浪费。因为空间太小，这么小一个地方，现在做这么多，进去以后会感觉压抑。另外技术的手段要符合人性化的需求，需要针对不同的人群。第二层其实也可以利用起来，通过不破坏它的结构，做些虚幻的东西出来。我提出三个建议。第一，入口天井三面是墙，只有一面玻璃，这个空间里外都可以用，也可以在上面放一个幕布，挡住光，做一个小主题，单独弄一个独立的展示空间。第二，一层的水池没有用玻璃盖起来，而是做成了喷水的效果，是否考虑修改一下。另外还要解决如何控制垂直绿化墙的水流带来的室内雾气这个问题。第三，第二层还有两块可以利用的空间（走廊尽头、会议室门外），二楼有大概四个类似的较大空间或拐角都可以利用起来，做成开放式空间或者小主题展示。另外房顶比较高，上面能否做点什么东西。

梁盛平博士：

刚才大家都进行了不同角度的讨论，我来整体描述一下（大家更好在下次针对性讨论）。入口处。进门后有一个虚拟人（运用激光技术）欢迎进入展馆，形式新颖，内容简短，接着是地面情境展示（采用地面水波纹情境虚拟展示），然后玻璃触摸屏，突出领导关心情景播放。讲解区。利用玻璃墙作为触摸视屏，内容通过叠加图片来展示，从规划到建设再到绿色发展成果，按照现状图（现在的地形图，标明湿地、林地、农田、水等）、修复图（如五年后修复了哪些地方，石漠化改造，新建造的公园、湿地、水塘、海绵系统、地下管廊等）、未来图（绿色城市、诗意栖居）。

咖啡厅。就是世界咖啡课堂，讨论讲演，讲解贵安新区第五代生态城市建设知识，在这里能了解与看到未来生态城市的概念和样子；成果集中展示区。主要通过展板、实物全面展示新区生态文明技术成果；水数字沙盘区。这里将显示目前最大的利用水作为介质、可触摸的水沙盘，整体直观地欣赏新区的生态效果。

特别是海绵城市数控室的玻璃墙上进行监控实时数据投射是个好点子，但不是所有数据都转换，而是把精简的数据和关键技术指标放（到）玻璃墙上，（参观者）感兴趣就进去详细了解。办公区主要用于支撑生态研究院的各研发中心，如目前正在引进清华新能源、北师大生态扶贫、中规院海绵城市等研究中心。

这里是一个信息量比较大的成果展示区，是一个国际性平台，以贵安为主，重点有未来成果，同时还展示最新的国内外成果。包括《贵安新区绿色发展指数报告》已经提到的绿色交通、绿色建筑、绿色能源、绿色大学城、绿色文化等，可以从内在逻辑去分类，但必须跟城市直接相关，而水沙盘是一个互动的地方，可以点击进行详细了解，如点击海绵城市，就可以知道海绵城市的具体细节。另外这些空间要灵活变动，展览的形式是可以多样化，廊道则作为氛围式的展示，比如标准墙、绿色法制墙等。

感谢大家！

第二节　共享经济谈

2016 年 12 月 27 日

党的十八届五中全会首次提出"创新、协调、绿色、开放、共享"五大发展理念，将绿色发展、共享改革成果作为我国发展全局的一个重要理念，作为"十三五"乃至更长时期我国经济社会发展的一个基本理念。如何在国家级新区尤其是贵安新区贯彻落实"五大发展理念"，打造五大发展理念先行示范区，是当前和今后要深入研究的重大课题。有专家认为，目前已经浮出水面的共享经济，是世界从知识经济时代升级到智慧经济时代的一次革命。共享经济具有新消费、信息化、新财富、人本化经济特征，是环境保护的新模式和新路径。共享经济使我们生活生产与环境保护有了和谐的桥梁和平台，使我们找到了破解环保难题的新经济形态、新市场机制，找到了环境保护的新动力。

本期博士微讲堂围绕"共享经济"与"绿色发展"共同推进这个主题，围绕贵安新区如何抓住机遇，在促进经济发展、产业升级、百姓富裕的同时，破解环保难题，实现"百姓富、生态美"的愿景等话题展开讨论，以期能够为国家级新区绿色发展贡献智慧。

相关讨论

潘善斌博士：

中央提出了五大发展理念，我们今天所讨论的主题就涉及其中两个主要的理念，一个是绿色，另一个是共享。共享经济有的称为分享经济，二者之间是可以互用，本质上没有区别。

现在的"滴滴专车""代驾""民宿"等，实际都是一种共享经济模式，大家将自己的东西拿出来与别人共享。从法律上说，其涉及所有权与使用权两者之间的关系。法律中有用益物权，东西属于自己所有，却可以由他人所使用。最近中央提出，农村土地实行"三权分置"改革，所有权、承包权与经营权三权分置并行，都与此有关系。一是共享经济实际上是一种资源节约模式，所有权不变，但可以拿出来与人共享，使用人给予相应的对价。这里的资源应从广义理解，人们通常理解的资源是从物质形态上，现在的代驾，就不是简单的物质形态，它是一种服务形态，有的可能是精神形态。事实上知识产权也如此，通过许可不断使用，实际上就是一种资源的共享。二是共享经济需要依赖一定的环境和平台才能实现，它必须有一个较为发达的信息沟通，需要大数据和呼叫服务产业的支撑。从前，很难做到出门通过一个手机就可以找到"代驾"，共享经济具有现代信息分享的特征。三是共享经济必须有规则保障，规则是一种行为准则，像传统意义上的施惠、赠予等，从法律角度来说，不仅仅是一种道义行为，本质是一种交易契约行为。规则并不仅仅约束所有方和使用方，同时也涉及政府的监管。从某种意义上讲，只要规则、信息满足了，共享经济的对象可以是无穷的，可以跨国界的。四是共享经济一般理解为一种消费方式。按照现在学者的判断，在共享经济当中，生产与消费两个环节是互相转换的，在某种角度上看是消费，从另一角度看就是生产，是供给，供给侧的创新带来消费模式的变化。五是共享经济的本质，实际上是把中国传统"大同"理念与现代经济发展模式有机相结合，其中，不仅仅是经济技术层面，更深层次还涉及公平。

现在从绿色发展来看，贵安新区，就是未来城市的雏形，是要建设成为一个现代化的绿色新城，不单单是树多、水多、山多，而是一个包括人的素质、意识、交往方式、生产方式和消费方式全面现代化的新城。在未来城市中，共享经济有哪些可行性的路径，大家一起琢磨，一起出新点子。我们的法学研究生可以以此为论文撰写方向，如传统意义的好意搭乘以及滴滴专车，其从法律角度讲，实为共享，在所有权与使用权的共享中，法律应当如何监管，调整好各种利益关系，值得研究。

朱四喜博士：

我从事生态方面的研究，重点研究威宁草海，如草海的水、植物，鸟类的生态系统保护。今天这个主题，共享经济是一个新名词，属于热点。共享经济在中国有优良传统，从古代就有，只是（如今）它适应了互联网技术，将社会闲散资源通过互联网，尤其是在贵州这个大数据平台上，把各种有形无形的资源互联起来。例如，环境中森林、草原、山林，还包括矿产资源、风能、贵州的水利水电、煤炭资源等，无形资源中的劳动力，专业技术型人力资源包括在座的研究生也是未来社会的潜在资源，利用互联网的技术把闲散的资源进行整合，可以放在平台上，满足社会多样化的需求，这是从共享经济的概念上说的。生态的词根就是经济，ecology 与 ecological 都是同源词，所以我们的经济学就是社会学中的生态学，有一个新的学科叫生态经济学，国际上有一个生态经济的杂志，所以两个词是一样的。

每年的生态文明贵阳国际论坛我都有参与，其主题也是绿色发展，每一年的分论坛都离不开绿色发展。2016 年我参加的主题就是海峡两岸的绿色发展，由南开大学主办。

潘善斌博士：

朱博士在加拿大访学一年，加拿大生态环境保护方面做得很好，我们也需要向加拿大学习。

朱四喜博士：

加拿大的大学也有专门从事农业生态研究的学院，但是加拿大的国情与我国不同，加拿大的国土面积远大于中国，在全世界排名第二，但是人口却与贵州差不多，只有四千多万人，地广人稀，城市很大很美，环境优美。我在去年 8 月底前往，一路广阔，人烟稀少，一家人拥有几十万亩甚至更大的土地，所以加拿大绿色发展可以做到，它的资源，尤其是石油，其次是原始森林。当森林发生大火时，加拿大并不派人灭火，只把周围的人迁走，或者隔断，因为灭火成本过高，树木也不值钱。另外从生态角度考虑，火在森林中是很重要的一个因子，如同土壤的营养、植物多样性、气候等，在加拿大火是属于自然因子，所以不灭火。中央电视台也曾经派人去采访，加拿大人少，有资源，依托伐木、石油、矿产发展。加拿大没有国防，主要依靠美国，加拿大的历史发展决定了其绿色发展的程度。其休息时间宽松，可以连休三四天，每家每户都有拖车、集装箱去外面度假，享受生活。

回到绿色发展，贵州是两江流域的上游，长江、珠江的上游，贵州的保护对长江中下游（地区），包括湖南和广西以及广东等都是很重要。但是因为贵州的另一面是喀斯特地貌，特点是非常脆弱，不能说贵州的山多、水多就好，因为同时面临石漠化问题，所以将青山绿水简单等同于金山银山的概念并不完全正确，尤其是绿水青山不代表当地就是金山银山，其中涉及国家的政策问题，政府准予制度。我们贵州在上游种树，不砍树，上海是否要付费，国家应考虑，我们的绿水青山，仅仅靠黄果树（瀑布）卖几张门票是不能解决问题的。贵州应该大发展，如果我们把绿水青山、两江流域保护得好，给下游做了生态贡献，下游就要进行生态补偿，中央政府应重视，我们法律、环保（部门）应呼吁这个问题。习总书记提出的"绿水青山就是金山银山"理念非常正确，但对于贵州而言，还有很长的路要走。不仅仅是靠拨款，因为拨款额度很低，老百姓积极性不够，现在用钢筋水泥建房子，不像以前是用木头，由国家的导向决定，一旦将来木头值钱的话将不能保证百姓不去伐木，尤其贵州和整个西南地区。

潘善斌博士：

我们法律上经常提到这个问题，四年前我指导的经济法研究生，当时做的就是贵州省生态补偿的制度建设研究，核心问题就是生态补偿。实际上，从大概念上说这也是一个共享经济、共享发展的问题。基于资源禀赋的不同，比如上海属于国家定位的优先发展主体功能区，大力发展现代化、高端的领域。但在贵州，没有这个条件，需要维护好整个生态系统的平衡，我们保护好青山绿水。这个里面就涉及国家政策乃至法律上，贵州如何分享现代化的好处。上海，长江中下游，分享我们优良的生态环境，我们如何共享他们现代化发展的红利。这实际上是一种合作，可以通过一个机制解决，涉及补偿问题以及财政转移支付制度改革。一种是纵向财政转移制度，还有一种是横向财政转移制度，横向来说，很多规则没有制定出来。在流域上，有流域补偿试探性的模式，安徽上游有新安江，浙江下游有千岛湖，两个省之间采取合作模式，最初约定是一个亿，上游保护好，水质好，浙江就给安徽一个亿，反之则赔偿下游地区。贵州有流域的补偿做法，我之前参与的赤水河流域保护条例的制定，其中有一条，涉及补偿，赤水河是贵州的财富河，茅台酒都与之相关联，之前在贵州率先探索实行的"河长制"，前几天，中共中央办公厅下发文件，全面推行河长制度。这个是延续着环境保护法修改后要求，地方政府对地方环境总负责，包括水资源，整个生态补偿也体现着一种共享经济，这种模式运行的机制，如何完善、如何制定更为明确的法律制度安排，是当下最紧迫的事。

朱四喜博士：

第一，现在贵州实行大健康、大旅游、生态扶贫战略行动，涉及生态旅游，贵州是个好地方，自然、人文，青山绿水都很好。据相关报道，贵州生态旅游，存在一些问题，我们不能走老路，我们不能在青山绿水中赋予太多的人为因素，这是不适合的。就是说，在进行生态旅游开发时，还是要生态优先；国家湿地公园建设时，自然保护区建设时就有一个原则，即生态优先，它是指我们要保护好原有的资源，包括自然、人文，更多的是指把自然的东西保护好，而不是说为满足现在人民旅游的需要，忽视原有的自然属性，所以我们贵州的开发过程中要尤为注意此点。贵州现在包括农家乐，世界遗产的自然保护区，我们不能一哄而上，我们的自然、旅游资源，不能在我们这代人使用完，应重视到下代人的发展，这涉及另一个概念——持续发展的概念，绿色发展、生态经济、可持续发展，都是一脉相承，都是生态的一些基本原理。

第二，在贵州，生态旅游的法律制度安排是否能与时俱进，贵州的大数据等是否能落到实处，给老百姓带来实惠，是最重要的，贵州人能否在国家政策下享受实惠，生活水平、精神面貌是否有提高，贵州教育是否有提高，很多理念很好，但是从生态上考虑，应真正考虑是否落到实处，很多问题相继暴露。

第三，最近另一热点话题是北方的雾霾，大面积的雾霾天气，这涉及环保法的完善和细化。现在环保机构逐渐实行垂直管理的模式，在乡镇一级设立环保监测站，在市、省，包括流域，环保机构越来越多，有关环保的立法越来越严格对于环保执法中的违法行为，国家在加大惩治力度，包括对直接违法者、包庇违法者。社会危害性程度方面，国家更为重视，法律的严厉程度渐强，与以往的罚款了事不同，而是从环保的技术上出发来实施监管。所以我们应持续关注环保法的完善以及环保机构垂直管理的模式改革。

潘善斌博士：

第一，对朱博士刚才提出的这个话题应高度关注，全国人大常委会刚通过了一部很重要的法律，我国新增加了环境税这一税种，而且是以立法形式通过，叫《环境税法》。

第二，据报道，河北省的空气污染很严重，中央派环保部的副部长李干杰担任河北省省委副书记，目的是治理污染，完善环境治理机制。现在某些地方环境监测站存在作假，国家将此种权力收归中央统一管理，不受地方管理，垂直领导，类似司法体制改革，分为中央和省级两级统筹。

实际上，青山绿水到金山银山之间应由一座桥梁连接，不是说拥有青山绿水就是拥有金山银山，金山银山在经济学上是一种财富的象征。如何将贵安新区青山绿水的价值计算出来是一个值得研究的大课题。如果说整个贵州省的青山绿水，整个生态服务的价值能够计算出来，那么整个省的绿色 GDP 必将大幅度上升，甚至排到全国前十名也不一定。其次，绿水青山到金山银山之间，国家要有政策扶持。目前，贵安新区有很多很好的规划，有水体的规划，有山体的规划，有道路的规划，实际都是以绿色为本底的。当然，共享经济涉及面宽，其中还有个重要的问题就是信用，保障制度和如何监管等问题。

白正府博士：

今天主题核心是共享经济和绿色发展，现在国家的口号与学者观点，很多无法落实。为什么好的东西无法实现，需要国家的扶持，一是国家政策，二是钱，为什么没有政策和钱就不搞绿色发展？

第一，共享经济牵涉的基本要素是什么，这些最基本的要素之间的逻辑关系如何？资源等于资本吗？资源等于有钱吗？它必须进入市场流通的体系中，要进入现代化生产中，如果不能进入，就无法分一杯羹。现在为什么好理念无法执行，国家没有政策，没有钱，就不搞绿色，应打开思想中的利益之门，否则很多地方的环境都会破坏。

我认为，现在共享经济和绿色发展，很多地方做得并不理想，为什么？经济学上有一个比较优势理论，也就是资源禀赋不同的问题。上海的经济高效，能培养出高端人才，而贵州却很难。

共享经济依赖的最基本的就是成本应大于收益，因为本身就有合作剩余，两个人合作就有合作剩余。出卖剩余奶粉，交易成本很高，还不如丢掉，所以收益应大于成本，它的边际收益，卖掉奶粉需 1 个小时，而如果我在外讲座则一个小时可以挣到至少 500 元，那么此时宁可扔掉奶粉，即便可以挣到几十元，此时就是比较收益原则，选择收益高的事情来做。例如照顾孩子选择农村妇女，长大则由我来教育，人各有所长。所以分享经济中应体现成本大于收益。

第二，比较收益原则，假设都能达到，还有什么问题可以阻碍分享，则需要探讨。在制度经济学中，何为好的制度？第一条，我们的制度如何规定某一个物品的产权，就像潘博士所讲的，有所有权还有使用权、有承包权，它的所有权、经营权、使用权，这几个权利，最初无论如何规定，最后所产生的效果一样，还有一个条件，是这些权利可以自由交易。第二条，每一个初始产权规定的方面，有不同的话，就会有不同的交易成本。第三条，假设我们选择了一个交易成本很低廉的制度，此时，制度本身维护的成本就是我们是否选择这个制度的判断标准。所以从制度经济学的角度上来说，判断一个法律是不是一部好法，即看是否达到它的最优，否则仍然有改进的空间。

我们如果要想达到共享经济和绿色发展，就应该达到这样一个制度状态。

王晓晖博士：

我是做社会学研究的，比较关心绿色社区发展的问题。共享经济，也被称为分享经济、点对点经济、功能经济、协同消费等。共享经济的概念最早源自《美国行为科学家》杂志 1978 年发表的美国得克萨斯州立大学教授 Marcus Felson 和伊利诺伊大学教授 Joe L.Spaeth 所著的《社区结构和协同消费》一文。1984 年，麻省理工学院经济学教授 Martin Lawrence Weitzman 出版了《分享经济》一书，提出采用分享制度替代工资制度的主张。早期的分享经济建立在物品所有权和使用权分离的基础之上，强调剩余资源的有效利用。共享经济是以某种"东西"共享为基础形成的业态；这种"东西"可以是有形的，如实物；也可能是无形的，如信息。从共享对象看，人们最常见的共享是实物，也可能是信息；可分出以下类型的共享：准公共物品（如基础设施）甚或私有财产、人力资源（如兼职或智慧共享）、技术装备（如专利、设计）、信息资源（基于"互联网+"）等，共享经济，是一种绿色消费模式。从前，城乡朋友间的借钱、借东西或信息共享，都是特定形式的共享。那时的共享仅限于人们容易到达的空间范围，并且以诚信或信任关系为基础；信息化时代的共享范围不断扩大，并表现为以不同的方式盘活闲置物品、人力资源、资金、信息等资源，并获得相应的回报。实际上，国家发改委等联合发布《关于促进绿色消费的指导意见》，明确表示支持以 APP 租车为代表的汽车共享等的绿色消费方式。以自有车辆租赁、民宿出租、旧物交换利用等方式为主的绿色消费行为，是符合节约社会资源、优化百姓生活成本的有效方式，对于完善社会信用体系有着积极的帮助。

贵安新区坚持绿色低碳理念，利用后发优势实现经济发展的"弯道超车"，尤其是要走出一条社区"共享经济"新路径。社区是社会建设的最基层的细胞，把社区的共享经济运行好，社区绿色发展建设好，贵安新区共享经济和绿色发展就有希望。

潘善斌博士：

就贵安新区而言，怎么样把共享经济和绿色发展有机统筹起来发展，这是下一步的一个大课题。现在我们看到的许多生产和消费模式还是传统意义上的，这是不可行的。当然，要发展好共享经济，第一个前提，我认为是理念要跟上；第二个前提是信息交易与共享，要考虑交流成本，要使得信息的成本几乎等于零；第三个前提是要构建起良好的信用制度和信息环境；第四个如何通过制度和平台规范中介，监管好市场。在这些方面，贵安新区可以加快探索，加快实验，积累经验，率先示范。

第三节　城市集约质量谈

2017 年 1 月 13 日

2017 年第一期微讲堂（总第 24 期）于元月 13 日在贵安新区板房行政中心 1107 室举行，柴博士从五种城市土地集约混合使用角度谈城市如何绿色发展，胡博士从经济学成本核算角度谈绿色发展要有相对的度（算好账才能谈好可持续循环发展），白博士从人的发展趋势、居住公共功能集约角度谈绿色项目开发设想（对人未来生活有理想如何切入政府项目而实现落地），田博士从农业工业化角度谈绿色发展（群体行为的经济分析），宋博士从另外角度——集约与非集约（快城智城集约与慢城非集约）均衡角度谈城市综合发展，潘博士从集约发展相关制度制定过程的博弈角度谈绿色发展的反作用力，梁博士从人自身生态足迹根本单元试图解释绿色发展的本质，谈绿色集约发展。大家各抒己见，时而把话题扯到大人类时而扯到人自身身边小事，尽兴而愉悦，既为绿色发展共享发展的国家大事，也为自己工作压力而类聚"话疗"自身小事，把工作剩余智力进行有效释放而形成智慧火花！

柴洪辉博士：

城市建筑集约看绿色发展，对于这问题我自己有几点思考。

第一，从法律和制度层面上进行思考，国外法律法规在这点上是不一样的，比如除美国、瑞士，其他国家的建筑不设定建筑密度要求，但是地的持有人如果愿意让出地作为公共绿地，就可以获得5~10倍的单体建筑面积。实际上，并没有提升容积率，他们从法律制度上，解决了一个单体设计的集约，留出了城市绿地、城市空间。我们现在是相反，普遍的是开发商把地圈成自己的，不对外开放，但我们整个城市的社会公共服务，对于这样的单体设计，能不能起到支撑作用？目前，基层社会组织到社区这一块，解决了这个问题，并且和我们现在网格化管理能连接起来。但是衍生出城市规划建设法律法规和相关制度不支撑问题，同时整个社会组织体系，政府的组织体系最基层的点上，也是不支撑的。中央城市工作会议提出了拆墙透绿，要打通小区，但是打通了之后，过往的社会车辆、人的文明素质、车速问题、按喇叭扰民等问题会带来管理上的困惑，从单体建筑集约可以引出整个社会治理体系，它的变革，实际上也是朝着绿色发展，那么把这个单体建筑放大一个层面，如一个小区，就几栋单体建筑组成的一个小区，把所有小区开放，这时可以做一些微小区基本单元，在那之后，绿色发展从整个城市的拓展的角度就不一样的。从单体建筑本身集约，怎么集约，我考察过浦东的上海中心，有一栋总量是一百多万平方米的楼，里边把生活、办公、教育、娱乐、文体、餐饮等功能全部集合了进去，最后效果很好。

第二，我们今天讨论的贵安新区单体建筑的集约，要集约在哪？我们现在建起来的安置小区都没有了，从单体建筑的角度对上层空间和下层利用整体是远远不够集约的，所以带来的能耗也很高。贵安新区所有的现在的小区，地下除了一个停车场，什么都没有，而实际上可以有很多功能是可以转移到地下去的，例如每一栋单体建筑之间都可建立起地下通道，把每一栋单体建筑连接起来。对于地上空间，国外是大量的地上空间，地下的一层都是开放的、公共式的空间，这也是一种集约的体现。这种集约带来能耗的下降，对社会效力的提升是相当强的。

第三，是规划的问题，我们国家的规划，这一套规划体系当初是参照苏联的，国土用途的划分和管理也是从苏联引进的，虽然有一定的科学依据，但是现在仍用老套的办法来做规划和管理是行不通的。典型的表现在于土地居住用地、产业用地、工业用地、商业用地以及公共服务用地，是按功能区分的，管理中间有明显的界限，居住归居住，产业归产业，这就增加了交通负担。例如深圳，作为一个新城市，它引进了一种潮汐流的管理办法，规划把原来进城中道路分出来使早上人们从中心往外走得到便利，到了晚上时，人们从外边往中心走，结果又把出城的道路分出来。值得我们反思的是，这种规划理念带来的能耗，一点都不经济，更谈不上绿色。所以，贵安新区能不能实现功能用地混搭，能不能突破。

第四，国外是把垃圾处理、污水处理、自来水都整合地下，我在德国考察时，发现它中心区最繁华的地下全部是空的，他们把垃圾处理、污水处理全部整合在一起。贵安新区应该出一个绿地指标，结合土地用途的功能，让绿化用地集约起来。

第五，关于学校、教育用地这一块能不能混搭？个人观点是可以的，贵阳为什么建一个药用植物园？药用植物园和中医学院整合在一块建，中医学院本身是政府投资的，把药用植物园用地整合，有政府的外助，可以将植物园用地置换出来，把更为商业用地集约把地价抬上去，把这钱去投资教育。所以贵安新区能否混搭，能不能实现，这还不知道，贵安新区的农业将来要承担现代农业、休闲农业、科园农业和教育农业的功能，让学生实践的时候，可以德智体美全面发展，有誉于素质教育的提高，从这角度也能培养学生绿色文化的理念，这也是一种商业用地混搭的方式，从这个角度看这种用地的集约，那么由此向外推广到整个城市，同时还涉及教育用地集约的问题。

梁盛平博士：

刚才柴博士从五个方面谈了城市建筑绿色发展，阐述很全面，我小结一下，从土地的角度谈到城市集约的一个理解，确实说到很多核心的价值，冯仑正在实践的立体城市，也就是谈到"把人赶到这个鸟笼里去"，房子就是一个大集约"笼子"，节约出来的其他用地用于种树种草种花等，这就是立体城市，把城市立起来，置换出大片的绿色公园广场，强调城市综合体发展理念。综合体围绕"衣食住行用"提供便捷舒适集约服务，垂直在空中，横向的城市空间充满绿色诗意，充满好的山水林田湖草空气。这段时间我和柴博士在讨论一个问题，就是城市越来越大，越来越复杂，越来越看不懂，最后什么城市病都有，好可怕，所以有时候想起怎么让城市看起来简单化，让人能更简单地理解，放到最小，浓缩到一个点，就是刚才提到的基本单位、基本细胞的概念。我现在就在琢磨城市浓缩到一个点，基本的单元是什么？它不单单是一个建筑或建筑组合体，这里边组合了一个个小细胞，实际上是一个个小社会，其实无非包括村寨和社区自然组织，不妨称为"村社共同体"。N个村社共同体可以组成更大的社会组织细胞，N个社会组织细胞，它可以组成小城市、中城市、大城市乃至城市群等。我们讲城市概念，如果把村寨和社区这个最基本城市单元想清楚了，就把城市本底找到了，把城市基本细胞建设健康了，城市的病就从根本上治好了。我觉得城市本底开发建设好了，看似复杂的城市化就很健康了，可持续发展了。我以为未来的城市概念不仅是传统城市，它还包括城和乡，乡村支持城市发展，城市反哺乡村的建设，"城与乡"二合一就是未来新兴城市。

白正府博士：

我以前在山东烟台时认识一位房地产老总，他小的时候很向往受到共产主义的这种教育，大家吃的大食堂，集体一起活动，他觉得这样很好，他就想盖这样的房子，然后在这样一栋楼里设有休闲、餐饮等，人和人之间的沟通都放里边，让厨房、厕所集中一起，他就想做这样的前期调研，就想把这样的房子建好。他就想和政府合作投资建设养老院或者大学，说得是很好，但是就是做前期问卷调查出问题了，因为很多法律、法规的手续就批不下来。

胡方博士：

中国的法律为什么规定房产权是 70 年，实际上在经济学里本身有一种解释，这从人的经济生活来说，人的文化、价值观和审美观过一个阶段之后会发生很大的改变，如果改变了，那从前所建的东西就不是享受了而是一种障碍物，应该把它毁掉，重新建造。

柴洪辉博士：

从开发设计到微观建设的角度来讲综合成本，这个成本就目前国内来说是行得通的，可以全覆盖，而且可以把小区做得高端，但是从总的成本来看，政府承担是很重要的，政府投资就得考虑综合效益的问题，投资的合理性的问题。从综合效益这个角度看，比传统的模式要经济，但是就是测算很难。之前我们城市的建设模式基本人口在 300 万人这个规模，超出这个人口规模就不经济不集约了，这跟城市的集约化有很大的关系。

潘善斌博士：

柴博士和梁博士所描绘的画面，十分诱人。但目前，还存在法律上的障碍。按照我国现行《物权法》和《规划法》的规定，还有很多很复杂的问题需要解决。另外，我理解城市建设集约问题要从单体、小区和区域分层进行分析。其中核心问题涉及有关产权的配置问题。从当下看，从法律的角度来处理好绿色建筑中的有关产权问题尚需时日。

胡方博士：

集约和绿色发展它本身是有一个度的问题，如美国的发展有一套机制。最根本的是遗产税，遗产税把私有制全解决了，遗产可以传承，但得交 80% 的遗产税。最后实际上遗产就变为国家的了，目前中国没有这样的机制，所以中国的很多人都喜欢积累财富。

田丽敏博士：

我就从"建筑、集约、绿色"三个关键词来谈这个主题，建筑涉及建筑的风格和功能，同时涵盖贵州农村乡村建筑的特征。集约就是高效，绿色就是低碳环保。总的来说就是关注未来，考虑低碳环保且高效的农村和城市的建设问题。因此，首先要考虑农村和城市的定位是什么，其主题和主要功能是什么，即未来农村和城市的样子是什么，我们的城市如何体现山水合一，人与自然的合一？其次，我们农村有很多优秀的古建筑，如果能把握好传承和发展、将传统与现代相结合，充分彰显我们的生态特征，应该能体现出我们未来建筑的特色和优势的，考虑在建筑构造及功能中运用我们的山、水和空气，也就是说，依托贵山贵水，可以做出特色的东西。

柴洪辉博士：

我有个观点，单从农民和农业的角度来讲，农业毫无疑问的是弱价值产业，那么农民来做弱价值产业指定是没前途。跟城乡统筹上提的观点是一样的，表述上是有农业，无农民，无农村。现在从技术上来讲，工厂化是不存在问题的，农业将来毫无疑问是工业化的，农业如果不实现工业化，它的弱价值性一直解决不了，产业没办法发展，全世界都是如此。

田丽敏博士：

刚才讲的是农业工业化，会使农民从原始的田间地头走出来的同时还能大幅度提高农民收入，并过上一种幸福指数较高的田园乡间生活，从而更加吸引城市居民。因此，从规划来说，为了未来生态绿色的发展，肯定要保留一些大面积的村庄、绿色用地，起到一些其他的功能，比如观光、旅游、农业体验。这里可以结合平台生态圈的概念，不仅仅是社区，还有企业、政府、高校、科研机构等，依托信息技术共同组成一个共生共荣、循环高效且相互制约的生态圈。此外，还有一个治理权的问题，是归于政府还是企业？这是在现有的体制下需要考虑的问题。

回到贵安新区定位上，我认为它的定位应该是个世界级的城市，在建筑风格上我们要有一些世界级的名片，融入一些少数民族特征性的东西，既体现现代化国际化大都市功能又能彰显原生态特征。

胡方博士：

绿色发展实际上是靠人的认识转化成生产力的时候就是科技。科技首先讨论的是理论，转化为执法行动的时候就是科技生产力，但是实际在发展的时候，人类社会发展先是给自己留有余地，因为不知道将来会怎么样。比如房子做得不好拆了，也很好破解，自然也很好进化，没有污染。如果量大到一定程度，降解不了，就造成一个负面影响。如果建筑材料本身就是环保，降解难度小，这涉及成本。刚才说的海绵城市、绿色建筑材料，实际上就是涉及降解成本，对后面的影响。

宋全杰博士：

规划是资源配置的顶层设计，某种程度上是利益的再平衡，所以规划不仅仅是技术的问题，能否把一个城市建设得更美好，我觉得更重要的是规划管理的问题，是能否充分尊重规划、不随意更改规划的问题。我发现贵阳这边很多项目都是大规模供地，很多是几千亩，有的甚至上万亩，这些项目中很多是房开项目，这就会造成一种后果，就是项目开发方会按照自己的意图和需求重新布置用地，从而大规模地更改原先的规划，打乱了原先的总体城市布局，至少是局部打乱城市布局，导致后期项目方案审查难度增大，而目前贵州城乡规划管理能力未能达到应有之水平，城市交通拥堵、公共服务设施和市政配套设施不满足的现象也随之发生，这与精细化管理的要求是不相符的，与中央的小街区、密路网的精神是相违背的。

城乡规划偏重于空间布局，这就要求为城市发展所需的各种功能提供空间，社会发展越来越快，未来城市的功能需求也会随着时代的发展而发生变化，这就需求城乡规划者预留一定空间，以满足未来社会的发展需求。

好的城乡规划都有一个比较严谨的逻辑，贵安新区也提出了"感性的自然、理性的城市"的理念，就是城市规划是理性的。我个人觉得城市也需要一点非理性，非理性的东西会增加一些偶然性，这种偶然性是人类所必需的，也是创新的重要源泉。

关于绿色建筑，我觉得应从建筑的全寿命周期去评价，不仅仅是建设成本的减低、建设材料的低碳，使用期间的能耗也应一并考虑。建筑的集约建设需要统筹考虑地上、地下空间，在贵安新区，要特别重视水资源、水环境、水生态和水安全的保护工作，既要重视地面高密度开发区域对地上水径流的影响，也要重视地下空间开发对地下水流向的封堵。

绿色建筑，要特别重视技术的进步造成的改变。现在国家正在提倡装配式建筑，前段时间我跟随新区的领导去考察了一家钢构公司，对我思想触动很大，装配式建筑将更新以往勘察、设计、施工理念，也就会把绿色建筑提升到更高的一层台阶，所以我认为某些重视技术的进步会使某些领域产生质的突变。

梁盛平博士：

刚才宋博士讲到一种平衡，其实平衡分两个。一是横向空间的平衡，比如慢城、快城。二是时间维度的平衡，就是时间换空间的问题，意思是在未来换现在阶段的价值，比如现在追求绿色，未来全绿了，绿色就没价值了。正因为现在缺绿，所以我们需要绿。我们讨论的题目是绿色发展的态势、集约，2016 年研究的《贵安新区绿色发展指数报告》确实讨论了很多，碰撞了很多智慧火花，有一个新的名词，叫作生态足迹，当一个人出生时，衣食住行都会产生向大自然的索取，会有一个对应的空间通过增加自然要素来重新平衡大自然。

我们现在的城市发展就是在侵略自然，现在工业化带来城市土地的快速扩张，我认为城市最大的问题就是人口的集聚和资源配置的不同步导致的矛盾。最突出的是工业化，严重依赖石化资源和稀有资源大规模开发，导致剧烈的变化，生产效率虽然提高了，但对自然的破坏力加大。

白正府博士：

回到题目上来，绿色发展最关键的是要有一个可持续性，比如现在分散的居住方式不绿色了，想绿色而放弃现在的很多东西，也不实际。至少要有个判断的标准，这个标准就是可持续，还得向下发展。人类的科技与认识是不断前进的，我们今天也无法预测到十年过后，我认为的绿色是在可预见的未来能循环，也就是说我们现在做的任何事要留有余地，如果做到极致了，到时候是无法弥补的。

柴洪辉博士：

今天我们讨论建筑集约，通过不同角度深入透彻地讨论了四个层面。第一，绿色发展涉及的时间空间背后隐含的度的问题，什么样算绿色发展，这是我们下一步需要琢磨的。第二，绿色发展涉及城市和乡村关系，乡村的产业支撑以及从乡村的角度怎样和城市融合。第三，从规划的角度来看绿色发展，有疏有密，还要有留白，这些也涉及一个度的问题。第四，慢城和快城是不是有一定的答案，快城真的就是绿色发展了吗，它虽然集约了，但是也不能说慢城就一定不是绿色发展。

第四节　规划区产业联动谈

2017 年 3 月 24 日

第 28 期微讲堂开始走进非直管区产业园区，下沉到园区针对产业联动发展进行微讲堂讨论。本期到夏云工业园区，夏云工业园是国家级高新技术产业开发区安顺高新区（2017 年 2 月由贵州黎阳高新技术产业园区更名）开发的一个产业园区，是贵安一体化发展的重要产业发展平台。与夏云工业园管理部门代表、园区企业管理代表和生产代表进行了交谈，谈到园区在目前经济下行形势下招大商难、中小企业招进来发展不力、企业市场乏力、创客小镇融资难、原材料或生产零部件从外地运输成本较高、人工工资优势不明显等问题。尤其是去年入驻园区的中国香雪海集团（中国驰名企业）西南区域总部彭总谈到选择夏云园区是集团西南区域发展（与四川、重庆、湖南、广西、云南两小时的高铁网）的迫切需要，很有信心但也存在对物流成本和人工成本的担心。大家建议强化贵安一体化产业带动作用，增强联动发展功效，利用乐平通用航空产业共享发展，招商扶持政策信息同步，小微企业前期风险融资支持，大家针对如何利用新区在国家层面的智库西南分部（如国务院发展研究中心经济研究院西南分院在新区即将成立）等问题进行了较深入的讨论。

最后大家一起来到安顺市平坝区乐平镇塘约村，考察了村寨发展，分享了"塘约道路"探索经验，学习了"七权同确"，"三权"促"三变"等创新发展措施。

相关讨论

李敏：

首先介绍一下安顺高新区的基本情况：安顺高新区是 2001 年由贵州省人民政府批准成立的省级高新区，2006 年，通过国家发改委、国土资源部审核公告，公告面积 0.98 平方公里；2014 年，经省科技厅、国土资源厅、住建厅和环保厅联合批复，扩展为 9.89 平方公里，并把夏云工业园、羊昌工业园、乐平工业园三个工业园合并高新区管理，形成一区三园的发展格局，实际管辖面积为 93.1 平方公里；2016 年 6 月，经贵州省人民政府同意，原贵州安顺黎阳高新区技术产业园区正式更名为"安顺高新技术产业开发区"；2017 年 2 月 13 日，经国务院批准同意，安顺高新技术产业开发区升级为国家高新技术产业开发区，实行现行的国家高新技术产业开发区的政策。

2016 年，安顺高新区实现工业总产值 168.8 亿元，税收 3.24 亿元，解决就业 21711 人。已成为全市经济发展的重要着力点和区域经济发展的新引擎。2017 年 1 季度，预计实现工业总产值 40 亿元。税收 0.6 亿元。截至目前，园区入驻企业达 250 家，协议引资 217 亿元，投产、试产 197 家，拟建 53 家。其中夏云 166 家，协议引资 131 亿元，投产 114 家，在建 52 家。装备制造产业军民融合特色突出，新兴产业多元发展，安顺高新区立足"三线"军用航空布局基础和地方资源禀赋两大优势，通过多年自主培育和招商引资，形成了以装备制造产业为主导、建材包装产业为支撑的产业架构，并加快培育壮大生命健康、电子信息等产业群体，为创建国家高新区奠定了坚实的产业基础。创业孵化能力不断提升，创新环境不断完善，高新区坚持科技与产业的耦合发展，区内聚集了国家级工程技术中心试点基地、企业技术中心 2 家，省级工程技术研究中心、企业技术中心 10 家，博士后科研工作站、院士工作站 2 家，认证实验室 1 个。高新区积极探索

"政府引导、市场主导"模式，引入民间资本要素打造孵化平台，目前拥有省级孵化器一家，产权孵化器1个，均为企业投资建设及运营。

高新区发展目标：力争到2020年，园区实现营业总收入550亿元，工业总产值500亿元，高新技术产业产值占工业总产值比重达到55%。企业研发投入占销售收入比重达到3.5%，建立国家级研发机构15个，省级研发机构35个，每万名从业人员拥有授权发明专利数达31件，从业人员本科以上学历比重达到18%，科技企业孵化器面积达到82万平方米。土地利用效率不断提升，土地集约节约水平位于全省前列。

到2025年，安顺高新区力争实现营业总收入1000亿元，在航空、生命健康、高端装备制造、电子信息等领域形成若干国际先进、国内一流的特色产业集群，涌现出一批拥有知名品牌和较强市场竞争力的创新型企业，自主创新能力不断提高，创新创业生态活跃高效，军民融合成效突出，全面建成具有全国影响力的军民融合创新发展示范区。

胡杰：

我是创客小镇的负责人，创客小镇成立于2012年2月23日，由安顺工业投资公司（国企）投资组建，我们的项目总占地是500亩，标准厂房规划面积25万平方米，主要是电商企业孵化项目，人力资源、财务管理、管理咨询、投资融资等服务就是企业孵化项目，总的分为四期规划项目建设，第一期为60亩的孵化园，包括综合商务大楼、专业培训室、会议室、创客吧、宿舍公寓等配套设施，第二期总建设10万平方米标准化钢结构厂房，第三期5万平方米的多层厂房，主要依托食品安全云、贵龙网和冷链物流等企业形成一个电子产物商业园区，目前建成有两万多平方米，大概使用了1万平方米，第四期是省发改委批的省级集聚核心重点项目，主要是建设山体公园、商业步行街、白领公寓等生活服务配套。创客小镇现在入驻企业68家，其中电商企业47家，生产企业21家，现阶段存在的主要问题有：一是招商方面，由于园区地处红枫湖水源附近，受环境因素的影响，很多排放型企业入驻难；二是贵州电商行业起步晚、底子薄，且是以农产品和农特产品为主，企业深加工困难。电商企业运营较困难，从起步的学习、融资到产品整合、加工、销售等诸多环节，纷繁复杂，其中最明显的是产品的深加工配套和电商企业融资方面，目前我们本地电商线上的流量很小，所以解决这些问题亟须优化速效渠道，解决融资难的问题。

马爱国：

贵州富强保装有限公司是夏云工业园第一家生产制造型企业，有两条生产线，主要生产一次性餐具，企业占地 100 多亩，去年产值 1.2 亿元，利润 6000 多万元、职工 600 多人。当前企业面临困难：一是原料采购困难，根据市场需求，公司将转型升级，原材料的选择更加趋向于环保原料，但还未找到合适的代替塑料的原料；二是融资困难，公司正处于扩大生产阶段，需要大量的资金，虽然公司不缺乏抵押物，但是融资渠道还是比较匮乏；三是人员招聘问题，公司高科技人才、管理人才较少，下一步公司将与技术院校合作寻求人员的补充。公司计划将在未来三年内上市，争创贵州驰名商标。

彭仲尧：

贵州香雪海冷链有限公司是 2016 年香雪海集团在贵州投建的分厂，2016 年在各级政府的大力支持下当年投建投产，企业主要生产商用智能冷用产品，企业愿景是打造中国西南地区冷柜的第一品牌，现阶段公司在运营过程中存在的主要问题有：一是产品生产的物流成本在逐渐增加，由于当地没有生产冷柜产品的零部件，很多需要的零部件都要从公司总部运调，费用很高；二是公司管理技术人才难招，且招来留不住，人才流失严重。

投资夏云工业园前我们就到贵州考察过，对贵州的优势也进行了分析，一开始我们认为贵州的交通不便，但实际上贵州的交通是非常发达的，甚至比我们内陆可能还要发达。交通好是我们的首选，因为我们的产品要往各个地方去分销，贵州的位置对西南各省的辐射距离都差不多，我们的产品是不适合长途运输的，因为长途运输的成本会增加很多，所以说我们选这样一个地方，在周边能辐射 500 公里范围是最好的，这是我们的考虑。还有，实际上我们集团战略的一个决策，很多产业是要到中西部去转移的，因为原来我们是在沿海做产品，随着经济的发展，在当地竞争是非常的激烈的，比如说我们这个商用冷柜，在河南，有很多厂家都在做这个产品，竞争太激烈，那么为什么他们不到这边来做呢？一方面可能因为他们实力不够，另一方面，一些其他的原因，例如海尔，海尔规模很大，那么为什么他不做这个产品呢？因为这种产品对于规模化作业可能是受限制的。我们则是专注于做商用的智能冷柜产品，其他大企业可能不会到这来投资的，我们就有优势了，当时是这么考虑的，所以我们到贵州来投资办厂。那么同样的考虑，我们集团到国外，到非洲去投资办厂，也是基于这种战略转移去考虑的。

黄麟渊：

我最近是在跟进乐平通用机场的事情，我简单地介绍一下这方面的资料，乐平通用机场按照通用机场建设规范和民航西南地区通用机场开放管理程序的分类，它是属于一类通用机场，全称是贵州航空摇杆应急保障通用机场，建成后主要用于满足固定翼飞机和直升机使用，适用于开展航空应急救援、航空摇杆测绘以及航空作业、公务飞行、航空观光等。2017年3月22日，负责做规划的公司在省政府做了汇报，预计一个规划流程，大概是2017年5月份把规划科研报告上报，预计7月份就完全能完成机场的规划和上报，在9月份进行初步的设计，到今年底，施工图基本上完成，到明年1月份进行施工招标，明年2月份正式开始施工，最后预计最快在2020年的4月份准备竣工验收的资料，争取2020年的8月份开航。整个工程下来的话，总的投资能达到5亿左右元，在机场的整个投资当中，可能有2亿元左右由当地政府来出资，剩下的3亿多元有35%是要申请民航发展基金，35%由省财政出资，30%融资自筹。前段时间我也跟随贵州的第三测绘院，到现场对航空机场的净空条件进行了一个实地踏勘，做的科研报告也正在编写整理之中。

王玉敏：

贵安新区开发投资有限公司（以下简称公司）是应贵安新区成立需要而成立的一家国有大型的平台公司。前期主要是承接贵安新区开发建设任务，代行投融资业务。经过三年多的发展，公司将逐步从平台公司转型为实体公司，现在公司总资产规模已经达到2083亿元，净资产达到1140亿元，2016年公司的营业收入实现80亿元、利润4.85亿元。现有1170多名员工，18个一级子公司，23个二级子公司。公司经营范围比较广泛，预计到"十三五"末期，公司的营业收入将达到500亿元，净利润达到30亿元，资产规模将达到3000亿元。

贵安新区是一个开放包容的新区，它要与周边的地区达到一种带动和互动，就是你中有我、我中有你这么一种格局。公司从成立开始即为新区的开发建设做贡献，在新区建设中大有作为，但是现在要公司开始转型了，作为一个企业，最后就是要发展，要盈利。公司更大的开发任务要为实现大数据、大文旅、大健康、新能源做贡献，秉承建设"三化"（高端化、绿色化、集约化）新区的历史重任，它和别的企业不一样，第一个方面，公司前期承接新区公共配套建设，实现水、电、路、气、通信等七通一平。第二个方面就是园区建设，现已建成几个园区，包括高端装备园、信息产业园，综合保税区等。公司去年的固定资产投资有680多亿元，这些基本上是完成新区党工委、管委会交办的任务，随着基础设施的完善，公司承接的建设任务慢慢减少，公司要转型，要改革，最后要走向市场化道路。公司重新做了个定位，就是"六位一体"的发展模式，就是投资、融资、建设、产业、管理、运营。开投公司提出的"六位一体"的思路和"三大一新"的思路，就是围绕产业在做布局，体现自身特色，创出自己的品牌。

今天是来平坝夏云工业园学习，我自己有些不成熟的见解，建议夏云工业园不能和贵安新区搞同质化的东西，搞同质化对双方都可能是一种败笔，市场份额毕竟是有限的，要做好自己的差异化定位。例如抚顺市是一座资源枯竭型城市，通过邀请一帮专家精心策划，重新定位，因地制宜发展经济。如抚顺石文镇连刀村，主要围绕梨花产业，花开的时候就搞观光旅游，成片打造，成熟后梨花的叶子、枝干、树干都做成了产业链，全面把老百姓带富了。你们在航空航天这方面好好研究，这是非直管区别的地区没有的。在商言商，我们做企业的就研究企业的发展，带动地方经济发展，企业才有生命力，招商怎么招，招商就是要搭建一个平台，让夏云工业园与贵安新区联动发展，通过搭建开放发展的大平台，选择优质的企业到园区共同发展。公司近期正在构建一个国家级智库平台，即将与国务院研究中心经济研究院智库平台开展战略合作，解决人才不足、智力支撑不够的问题。也希望能为你们服务。

梁盛平：

这期微讲堂的话题是"基于国家级新区园区产业联动发展思考"，今天彭总说到区域选择，尤其是高铁时代，贵州所在的位置显得更重要。前段时间我看了一些资料分析贵州如何跟广西、四川、云南、湖南竞争西南关键高铁节点，很有幸的是贵阳都抓住了这个节点，为发展争取到了有利的条件。胡杰讲到了创客，确实电商＋高铁，挑战很大，是一个很大的课题，不仅是平坝的课题、贵安新区的课题，还是一个全国性的课题，来得快去得也快。

今天听到了很多新信息，安顺的发展很快，亮点多，工作开展得很好，刚才听了感触很深。讲到资源联动，包括企业的资源和新区开投公司的资源如何合理市场化配置，贵安新区内部企业产业化，真正联动起来。下一步我们将整理出贵安新区的招商引资政策（大数据 10 条、新兴产业政策等），对非直管区可以统一搞一个对接会，新区政策信息对接，这样你们就可以参考共享。

企业这一块，企业联动，双创基地我感觉还是一个内置金融的问题。双创园内部怎么给他提供最大的服务，硬件不是难题，关键是软件，一个是人才，另一个是金融。金融就是在企业发展前期怎么给企业贷款，正常条件下银行信用社贷款都不难，这个时候可以考虑建设"内置金融"这样一个互助资金池，企业化有效运作，风险共担，收益共享，需要琢磨。贵安新区产业联动发展务虚务实都需要有效对接，大家都要开放思维，都是在贵安新区的规划范围内，要有大局观念，互惠互利。

第五节　城乡产业振兴谈
2017 年 4 月 8 日

按照国家发改委赋予贵安新区进行"产城融合"重点改革示范的要求，进一步加强贵安新区产业同兴，完善产业链，促进共享发展，上期博士微讲堂到非直管区平坝区夏云工业园调研，这期选择到非直管区花溪区石板镇调解，主题是讨论贵安新区城乡产业振兴发展。

大家对涉及石板镇近 8 个产业板块（木材、石材、机械、蔬菜、汽配、观赏石、金石、二手车）企业优势与存在的问题进行了交流，了解到石板镇大多数企业属于典型的被贵阳市挤出且自下往上发展的民营企业，主要发展建材、汽配、物流和蔬菜等城郊型且处于产业链中低端的城市配套项目，企业通过建立自身行业平台（买卖场）进行招商，自融自营发展。

随着贵安的迅速高起点发展，其地理位置优势更加凸显，融资情况较好，市场潜力较足，但面临用地合规等手续完善（由于大部分企业处于阿哈水库水源保护一级范围，项目手续不全）和企业发展转型升级等问题，尤其是企业产品科技含量较低、文化创新性不强、人才基础薄弱和科技成果转化率低等问题。

经过大家热烈讨论，做讲堂拟建议：一是加强企业间信息共享，增强产业链效应，推进贵安新区城乡产业良性发展，建立贵安新区企业微信群等共享平台；二是加强科教等公共设施联系，促进公共服务城乡一体化发展，为企业家做好服务，定期召开贵安新区企业家联盟产业链发展论坛等；三是切实推进贵安新区产业同兴，积极与北京大学国家发展研究院林毅夫教授推动的"政产学金媒资用"联盟等国际平台线上线下联通起来，到东盟、南亚和中亚等国际市场去发展。

大家讨论会后到布依族生态博物馆暨贵州奇石文创公司进行了考察！

相关讨论

李绍明：

花溪区石板镇有 13 个行政村，两个居委会，常住人口大约有 2.8 万人，辖区 57.6 平方公里，主要景区有两个。石板镇大部分是基础产业园区，有木材市场、物流业、石材市场、蔬菜配送、车商交易等。园区的区位优势比较明显，而且离贵阳比较近，距花溪 15 公里左右，距贵安新区 10 公里左右。园区周边有环城高速、贵安大道、黔中大道，交通比较便利。石板镇的 GDP 从 2006 年的 2 亿元到 2016 年的 16 亿元，增长较为快速，镇区东部产业强，西部发展旅游业，以大数据为引领，突出石板镇的产业升级，围绕天河潭开展旅游乡村，大力发展绿色制造（阿哈湖水库到花溪水库周边都进行保护）。石板镇的区位优势、交通优势及自然环境优势非常明显，特别是靠贵安新区的这面，黔中大道和贵安大道等道路的通车，更加凸显石板镇的交通优势。

下一步打算在二手车交易市场、建材市场以及"互联网+物流"等方面，通过运用大数据促进园区的产业转型。但镇区也存在企业合规、转型升级、如何与花溪区文创功能结合、与贵安新区新型产业互补发展等挑战，下面请大家就石板镇产业与新区产业互补发展进行讨论。

高峰：

西部建材城这个项目是 2009 年入驻石板镇的，它的企业家大部分是贵州省泉州商会的，会员主要有做建材和车行的，商会主要的项目是贵州西部石材项目，建材城大大小小的企业有 400 多家，黔中大道周边都是用我们的石材。2012 年的 3 月份以前，我们都是做食品加工的，所以我们在环境方面也是非常注重，2015 年成立了贵州西部建材城，现在已经建成建筑面积 270 万平方米，石材和建材合在一起，在 2016 年的销售成绩突出，大概在 40 个亿，带动周边企业产值大约在 30 个亿，而且吸引了原来在福建、广东的一些石材企业，这些石材企业在内地的销售远超沿海一带。总体上来说，我们还是承担着把贵州的石材向外进行推广的使命。2011 年我们的石材"变石成金"，2014 年我们石材公司成了贵安新区的基础设施建设供应商，为贵安新区、贵安大道做出自己的贡献。2017 年按照政府的要求，两年内要把贵州建材网企业打造成为一个中型电商企业，计划线上交易争取达到一亿元。我们的石材原材料主要供应贵州市场，主要销往贵州的贞丰、遵义、毕节等地。

冯运胜：

天利机电城是 2011 年 6 月 18 日入驻石板镇白桥村的，占地面积有850 亩，以发展工程机械、物流、五金机械为主，整个市场营业额为 50 亿元左右，就业岗位有 4000 多个，商铺大约有 1230 家，商户主要是福建、山东、河南、河北的企业家，贵州本地的很少，仅占5%左右，公司提供的岗位主要针对应届毕业生，作为企业的发展，它也是一种社会责任。

左向荣：

二手车交易市场是在2011年建立的，我们公司一年的产值大概有5.5亿元，十大品牌的经销商现在都入驻到我们这个汽车市场，在这个汽车市场里，有车管、保险、金融服务，我们现在主要和上海、广西、云南及周边的城市的企业签署合同，建立数据共享，相关的配套设备我们已经建立，现在在做的是以车服务为主的电商企业服务平台，它主要是一个线上线下互相交融的平台，2016年总的交易额有60多亿元，通过这个平台，实现贵州的经销商的数据共享。

蒋文书：

合朋村这七八年的变化是非常大的，以前我是搞服装的，十几年前一车服装几个星期就可以卖完，还可以赚一两万元，现在一车服装要卖好几年。时代在发展，现在可能产品还没出来，市场就已经掌握流行服装的信息，服装数据也已经掌握，以前传统的行业已经不好做了。整个环境都在改变，基础设施变化很大，交通更加方便了，像环城高速它是承担了非常大的作用，但涉及环城高速收费的问题，对当地的产业影响非常大，我们统计了一下，每天是8000辆大车左右，在这几平方公里的范围内，进行集散，如果是环城高速免费了，对贵安一体化的发展是很有利的，把环城高速变成免费的市政工程，对整体作用有一个极大的提升，在贵阳与贵安新区的结合点搞一个收费站，是不合理的，不利于贵阳与贵安的融合，带来的是时间的浪费。

李绍明：

现在的石板镇是资本高地，民营企业家发展的新高地，因为这里位置好和易融资，另外是人才的洼地，专业人才较少。这里的园区现状就是"散、乱"，"散"体现在各种产业都有，但是没有形成一种集聚效应；"乱"体现在和前期规划有矛盾。我们也在思考，现有的人才没有发挥好应有的才能，一些公共配套服务个性需求没有得到满足，所以在这里我们要想如何把石板产业园区建设成宜商、宜旅和宜居的地方。目前，贵阳菜园子工程，就是蔬菜物流园，交易量非常大，另外就是建材，还有就是汽配（二手车市场）三大板块最为突出，现在相对来说就是物流园产业发展比较成熟，其他产业总体上来说处于初期阶段，园区缺少大型的超市和百货商场，基础设施比较薄弱，下一步发展就是加大大型的超市和百货商场引进和建设。我们园区建设缺少整体性的规划，所有的市政建设配套设施都没有跟上，已落后于其他地区的发展，但石板的经贸、产业等发展已走在前列。我们的定位是以大数据为引领来进行产业转型升级的，如旅游产业，我们是提倡让游客参与体验式的开发，我们将建材做成石文化，在石文化里展示和提升，建立一个文创中心这样一个平台，让采购商、洽谈商务人士能够线上线下体验。

高峰：

这一块涉及文创的项目，我们更多考虑的是与地方文化相结合，我们在做这个项目设计的过程中，把地方石文化和旅游文化等进行融合，在2013年"五个100工程"的专家评审会上，专家建议加强把石板片区传统文化、布依文化、苗族文化等进行融合和挖掘。

我们在考虑转型升级过程中也做了一些尝试，贵州有一些好的石材，有一些观赏价值较高的玉石，我们现在正考虑将这些材料附加值加以深度挖掘。

朱军：

我看今天这个标题是城乡产业园区振兴讨论，我刚才也一直在想，新区几大产业，包括大数据、电子信息、高端装备、文化旅游和农业这些板块的企业上下游都有联系，我在想石板镇也是新区的范围（规划区），也希望石板镇的产业园区像新区企业一样，上游产业和下游产业相互交流。再讲教育这一块，怎么把直管区和非直管区融合起来，如果能实现统一招生的话，那么对于入职新区企业应该更方便。看到你们介绍的几个园区的情况，实际上我还可以考虑一下申请省里的资金，特别是人社厅有一项创业扶持资金，它主要面向的对象就是那些小微企业，有需要的都可以利用起来。

潘善斌：

今天来到石板镇，听取了政府负责人和企业负责人介绍的情况，收获很大。我想我们可以在三个方面加强合作，充分发挥贵州民族大学学科专业和人才集聚的优势，为石板镇的发展做点实事。第一方面就是可以开展对石板镇石文化的联合研究，把相关文化资源整合起来，尤其是把民族文化和石文化结合起来，在石板镇打造在全国乃至世界有一定知名度的石文化集中展示地；第二方面是解决交通问题，我们可以到贵安新区、贵阳市相关部门了解一下，把收费站事情的来龙去脉搞清楚，通过我们的渠道向有关部门去反映，石板镇的交通问题不仅是一个石板镇的问题，也是一个涉及贵安新区发展瓶颈的问题；第三方面是法律服务的问题，在这个领域，根据石板镇发展的需要，我们可以依托贵州民族大学法学专家、老师和研究生，组成一个律师团或法律服务团，为石板镇企业和政府服务。

梁盛平：

博士微讲堂走出来到产业园区讨论完全不一样，会发现大家受到的触动很大，大家都会有收获。北京大学国家发展研究院林毅夫教授所研究的新结构经济学理论以及其所带领的南南学院正在推进"一带一路"的产业发展实践，最近创新推进的线上线下"政产学研资媒用"联盟给了我们新的思考，林教授那边是上游，我们这里是下游终端，是产业发展的神经末梢，看怎么把它们联动起来，让贵安产业共同发展起来，走出去，不但走到全国，还可以走到国外去，包括到非洲等一些欠发达的地方。我们要在贵安新区把不同层级的产业板块联动起来形成产业链，相互补充发展，相互转型升级。上次到夏云工业园区，中国香雪海冷链的彭总讲到贵州的物流成本还是相对较高，什么配件都要到外地拉进来，竞争力肯定会降低，后来各企业及管委会相互碰头讨论，发现有些零部件在园区中就有。大家信息共享起来，智慧联动起来，小到新区内部连起来，大到形成产业联盟到非洲等发展中国家去，通过林教授"南南学院"等这样的平台真正可以走出去，引进来，尤其是利用贵安这个西南交通枢纽的位置，重点与南亚、中亚、东盟等区域进行产业发展。

张金芳：

我刚才说了，我们现在大数据还没用上，为什么呢？就是因为我们的数据还不够大，我们怎么掌握这个大数据，我觉得就两点，一个是站高，另一个是站远。站高站远才能认清认准，站高是什么意思呢，就是我们不能老是盯着当地的石材，再怎么看它还是那块石板，我们走出去后就发现石板的价值了，这就是一个大数据收集，实际上和周围对比我们认识了自己。第二个就是站远，站在历史的角度去看，原来是什么样，现在是什么样，接下来是什么样，这样我就掌握这个趋势了。这个我觉得最重要的是看清楚我们现在所处的时代是什么样的，石板镇的产业大部分是跟基础建设密切相关的，但是基础建设还能坚持几年，接下来我们怎么办，我们应该提前做好准备，准备并预备转型，还是要有新的拓展，企业家和政府部门都应该把这个认识清楚。从政府的角度说，如果不符合实际的要及时引导，这个市场很大，如果扰乱我们的生态，我们可以进行一定的政策性抑制，这才是政府要去做的。我刚说的站高站远，实际上目的就是一个——大数据，把这些数据收集有了对比才有意义。

杨向东：

贵阳合朋三农创业发展有限公司是合朋村的村办企业，主要负责村安置和回迁这一块事情。村里要发展，往更好的方向变化，要怎么改变，首先是基础环境改变，然后要改变住房，改变了以后又要怎样持续地发展，让它有一个更好的发展空间，那么就要提供一个创业平台。三农公司目前建设了三农创业街这样一个项目，就是提供商铺，让农民从一个土地农民变成一个土地老板，村民以入股的形式，筹集资金搞这个项目创业致富。

李绍明：

我们政府这边，其实也需要通过一种平台，把我们的企业资源整合起来。石板镇这个地方，十几家商会在这里面，它应该是一个资本的高地，但是企业不等于企业家，我们希望的是通过这个平台，让大家把思维打开，才能促进我们产业更好地转型或升级。前几天，我们的书记一直在园区和企业做交流，很多东西企业还是缺乏的，包括大家提到的教育资源、医疗资源、公共服务这一块，我们很缺失。石板镇常住人口三万人左右，流动人口平均七万到八万，但是它还是缺少本身的一些特色，这一块也是我们还在思考的问题。我希望通过这次的交流，我们的创业基地，特别是刚才提到的高校资源，能和我们本地的资源结合起来，让产业从我们现在的简单销售转向市场的研发，这就是我们需要把它整合起来。我们贵州的很多资源，包括一些苗族的文化，如刺绣等，如果把它和很多高端的品牌结合起来，把传统文化和现代文化结合起来，把它推出去，其实是很值得考虑的。刚刚谈到的共享，如何把它和旅游结合起来？其实很多我们都需要思考。所以在建设这个平台的过程中，就是希望我们企业家通过交流来触发一些更多的东西，把产业中一些真正值得发展的事物体现出来。我们政府发挥的是一个引导功能，看到他们企业家看不到的，然后把企业整合起来，当然这里更多的还是由市场决定的，比如企业要生存要发展，关键还是企业要去寻找你的发展空间。我们想构建政府和企业的良好关系，更好地为企业服务，促动地方的发展。

第六节　绿色制造谈

2017 年 4 月 21 日

第 30 期微讲堂深入非直管区西秀产业园区调研，我们这次主要与园区 11 家民营（混合制）企业代表进行了热烈交谈。西秀产业园区 2016 年成立，2013 年作为青岛市帮扶安顺的对口城市，因地创新提出"产业帮扶"并促进西秀产业园转型，2016 年被国家批准为全国循环化改造示范园区。

大家对建筑垃圾处理推进装配式建筑（精准扶贫，变废为宝）的兴贵恒远建材公司、对利用秸秆原料制造燃料和建材板材（精准扶贫）的惠烽公司、关于青岛市对口帮扶创新提出"产业帮扶"可持续发展路径（共建青安产业园）、对（轴承联盟）通过军民融合联合 20 余家提升军工配套能力促进科技创新合作方式，对智能手机从深圳转移并相互分工协作（贵州较好的湿度、温度和优惠政策环境）等印象深刻。尤其是针对油脂集团（取材于当地油菜籽，既是民生项目又是扶贫项目）、惠烽公司（取材于安顺近 120 万吨的秸秆，但目前只有 10 万吨／年的生产能力，原料充足，发展潜力大）、兴贵恒远建材公司（利用废弃的建筑垃圾，既扶贫又环保）等绿色企业和混合联盟这样的企业运营模式进行较深入的讨论。

最后也谈到绿色建材存在三角债、绿色企业融资难以及西秀产业园水电通信等基础设施相对较弱等问题。针对这些问题，西秀区政府应对产业园区完善配套设施和加强管理，从硬件建设和软件支撑方面入手，不断为西秀产业园区创造一个优良的环境，促进西秀产业园区的可持续发展，与贵安新区中心大数据、大制造、大健康、大旅游等产业共享发展相互配套。在大家的同意下，主语邀请企业代表们加入与安顺高新区（夏云工业园区）、石板产业园区的贵安产业联盟微信群，加强信息交流。

相关讨论

周小农：

西秀产业园，即西秀经济开发区，位于安顺市东北部，园区有一段历史发展过程，以前是东西合作示范区，2006 年被批准为省级开发区，并更名为西秀园区，2012 年在省政府的批准下，改名为贵州西秀开发区。通过这些年的发展，西秀产业园有一定的基础，并在 2013 年更名为青岛安顺工业产业园，2016 年被国家发改委确立为全国示范改造园区，园区目前的面积有 37.6 平方公里，但从目前的发展状况来看，这个发展面积显然是不够的，所以准备扩展为 90.4 平方公里，扩展的方向从安顺高速跨过去，往西秀区的蔡关镇方向扩展，也就是往贵安新区的方向发展。我们园区目前有九十多家企业，基本上形成智能终端、电子信息产业、金融和军队装备制造、信息建材等布局。在安顺产业园区中，我们发展水平和经济总量是排在最前面的，从这几年的发展状况来看，我们在招商引资方面也是在不断加大力度，通过招商引资大力促进产业的发展，近两年来重点在智能终端和电子产业，但也兼顾其他产业的招商引资。园区目前已有 7 家电子终端和信息类企业了，还有几家在等我们把标准化厂房建好后入驻，在 2017

年要增加十几家手机企业和信息终端企业，初步形成信息产业园的发展格局；园区工业总产值有 180 多亿元，2016 年我们在全省园区排名中，排名第 22 位，这与我们正在调整布局和调整结构有一定的关系，所以说 2016 年我们的招商引资是全省第一，但综合排名是第 22 位，主要因为我们把精力都放在电子终端和信息技术产业项目上，因为正在推进发展结构调整所以总体排名有下滑，但我相信 2017 年结束后会再有变化的，因为我们正加大一些相关的投入。以前我们的底子本来就不厚，在推动基础设施建设方面是"手长衣袖短"，心有余而力不足，所以走得比较慢，但这几年我们加大了相关的一些投入，特别是我们充分利用我们的公投集团融资，再加上我们有青投公司等方面的对口帮扶，所以在配套建设方面有了一些比较大的进步，再加上我们园区是安顺市的城市规划园区，我们采取的是融城共建、产城互动，既是工业园又是开发区，也是城市区的一个重要组成部分，所以说在配套上要求要高一些。

我们的园区与大家了解的经济开发区可能有所不同，重点在于园区整体发展，包括城市建设和产业经济发展，所以安顺的经济开发区在旅游、经济、民生等各个方面都要管，安顺经济开发区在西面与东面发展的情况不一样，西面是工业小区发展而来的。同时加强园区整体形象的打造，也是在给我们自己加压，咱们园区和有些园区就不一样，要求做到园区与城市相融。所以我们近几年在环保、生态等方面都做得比较好，我们这里一般都看不到烟囱及废气排放等。我就简要地汇报这么多。

刘亚丽：

我们是贵州酷骑科技有限公司，公司是 2016 年 7 月份与政府签的协议，2016 年 12 月 18 日开业，正式投产，现有用的标准化厂房是 5 万平方米，一期目前正式投用的有 2.6 万多平方米，现有员工 380 多名。目前的生产线主要有：手机组装线有三条，包装线有一条，手机主板生产线有六条，正常运作的是四条，分为白班晚班。我们也有自己的研发公司，公司前期总部是在深圳，但目前重心转移到了贵州这边，2017 年的目标产值是 30 个亿。我们主要的产业是智能手机、平板电脑、机器人，2017 年重点是智能机器人的研发以及生产，包括厂房的装修都有智能机器人的组装生产线。现阶段手机95%的订单是以外贸为主，也就是主要做的出口的单子，是出口到非洲、印度、孟加拉这些国家，我们的主板是由自己在西秀产业园区生产，其他零部件是从深圳运过来，也有一些是进口的。

张寒敏：

我们是贵州汤姆逊电器有限公司，我们公司是一家深圳公司，总部在深圳，叫和泓科技，我们属于和泓集团。公司的主要产品是液晶电视，品牌是汤姆逊，它是一个法国老品牌，有120多年的历史，我们是去年拿到的授权。当然以后我们的产品肯定也会做一个专有的品牌，未来我们的产品除了在电视机方面，还会有各种的家用电器，产品是以出口为主（80%出口，20%内销），公司现在的标准化厂房已经建设好了，现共有3条生产线，包括模组、整机还有包装线。整个产品包装线现在已经开通了两条，第三条还在调试阶段。公司主要的一个亮点是模组，我们具配备了3000平方米的百机净化车间，现在公司的员工已将近200人，未来第三条生产线开通的话，可能会解决当地500到1000人口的就业。公司2017年产值拟达到10亿元。我们市场主要是在东南亚，如新加坡，韩国、日本，欧美国家也有涉及。

傅深生：

我们公司名字的全称是贵州兴贵恒远建材有限公司，是个私营公司，公司是2013年2月份成立的，注册资本1个亿，主要的项目是年产400万立方米建筑垃圾再生混凝土保温切块，属于绿色再生产业。它的原材料是城市建筑垃圾，规模占地2000亩，投资20个亿，分三期建成，计划2018年12月建完，规划达到400万立方米。这个项目每年能消耗建筑垃圾300万吨，每年可减少二氧化硫的排放5万吨，减少二氧化碳的排放量82吨，折合标煤一年15万吨。今年目标产值是22个亿，解决当地人就业2500人。现在建设的一期占地500亩，2012年8月开工到现在引进了德国全自动生产设备，现在投产2条。这个设备在国内也算较大的生产线，现在的投资达到了4.2亿。在研发这一块，公司自发在研发方面申报国家专利有64项，专利主要涉及以建筑垃圾为原材料这一方面内容，公司产品的保温性、防

火性、安全性、节能性、防水性以及隔音等都达到了国际领先水平。目前
公司还跟西秀区政府着力搞精准扶贫的产品，生产的产品搞装修配饰建
筑，也搞精准扶贫小区，现在这些项目也正在建设。目前国家发改委授予
我们公司以国家节能循环经济和资源节约发展项目，住建部授予我们公司
以贵州省首家国家住宅产业化基地，民革中央授予我们公司以创新驱动调
研实验基地。

张坤：

我们是贵州轴承联盟，去年 7 月份正式在西秀开发区开业，在贵州，
安顺轴承有一定的历史根基，是在 1965 年按照毛主席的三线建设指示搬
过来的，主要是为军工企业配套。经过这么多年的发展变化，安顺已经有
很多做轴承的企业了，而我们在这个基础上搞了一个轴承联盟。我们目前
搬到的开发区企业名字叫作"贵州红星轴承公司"，它是 2016 年 7 月份省
里的重点观察项目，2016 年 7 月份正式开业，一期总投资 1.4 个亿，二期
投资达到 5 个亿。目前已经建成了 12 条轴承生产线，投资完成了 9500 万
元，2016 年轴承联盟的产值是 1.6 个亿，2017 年的目标是 2.5 个亿。公司
产品重点服务有几大领域，包括军工、航空航天、化纤轴承以及汽车和高
铁。轴承联盟有很多家都是高新技术企业，目前这些企业的专利有 100 多
项，其中发明专利有十几项。科技创新和军民融合作为轴承联盟企业的两
大发展战略，重点在这些方面加大企业的研发能力和科技创新能力。目前
轴承联盟也和机器人轴承、无人机轴承和航天轴承与有关科研单位进行合
作，同时在轴承联盟里有贵州省自己的轴承工程技术中心，这是省科技厅
批的。

郑艳：

我们油脂集团的全称叫"贵州安顺油脂集团股份有限公司"，是在
2013 年 7 月份入驻园区的。我们公司主要产品是食用菜籽油，品牌目前为
贵安牌菜籽油。十八大三中全会刚开的时候，中央就提出要抱团发展，发
展这种混合所有制的企业。在安顺市市委、各级政府的帮助和领导下，公
司整合了安顺市 18 家小作坊，他们以自然人的身份来投资，联合了安顺

市两家国有企业，一家是安顺市国有资产管理有限公司，另一家是安顺市工业投资有限公司，共同来注资成立的。我们公司成立以后它的发展主要分两期，一期是做菜籽油这块的加工生产线，二期是在政府的引导下，整合一个相对比较大的农产品批发市场，现在还在计划中，还没有真正的实施。通过这两年的整合生产，去年产值在 1.2 亿元左右。下一步我们准备做明朝绿豆，结合安顺这一块的明朝历史文化推出产品。

姚飞远：

贵州安顺家喻新型材料股份有限公司是 2011 年 9 月进驻到西秀产业园的。当时这地方还没有发展起来，水泥路都还不是很好，水电都没有，条件艰苦。我们公司整体投资是 1.28 亿元。我们公司的产品是通过混凝土、粉煤灰、甲基混凝土基块等废物利用生产。公司去年产值是 1.5 亿元，产量达到了 45 万立方米。我们建材主要产品是粉煤灰和退硫石膏，这两块产量就能达到公司产能的 80% 以上，这是我们第一级产品，第二级产品我们正在思考改建。以前原材料是不要钱的，都是当垃圾，但是现在变成资源了，现在国家推广废物利用建材，这个就是宝贵资源了，所以生产成本就更高了。

周小农：

网络通信差这个问题我们园区很多企业都在反映，是因为园区以前通信的布局是顺着二六路布局的，园区这边比较偏，特别是铁塔通信公司成立以后，对郊区的市场重视程度就不像市区那么好，所以说通信网络发展就赶不上目前我们企业的发展需求。但是我们最近在和铁塔公司等几家公司沟通，加大他们发射的覆盖面和覆盖点，我们正在做这个事。以前几家公司竞争的时候，竞相建基站，哪有空白就在哪抢市场，现在铁塔公司统一建了以后，它就考虑它的成本、它的布局，综合起来考虑，反而动作没有以前快。还有一个原因，就是我们那个标准化厂房，体量比较大，厂房之间的间距很大，它们的覆盖就会产生信号衰竭。通信部门对商业区、居民区网络覆盖要重视得多，其他区域相对来说要差一点。

李惠：

贵州安顺惠烽科技发展有限公司是在原安顺惠烽节能炉具有限责任公司的基础上发展起来的省级高新企业、省级科技创新型企业。成立于 1992 年（2009 年改制成公司），公司位于安顺市西秀区产业园区内，注册资金1000 万元，主要从事生物质固体成型燃料（属于农作物秸秆、林业"三剩物"资源综合利用）煤材两用节能炉具的研发和生产经营、碳排放交易以及生物质成型燃料、集中供热等。2016 年产值有 3000 万元左右。

公司现主要生产产品及领域有固体成型生物质燃料、生物质灶具炉具、各种节能炉具、生物质蒸汽能多功能应用开发等。公司目前是安顺市最大生物质成型燃料生产企业和贵州省最大的省柴节煤炉具研发和生产经营企业，拥有国家发明专利和实用新型专利等五十多项（其中有 16 项正在受理之中）。公司产品通过了 ISO9001 质量管理体系、ISO14001 环境管理体系认证，GB/T28001 职业健康安全管理体系认证，起草了中国农村能源行业 NB/T34009–2012《生物质炊事烤火炉具通用技术条件》和 NB/T34010–2012《生物质中烤火炉具试验方法》行业标准，参加制订了"贵州省民用燃煤炉具地方标准"和"中华人民共和国民用燃煤炉标准"。

我公司在产品培育过程中曾荣获"中国生物能源领域节能环保百强企业""节能中国优秀示范单位""中国节能炉具行业十大领先品牌""全国产品（服务）质量消费者满意品牌"等荣誉称号。公司已成立了"安顺市生物质资源综合利用工程技术研究中心"，从 2009 年开始在美国芝加哥气候交易所（该交易所是全球第一个自愿参与温室气体减排交易，并对减排量承担法律约束力的先驱性国际组织和市场交易平台）自愿参加温室气体减排交易。迄今，已累计减排 100 多万吨，是农业部农村能源行业第一家，也是该行业自愿减排量最多的一家企业。

惠烽公司的发展愿景就是将"惠烽"打造成国内省柴节煤炉的领军品牌，并将产品销往国外市场，同时加大发展生物质燃料的研发、生产和市场推广，为消费者提供高品质的节能炉具和生物质燃料，在造福人民的同时让我们的天更蓝水更绿。

丁勇：

中国物流是国务院国资委所属的中国诚通集团的成员。作为国资委首批国有资本运营试点企业之一，诚通集团在资本运营、综合物流服务、林纸浆生产、黑色有色金属贸易等方面都有成功的商业模式和较高的市场份额，在国有企业结构调整中发挥着重要作用。中国物流是集团发展现代物流的旗舰企业，致力于为广大客户提供铁路和公路运输、公铁水多式联运、国际货运代理、仓储、配送、生产和销售及供应链金融等综合物流服务。公司成立于1988年，于2016年9月完成股份制改造工作。经过近30年的发展，公司在全国设有分支机构百余家，并在三十余个枢纽城市建立了大型物流园区。员工2400余人、占地8000亩、仓储面积约150万平方米，铁路专用线33条。为实现园区的产业聚集与价值叠加功能，提升其规范化管理，我们提出了"园区+"运营管理模式，即采取互联网思维+业务功能模块布局的模式，为国内外广大客户提供一站式物流服务。公司是国家5A级物流企业，物流企业信用评价3A级信用企业，被中国物流与采购联合会评为"中国最具竞争力50强物流企业"。我们现在在西秀产业园区征地300多亩，一期主要就是对工业用品这块提供一站式服务，二期还在建设。现在针对西秀产业园区这块，目前总的发展战略，一个是"黔货出山"，另一个是旅游这一块，建立商贸物流园。在园区建一个商贸物流园区，有200亩的土地建设开发，功能是对一些大客户进行一站式的综合服务，在西秀区园开一个点，全国有一百多个点，开设在这里目的是实现贵阳、贵安、重庆等周边大、中、小城市全覆盖。

李军宗：

瑞生药业旗下有几家公司，包括老百姓大药房、节节康有限公司、健益生大药房，我们主要是批发或零售一体化的一个企业，公司旗下有员工786人，入驻园区是2012年，以前我们进来的时候只有十多家门店，现在已经发展到了136家门店。作为零售业，我们讲究的就是严谨、质量。下一步公司存在转型的问题，门店要慢慢地进行缩减，准备转型为一个物流配送中心。

杨昌萍：

园区目前存在的问题是会经常出现停水现象，有时没有接到任何通知就莫名其妙地停水，这对入驻园区公司和业主的运营生活是很不便的。

张坤：

园区里的高压线非常多，很多高压线都是从园区的企业的上面走过。

周小农：

说到这高压线，咱们不得不承认这样的一个现实，确实园区里边从安顺方向往贵阳方向出现的高压走廊特别多，而且很多都是经过好的地面上过，这方面是有历史原因的，一方面是西电东送；另一方面是咱们园区现在处于初期建设当中，很多方方面面的问题是没有办法规划做到一步到位的，这都需要在建设过程中慢慢地去完善。

杨继博士：

今天主要听到两个行业方面的内容，第一个是刚才谈到的光电行业、电子行业，这两种行业的生产环境都要求温度、湿度，欢迎这些企业来这里投资生产，将来运行成本也很低，而且生产出来的产品质量也是很好的，容易达标，我国最大的光电行业在哪里？就在昆明及周围，因为这个区域环境条件好，一年四季基本是恒温的，光照很充足，市场也很好。第二个就是建材行业，刚才两位都说到了建筑材料的共性及个性特征，它们都是利用了政府政策，如国家关于节能减排、废物利用等政策，企业都是利用废渣秸秆废弃物生产产品。我觉得这是今天体会比较深的两点。利用科技进步，提高产品水平，环保科技是环保产业赖以发展的基础，应尽快把科技运用到环保产业中，提高环保产品的水平，只有在新技术基础上发展起来的环保产业才是有生命力的。对于物流企业，咱们觉得还是小了一点，做物流最好场地要大于2000亩，咱们现在最好的像阿里巴巴规模都是很大的，产品种类多，这样才易形成规模经济。

张金芳博士：

我今天感受特别深的一个是政策引导，另一个是与自然相关的产品。我觉得西秀产业园区差文化这样一个东西，我在这里没有看到，我们做的都是实实在在的产业，如建材、手机、菜籽油都是很实的东西。文化可以创新，如咱们本地方的黄果树、中草药这些都是很有名的地方文化符号，应当融入园区的企业，才能更好地挖掘企业潜力。从国外情况看，特别是发达国家，通过科技进步与创新，为农作物秸秆的综合开发利用找到了多种用途，除传统的将秸秆粉碎还田作有机肥料外，还走出了秸秆饲料、秸秆汽化、秸秆发电、秸秆乙醇、秸秆建材等新路子，大大提高了秸秆的利用价值和利用率，值得我们借鉴。如果我国能将秸秆在农村就地变为国家急需的工业原料，实现产业化，吸纳农村劳动力，将给农民带来可观的收入。可以设想，如果能转化我国每年秸秆的50%，将是一个巨大的新兴产业。

胡方博士：

园区这些企业都是有很好市场前景的，去银行贷款也相对容易，一个企业的发展在市场是分层的，一个地方在发展中最后也要淘汰一些企业的，所以企业就得升级和转型发展。企业都是立足园区解决实际问题的，其实，这些企业内容都可能联合，像物流、地产、建材等企业内部联合，有利于利润的增加，成本的减少，有利于企业很好的发展。刚才谈到文化，我觉得贵州是不缺少文化的，所谓的文化，就是大家都把它玩起来，形成共识自然也成就了文化，还有企业在运营过程中自然也有了自己的文化，文化是历史的积蓄，需要很长的一个过程。

第七节　国家级新区＋省会城市融合开发谈

2017 年 7 月 8 日

微讲堂总第 31 期在贵安生态文明国际研究院举行，主要围绕中国电建集团项目负责人陈栋为博士分享的"贵州清水河流域（贵安新区及贵阳市区域）综合环境治理可持续发展实施方案"，大家从区域生态经济、企业化运营 PPP 模式、政策措施、问题导向、产业发展、部门统筹、扩大研究范围、策略技术路径等方面进行了热烈的讨论，并与省社科院"新区发展报告蓝皮书"研究团队进行了沟通。推进生态研究院合作方面：贵州大学经济学院王院长建议把其院里的"山地特色城镇研究中心"加挂到研究院，并派相关研究团队入驻（作为硕士研究生实习基地），围绕项目进行研究合作；省社科院罗所长建议社科院及"贵安新区发展报告"课题组入驻研究院，切实推进有关研究工作；普林鑫泰生态公司与生态研究院初步达成合作意向，提供必要的企业支持；与中国区域科学协会的商谈，愿意以合适方式在生态研究院加挂"中国区域科学协会生态文明研究专业委员会"的国家级研究平台，以及原来与英国 BRE 和清控人居的合作，初步形成研究院以项目为抓手，紧紧与国内外研究合作和成果推广合作为导向的合作服务平台。目前我们与省内外研究平台有了初步合作，下一步除了加大与国内外研究机构合作外，还要与贵安新区开投公司等国有及民营公司在项目研究委托和成果应用方面加强合作。

相关讨论

陈栋为博士：

感谢各位领导及各位博士，感谢大家在百忙之中来对我们的项目进行了解，对项目提出宝贵的意见和建议。首先，我将项目做一个简要的介绍，项目组深入贯彻习近平总书记系列重要讲话精神和治国理政新理念新思想新战略，统筹推进"五位一体"总体布局和协调推进"四个全面"战略布局，牢固树立创新、协调、绿色、开放、共享的新发展理念，大力推进生态文明建设，以水环境质量改善和流域经济社会可持续发展为目标，深入贯彻落实十八大关于生态文明建设的战略部署，落实国家"十三五"规划纲要、《水污染防治行动计划》和《"十三五"重点流域水环境综合治理建设规划》提出的关于全面改善水环境质量的要求。按照《国家发展改革委办公厅关于组织开展流域水环境综合治理与可持续发展试点工作的通知》（发改办地区〔2017〕729 号）的相关要求，以清水河（新庄以上）喀斯特重点开发流域和"国家级新区+省会城市"的流域上、下游协同发展模式为特色示范，以点带面推动具有西南喀斯特生态脆弱性的重点开发流域，下游"前城市化"，上游"后城市化"的流域内"国家级新区+省会城市"特殊区位关系和协同发展背景下的典型流域水环境综合治理与可持续发展工作，推进"十三五"重点流域水环境综合治理重大工程建设，切实增加和改善环境基本公共服务供给，改善流域水环境质量、恢复水生态、保障水安全，为实现"十三五"重点流域水环境综合治理目标，推进流域水体水质提升，实现流域可持续发展，起到试点示范作用。

开展贵州省清水河（新庄以上）流域水环境综合治理与可持续发展试点工作，既是贯彻落实习近平总书记关于贵州工作要守住发展和生态两条底线指示的重要举措，也是贵州推进流域水环境综合治理与可持续发展的迫切需要，通过流域环境与发展综合决策、河长制、流域生态补偿机制、流域环境监管、生态文明建设目标评价考核、排污权和水权交易等生态文明体制机制改革，探索适合喀斯特地貌重点开发流域水环境综合治理与可持续发展模式，对于促进流域生态文明建设和绿色发展，具有十分重要的意义。

王秀峰博士：

大概在 20 年前吧，我到普定县挂职当副县长时，当时就做了一个模式，就是区域综合治理——蒙普河流域综合治理。蒙普河流域是典型的贫困地区和喀斯特地貌地区，以前单项治理是不行的，后来就搞了一个综合治理，这个项目当时在全国来说是很有影响力的。在这里有两个方面的考虑：一方面是宏观角度，也就是围绕十二次党代会精神的一个核心点（生态产业化），就是产业怎么生态化的问题，涉及工业、产业园区建设用地的问题，这个是很必要的；另一方面就是微观角度，很小的，分层次地去说明，例如在农村，20 世纪 70 年代之前，它就是一个原始的循环生态圈，就是自然循环生产的过程。

申茂平：

这一块是领导特别关注的，对于贵州来说，清水河的地理位置很重要，事实上对贵州整个区域无论是在经济上还是社会上产生的作用都比较大，但是这个区域如果按照你们的规划要搞这几大工程的话，包括这几大工程究竟该怎么建？从哪几个方面建？最后能达到什么效果？这些是不太清楚的。所以说我的一个想法，重点还要做到这几个地方来，例如松柏山水库区域，湿地到底该怎么建？建哪些？它的范围有多大？除了花溪水库这些以外还要建哪些工程，如果从这些方面去看的话，你拿出的东西会更加有效果。因为政府所关心的就是找抓手，怎么才能找到抓手，要怎么去做，而不是说从农村运营污染，我不是说这个问题不重要，而是在这个区域层面，在这个课题里我认为它是非常小的一个问题。我的想法不一定对，但是我认为你的方案需要兼顾从需求这个层面来说。

王红霞博士：

我有几点肤浅的看法，一是从这个项目上说，它是制定一个实施方案，实施方案就是更强调实操性，能不能落地？通过哪些抓手？二是水环境的综合治理，从综合治理这个角度可能更强调一些我们政府相关的职能部门它应该要有哪些职责？另一个可能从主体，包括居民主体和企业主体这两个主体去思考，可能每个区域它的需求不一样，然后我们相关职能部门又该怎么做。从上面说有利于生态脱贫，我们怎么把这一段流域治理好了之后，产生的生态经济，生态优势怎么转化为经济优势，怎么促进生态脱贫，可能路径和对策也需要进一步思考一下。

张金芳：

下面我说点看法：一是提出一个概念，就是生命体，现在建设城市就需要建设智慧城市，治理流域也应该建设智慧流域，就是自我治理，自我完善，自我洁净，怎么样达到这样的程度？现在提出了一个生命体或生命共同体这样一个概念，这实际上就是信息的不断叠加，不断交流。城市也好，流域也好，它有一种生命特征在里面，需要自我新陈代谢，自我修复。这个方式就应该是大数据了，大数据就是说收集各个数据，然后在这个基础上形成一个角色，然后在角色的基础上再形成相应机制，就是我们说的治理机制。所以对于这个课题我觉得最重要的不是我们要去治理几个工程，而是我们把这个任务形成一个自我修复、自我治理的一个体制，这个部分形成了，那才是一个良性的、长远的。建一个大工程，不一定是治理，有可能是把它破坏了。主要考虑它本身的特点，一是地貌、地质、气候，在这个基础上形成了一套自我修复、自我完善的机制。

林玲博士：

刚刚说到要进行产业优化，提出各个区域产业该如何布局，请问一下这个布局与现在的布局有什么不同，它的依据是什么？

陈栋为博士：

它的上游和下游肯定有区别，在上游这一块从空间布局，根据区位特殊的敏感性，就以低污染、低能耗、环境友好、绿色循环这样的产业为主，包括像大数据、大医药、高端装备制造这样一些对环境影响比较小的产业布局。对下游这一块，它是一个转型调整的过程，传统的一些产业，包括一些化工，建材、五金、橡胶等产业需要把它调整出去，在这个过程中，引进新的产业，也是按照环境优化配置来要求，来准入的，影响相对于上游较小。

罗以洪博士：

我也提几个方面的意见。

首先意义部分。现在方案上这几个意义有点散漫，建议精简一下。一是从国家层面，国内对旅游业水的污染是一个很重要的问题，国家也想找到一些切实解决的办法，我认为贵州省在这一方面做得还是很不错的，贵州省在一些地方"小题大做"是做得非常好的，包括大数据一下子就上升到国家试验区。清水河流域的水污染综合治理搞好以后，其实对全国来说，如长江流域和乌江流域，甚至是全国其他水系水的综合污染问题，它是一个很好的实验探索。二是从省级层面来说，全省第十二次党代会把大生态战略提出来，大生态战略怎么搞，其实就是具体的点，具体的事，本项目是在贵安新区对水资源治理的实践。三是具体落到贵阳、贵安的时候，要提出方案。

其次问题方面。方案提出的建议很重要，很尖锐的问题在这里面应该提出来，第一个问题是城市扩容，生态压力过大，水资源不足；第二个问题是工业强省战略产业发展压力增大，战略布局的科学性不足；第三个问题是治理水平较低，区域协作和合作的程度较低。

最后解决方案。一是要体现出改革，全省要探索出一条改革的路子，水污染治理的改革在全国搞先试先行，生态的亮点，通过治理以后让我们贵州、贵阳、贵安新区生态的优势更加明显，产生的效益，让我们民生的效益和产业的效益得到提升。二是建议产业布局更加优化，重点在发展绿色制造，实施的科学化要提升，利用大数据技术、物联网技术的提升，解决当前存在的问题。三是在体制和机制上要加强，重点是环境及区域内各个部门之间的协作要加强，比如说碳排放的购买，区域之间要分清。四是建立较好的投、融资体系，多元化的投、融资渠道。五是项目的构建上需要统筹安排，加强区域间的协作合作。

梁盛平博士：

今天陈博士把正在进行的项目拿出来进行解剖，让大家提意见，也是相互学习，相互触动。我们今天请了不同行业的代表，提出了局部立体的建议，我也提几点建议。

一是方案需要做一些外围性的案例分析，案例分析不一定作为主要内容，可以做附件或者其他（内部供参考）。关于生态综合试验区，我看目的很清晰，省发改委委托你来做方案，就是希望在综合试验区能够搞点自己的动作，就是贵州省自己在生态文明综合试验区的动作，这个聚焦在清水河流域，这又体现难点疼点。因为一个是国家级新区，一个是省会城市，贵安新区是打生态牌的，这是新兴的非建成区，确实很有典型意义，贵阳市是老城区，水流域治理难度较大挑战较大。本项目具体举措在哪里，就要做一两个外围案例分析，最典型的一个是江西省、福建省与我们的对比，还有一个是我们这个流域跟大流域的对比分析，清水河与乌江等的对比分析。城市就像一个生命体，它是一个完整的生命体，生命体必须要有水，所以这是两个外围式的研究。

二是本身项目关于生命体外围性的研究，要厘清楚。从微观角度来讲，例如：①关于车田河的上游在哪里，就是原来的汪官水库，现在的月亮湖，月亮湖就是未来作为贵安新区核心区的景观公园，是车田河的最上游，但到了月亮湖就没有了，月亮湖的水主要是雨水和少量地下水的补充，水源如何确保。②松柏山水库的水也要汇到花溪水库，松柏山水库也没有上游，松柏山水库是饮用水源，是黔中水利枢纽（一期）通过凯掌水库补给过去。月亮湖我们在做隐蔽工程，要通过黔中水利枢纽调配过去补给月亮湖，黔中水利枢纽从乌江的上游调过来。③阿哈水库也是终点，核心也是靠雨水在补给。这三个是目前研究最重要的，构成现在的清水河水源治理的方案，必须要讲清楚。

三是还有关于城市角度。实际上你搞建设最后就要回归到这个人造物空间，人造物空间我们叫区位城市，这个是区域概念。从区域的角度也要分，方案已经划分好几个片区，包括车田河片区、松柏山片区、阿哈水库片区等，从城市群的角度，包括贵安新区、观山湖、老城区，从城市角度来解剖这个会更好，刚才是从水系的角度分析，但如果不从城市的角度（切入外人）很难理解，因为它还涉及体制问题，机制问题。从城市的角度解决边界问题，涉及刚才讲的因为城市而分割，因为分割而要有机制，因为有了机制才能平衡，当然是新的平衡，新的平衡解决可持续问题，最后空间形态要到城市这个层面上来，才讲得清楚。

四是从策略的角度，最后讲究竟要怎么办。要有大的策略，小的策略，控制片区的策略，实施细则必须构建起来，例如注新、换旧、提标、创效。现在中国发展最后的竞争力，区域发展的最后竞争力都是城市群的概念，就大的城市群来讲，在中西部最核心的是成渝城市群，所以黔中必须往那边靠，理由就是从长江水域的角度。再从黔中剖出来，我们是黔中的一个核心城市群，这个城市群怎么办，我们讲快速道路和轨道交通，路网连接，水连接，包括生态廊道的连接，这个从连接的角度来看，另外它有生态屏障，有隔离的角度，所以形成一个组团式的概念。

通过看别人怎么做，也就是案例分析，通过大领域的分析寻找我们的位置，你不找到自己的位置关系是做不好的，再就是通过生态本底，水这个核心角度，究竟怎么回事，要讲明白，后面要从落实的举措分析了。

第八节　绿色社区建设谈

2017 年 9 月 2 日

基础不牢，地动山摇。习近平总书记强调，社会治理必须落到城乡社区，社区建设和管理服务能力强了，社会治理基础就实了。绿色社区是生态文明和绿色发展落地生根的基本单位，是城市绿色可持续发展的基本载体。本次微讲堂主要围绕绿色社区建设指标编制研究进行讨论。目前国家部委还没有相关"绿色社区建设指标"出台，贵安新区秉承先行先试的理念，通过对绿色社区建设指标领域的标准化研究，构建绿色考核目标框架，制定相关考核办法，指导新区绿色社区建设，加快推进新区城乡生态文明建设一体化发展，为新区全面建成生态文明先行示范区奠定坚实的基础。

通过讨论，建议新区绿色社区建设指标的编制可重点综合国家发改委、环保部、住建部等主要部委相关社区建设与评价标准内容。贵安新区绿色社区建设指标设计，可从绿色社区规划设计、绿色社区建设、绿色社区治理和绿色社区创新等四个方面进行思考和研编，各项指标值严格参考国家标准，部分指标值高于国家标准。结合贵安新区社区建设的实际，提出社区入管率（入综合管廊率）等具有贵安特色指标。在指标属性上，涉及资源利用开发、生态环境保护和绿色基础设施等建设方面的指标，均为约束性指标。绿色消费、绿色文化和绿色创新等方面的指标，可为引导性指标。

相关讨论

梁盛平博士：

感谢各位博士及专家，大家在百忙之中来参加本期关于绿色社区建设指标编制研究的讨论，对编制研究提出宝贵的意见和建议，首先我做一个简要的介绍，绿色社区建设是我们计划推进的一个重要改革任务，新区领导特别重视，希望能尽快提出建设指标方案。自 2001 年以来，国家有关部委和省市地方政府都相继出台了有关绿色社区、低碳社区、生态文明建设的政策和发展体系，2015年国家发展改革委发布《低碳社区试点建设指南》，2016年国家发展改革委和国家统计局等四部门联合印发《绿色发展指标体系》和《生态文明建设考核目标体系》，但国家部委对于相关"绿色社区建设指标"还未发布，因此绿色社区建设指标编制是有先行先试意义。潘善斌老师所带领的团队连续一周加班加点为大家提出新区绿色社区建设指标编研报告草稿，请潘老师先做一下介绍，同时请大家热烈讨论。

潘善斌博士：

《绿色社区建设指标》国内还没有人做过，新区秉承先行先试的理念，对其进行编制研究讨论。基于前期的研究，现就《贵安新区绿色社区建设指标》编制做以下几点讨论。

一是贵安新区绿色社区建设，目前主要定位在直管区的城市社区。贵安新区是美丽乡村的示范点，乡村和农村区域的建设可按照"美丽乡村"建设体系，但这个体系并不完全适用绿色社区的建设，社区应有一个范围的界定，第一阶段定位于直管区绿色社区建设，非直管区情况会更复杂，暂且不考虑。城区的建设主要分为规划区、建设区、建成区，贵安新区还没有多少建成区，花溪大学城、碧桂园、中铁等都还在建设过程中，因此贵安新区主要还处在一个规划建设发展阶段，不同的发展阶段绿色指标的侧重点和指标量化都是有差异的，社区功能不一，制定的绿色指标也不一，应有一定的针对性。

二是《贵安新区绿色社区建设指标》是核心，可考虑同时制定配套考核指标及考核办法，实现"三位一体"。有指标就有考核，考核不是对所有的指标，绿色社区的建设指标考核主要针对约束性指标，特别是环境资源、生态保护、基础设施等方面。当然，建设指标体系是主体，否则后续的工作将无法开展。

三是研究讨论编制《贵安新区绿色社区建设指标》模板。目前，国家有关部委和省市地方出台的与绿色社区建设相关的政策和标准体系较多，综合分析，大体分为四类：以国家环保部为主导编制的有关绿色社区建设的指标体系；以国家环保部《全国"绿色社区"创建指南》指导开展的全国绿色社区创建、考核的指标体系制订，如《贵州省绿色社区考核指标》（2008）、《贵阳市生态文明绿色社区创建标准（试行）》（2013）、《江苏省绿色社区生态文明建设标准及实施方法试行稿》等。2013年，环保部出台《国家生态文明建设试点示范区指标》；2014年，出台了《国家生态文明建设示范村镇指标（试行）》《国家生态文明建设示范县、市指标（试行）》等指标。以国家住建部为主导编制的有关绿色社区建设的指标体系。2013年，住建部公布《"十二五"绿色建筑和绿色生态城区发展规划》，提出"十二五"期间全国各城区在自愿申请的基础上，确定100个左右不小于1.5平方公里的城市新区按照绿色生态城区的标准因地制宜进行规划建设。2014年，住建部印发《智慧社区建设指南（试行）》，2017年，住建部和国家质量监督检验检疫总局印发了《绿色生态城区评价标准》（草稿）。以国家发展改革委为主导编制的有关绿色社区建设的指标体系。2015年国家发展改革委发布《低碳社区试点建设指南》。2016年国家发展改革委、国家统计局等四部门联合印发了《绿色发展指标体系》和《生态文明建设考核目标体系》。同年，中共中央办公厅、国务院办公厅印发《生态文明建设目标评价考核办法》；以国家质量监督检验检疫总局、中国国家标准化管理委员会为主导编制的2015年发布的《美丽乡村建设指南》国家标准。该标准从村庄规划、村庄建设、生态环境、经济发展、公共服务等8个方面对乡村的建设提供指引。综上所述，目前没有国家部委明确出台的"绿色社区建设指标体系"，地方所出台的有关标准大多集中在绿色城区、生态城区和绿色城市以及美丽乡村层面上。这些"国标"和"地标"对于制定《贵安新区绿色社区建设指标》有一定的指导意义和参考价值，但同时也具有一定的局限性。

梁盛平博士：

绿色社区的建设首先要区别"绿色城市""绿色农村"，社区的指标体系与城市和农村是完全不同的概念，"美丽乡村"建设指标体系，来源于农村建设实践，有很好的参考价值，但主要是基于乡村建设的乡村指标，不能作为社区建设指标，而城市指标又过于宽泛，因此，关于超过社区或达不到社区范围的指标不建议使用。同时，指标范围的界定应准确，我们要做的是建设指标，不是评价指标，也不是考核指标，既要严格参考国家标准，又要在一定程度上和范围内高于国家标准，以定量指标为主，定性指标为辅，秉承先行先试的理念，提倡一定原则范围内提高标准和创新标准。我们应该从贵安新区本身入手，充分体现贵安特色，在"山水田园城市实践"研究的基础上，利用已有的社区数据，实现"美丽乡村社区"统筹推进，为生态文明示范区实现打造真正的绿色社区。

李乔杨博士：

绿色社区不仅是生态的问题，它还有人的问题，是生态与人的共建体，适用于人类生态学的研究，绿色社区不同于绿色建筑，其具有资源能源节约、人居环境舒适、社会人文气氛良好、绿色文明意识高的特征，目标是实现人与自然和谐、人与人和谐。社区的绿色发展有助于保护资源环境、改善人居环境质量、提升绿色文明意识和推进可持续发展。绿色社区的含义就硬件而言包括绿色建筑、社区绿化、垃圾分类与零填埋、污水处理、节水节能和新能源等设施；绿色社区的软件建设涉及一个由政府各有关部门、民间环保组织、居委会和物业公司组成的联席会等。"绿色社区"的主要标志是：有健全的环境监督管理体系，有完备有效的污染防治措施，有健康优良的生态环境，有良好的环境文化氛围，居民整体环境意识较高。目的是让环保走进每个人的生活，加强居民的环境意识和文明素质，推动大众对环保的参与。在建设绿色社区的过程中，通过各种活动，增强社区的凝聚力，创造出一种与环境友好、邻里亲密和睦相处的社区氛围。那么，在定性指标的制定上，应以人为中心，以人为本，拉近人与生态的实际距离，切身考虑人处于绿色社区中所能获得的舒适度和幸福感，建立起较完善的环境管理体系和公众参与机制的绿色社区指标。

总之，随着人类社会经济的发展，人口、资源、环境问题日益尖锐，如何理解以及如何处理人与自然环境之间的关系问题，已经成为人类保护地球资源与社会可持续发展的最大挑战。现在，生态问题不仅仅是科学家、决策者的事情也是老百姓的事情，只有三者协调一致，上下同心，生态才能良性循环。因此，绿色社区建设功在当代，利在千秋。

梁昌征：

作为海绵城市建设试点，贵安新区的若干尝试可圈可点。对于《贵安新区绿色社区建设指标》的编制，不妨多借鉴新区"海绵城市"的建设理念，具体问题具体分析，特殊空间特殊处理，将绿色社区与海绵系统、综合管廊、中水系统相结合，指标应解决社区水源、能源等有人就有出的问题，即能否有一个量化的指标对其加以限定。同时，努力将绿色社区规划，融化到每一个发展细节。将绿色社区建设落地、落实、落小，既考虑外在形象，更关注生态内涵，努力通过城市社区生态性的规划建设，创造人与自然的和谐发展，美美与共。

罗文福：

作为负责《绿色贵安》杂志编辑的记者，很高兴能参加此次会议。我们也是一路跟随贵安新区成长而成长，见证了贵安新区焕然一新、翻天覆地的变化。此次会议是关于《贵安新区绿色社区建设指标》的编制讨论研究，绿色社区不是一个新概念，但是绿色社区建设的指标体系却是国内绝无仅有的，这将会是新区的又一创举。同时，我们很期待指标体系的编制研究能够尽快完成，为西南地区的区域建设，乃至全国范围内的区域建设提供可靠充实的绿色社区建设指标理论依据。相信不久以后，《绿色贵安》之绿色社区建设系列报告的推出，会引起社会各界人士的关注。

张劲：

首先感谢各位专家老师给予这一次参加《贵安新区绿色社区建设指标》编制研究讨论会议的机会，很荣幸能够参与其中，来到这里，主要是向各位专家老师学习，学习看待事物、分析事物和研究事物的方法。这次会议让我受益匪浅，会议对绿色社区建设指标展开研究，分析了绿色社区建设指标的必要性，探讨了关于绿色社区建设的有效策略。绿色社区建设是一项艰巨而伟大的任务，《贵安新区绿色社区建设指标》的编制研究在努力为打造功能完善、环境优美、幸福宜居、特色鲜明的城市绿色社区样本提供建设指标理论依据。

潘善斌博士：

利用会议休息时间及讨论的间隙，我们一起认真研读了《山水田园城市建设实践》，这本书全面具体地论述山水田园城市的规划建设体系，从空间布局、产业发展、绿色建设到社会服务应有尽有，其各方面的标准体系也较为系统和全面，包括贵安规划布局的技术标准、配套设施规划标准、产业的发展指南、公共服务标准、社会服务标准等方面。我们主要将目光放在第五章的"村社微建设标准"，包括生态建设标准、文化建设标准、场所及类型建设标准，其中重点关注"生态文明示范社区建设指标"，从名称上理解，这就是"绿色社区建设指标"，但是具体到指标内容，可以发现其90%的指标是乡村指标，尽管在名称上有争议，但实质还是乡村指标，不适用于绿色社区建设，这也更加确定了《贵安新区绿色社区建设指标》编制的意义和重要性。

经过分析和研究，我们认为，宏观层面上，国家发改委等四部委印发的《绿色发展指标体系》（2016）应作为本指标体系编制的基本遵循。该指标体系是由国家发展改革委、国家统计局、环境保护部、中央组织部等部门共同制定的，是继中共中央、国务院出台《关于加快推进生态文明建设的意见》（2015）、《生态文明体制改革总体方案》（2015）以及中共中央办公厅、国务院办公厅印发的《生态文明建设目标评价考核办法》（2016）之后，国家出台的唯一一个综合性、全面性、约束性、时效性等极强的，对全国各级政府进行约束性考核的最高层次指标体系。它包括资源利用、环境治理、环境质量、生态保护、增长质量、绿色生活、公众满意程度等7个方面，共56项评价指标，采用综合指数法测算生成绿色发展指数，衡量地方每年生态文明建设的动态进展，同时五年规划期内年度评价的综合结果也将纳入生态文明建设目标考核。微观层面上，国家发改委的《低碳社区试点建设指南》（以下简称《指南》）可作为本指标体系编制的基本参考。该《指南》的规范范围是社区，并将社区分为城市社区（新建社区和建成社区）和农村社区，与《贵安新区绿色社区建设指标》规范的对象（城市社区，主要是新建社区）能够吻合。同时，该《指南》中低碳社区建设的内涵是绿色社区建设的主体和核心内容。

本指标的编制，可重点综合国家发改委、环保部、住建部等主要部委有关"生态"、"低碳"和"绿色"社区建设与评价标准内容（发改委低碳社区评估标准、环保部生态文明建设示范村镇县市指标、住建部绿色城区标准体系），按照"绿色社区"层级，重点围绕绿色社区"硬件"、"软件"和"人"方面，充分体现"绿色三生"理念和以人为本根本。一级指标可考虑四个模块，即绿色社区规划（资源利用、环境保护和绿色制造等）、绿色社区建设（绿建、绿交及基设、绿能、绿金）、绿色社区治理（绿色社区大数据、智慧管理平台等）和绿色社区创新（社区模式、社区文化、绿色消费等），各项指标值应适当高于部颁标准，涉及资源利用开发、生态环境保护和绿色基础设施、绿色建筑、绿色交通、绿色能源等建设方面的指标，均为约束性指标；对于绿色消费、绿色文化、公众评价、绿色创新等方面的指标，可作为引导性指标。现阶段，《贵安新区绿色社区建设指标》只规范贵安新区直管区城市社区（乡村社区建设按照已编制的"贵安新区美丽乡村建设标准"进行），待该指标运行一段时期后，可考虑综合编制城乡社区统一的"绿色社区建设指标"。

梁盛平博士：

今天潘老师把正在进行的《贵安新区绿色社区建设指标》编研报告拿出来进行研究讨论，让大家提意见，也是相互学习。通过讨论，我们初步确定了《贵安新区绿色社区建设指标》的建设范围、建设指标模板以及各级建设指标的具体内容，适当提高了相关标准的目标参考值，提出了"新建商品房绿色建筑三星级达标率"，以及首创了社区入管率（入综合管廊率）等二级指标，最后我再强调几点建议。

一是坚持系统性与层次性相结合。新区绿色社区建设是一个复杂而庞大、长期而又艰巨的系统工程。因此，构建新区绿色社区建设指标，既要充分体现国内外绿色社区建设与发展的一般规律和模式，又要充分把握新区绿色社区建设的重点、难点和关键点；既要定位新区城市社区建设目标要求，又要统筹新区新型城镇化发展中乡村社区（美丽乡村）建设内涵。所设计的每个指标，既要能独立地反映绿色社区的某一方面或不同层面的水平，各个指标之间相互独立又要相互耦合，共同组成一个有机整体。指标体系应根据系统结构分出层次，做到从宏观到微观，从抽象到具体，在不同尺度、不同级别上都能反映和辨别新区绿色社区的属性。

二是坚持科学性与可操作性相结合。新区绿色社区建设具体指标的选取，应做好"绿色社区""建设"等关键词边界的识别和界定，如"绿色社区"与"生态城市"、"生态城区"、"生态绿色社区"、"低碳社区"、"智慧社区"、"生态文明社区"、"生态文明村"、"绿色小城镇"等区别是什么？"绿色社区"的"绿色"如何定位？"绿色社区"的"绿色"是广义上的，还是狭义上的？是"浅绿"还是"深绿"？新区"绿色社区"建设指标设计是城市社区和乡村社区一体化进行规范，还是进行分类设计，只规范新区直管区城市社区建设要求？这些需要进行科学研究并清晰界定。因此，各项指标含义要明确，指标值要合理，测算方法要标准，统计方法要规范，指标具有代表性，能够反映出新区绿色社区建设的本质要求和基本特征。可操作性要求通过简单的统计方法或查阅资料就能收集到确定指标值所需的数据，便于实践。

三是坚持可持续性与动态性相结合。新区绿色社区指标的设计，须着眼于对新区生态环境的保护，有利于社区的可持续发展。要紧密契合国家生态文明试验区建设点、国家海绵城市建设试点、国家级农村综合改革美丽乡村建设标准化试点、国家新型城镇化试点、国家绿色数据中心试点、绿色金融改革创新试验区的战略定位，紧紧抓住绿色社区建设的核心和关键点，抓住制约绿色社区建设的根本性和长期性问题，而不是一般性的、暂时性的表层问题，编制好建设指标。与此同时，在确立绿色社区核心指标的基础上，随着经济社会的发展，绿色社区建设指标应保持开放性和动态性。

四是坚持可达性与前瞻性相结合。新区绿色社区建设指标应能够在现有的技术经济水平下，快速实现，并取得一定的生态效益。指标评价体系具有一定的预见性和超前性，能够为社区未来的发展方向起到一定的指导作用。按照"生态文明示范区"和"生态文明试验区建设点"的标准和要求，在推进新区绿色金融改革创新试验区和国家生态文明大数据中心建设框架下，高标准打造一批具有贵安特色的绿色社区。

第九节　生态文明再谈

2017 年 9 月 15 日

自国务院批复成立 3 年来，贵安新区始终围绕"生态文明示范区"战略定位（三大战略定位之一），奋力推进生态文明规划与建设。相关部门统计了新区有 2626 个山头、14 条河流、131 个湖泊、515 个水塘、219 个地下泉眼，完成了对新区总体规划环评报告，编制了新区环境保护规划和生态文明建设规划，制定了新区直管区建设生态文明示范区实施方案等。奋力推进山头绿化和矿山修复行动计划，奋力推进海绵城市和综合管廊等建设。讨论并通过了生态文明建设的"六大机制"、"八大工程"和"1+9 系列制度"等。创新提出"绿色金融+"（1+5）绿色发展体系。这次微讲堂通过对生态文明建设回头看、回头想，与贵州民族大学统战部各位专家博士再次讨论"生态文明与贵安质量体系"，探寻新区绿色发展的新思维、新灵感。

通过本次交流，从中获得几点启示。一是对生态文明内涵的再次解读，其是一切有利于人类生存发展的优秀文化积累，是文化引领下的生态建设，是生态发展下统筹推进的人文、科技、历史、教育等。二是贵安新区生态文明建设不仅仅改善生活环境本身，还要结合现代高新技术产业的选择和发展；不仅仅要留得住地方特色、留得住乡愁、攒得下回忆，还要多加强公共文化设施和公共文化服务体系的建设；不仅仅要自主创新和精心规划，还要多借鉴学习西方国家好的经验。三是构建贵安新区生态文明质量发展平台战略，带动相关企业和产业联动发展。四是新区的生态文明建设的当务之急是吸引人才和留住人才。尤其是涉及"绿色交通"，以前的交通"绿色"不便捷，现在的交通便捷不"绿色"。在国家生态文明博物馆规划与建设上，充分考虑本土少数民族的生态文明展示，给大家留下深刻印象和启迪。

相关讨论

刘汝才：

首先对梁博士的盛情邀请表示感谢，同时也为这次调研活动能够顺利开展，对在背后默默付出的潘老师及其他老师表示由衷的感谢。我们统战部和学校无党派人士一行二十多人能够聚在一起交流学习，这的确是一次难得的机会。那么我们先请潘老师简单地介绍一下在座的各位老师，然后围绕梁博士给出的关于"生态文明再研究：贵安绿色发展实践讨论"主题开始会议讨论。

潘善斌博士：

感谢梁博士的邀请，那么我先简单介绍一下参会各位老师（略）。可能有的老师已经不是第一次过来，有的老师已经是这边老朋友了，希望借这个机会，大家多沟通多交流。刚才，大家参观学习了解了贵安新区生态文明建设基本情况，下面请大家围绕贵安新区生态文明建设这个主题，谈谈自己一些感触和想法，为推进国家级生态文明示范区建言献策。

梁盛平博士：

首先对贵州民族大学各位博士及专家表示热烈欢迎，很荣幸能够邀请各位来新区参观指导，也感谢各位百忙之中来参加本期"生态文明与贵安质量体系讨论"。我跟民大有很深的缘分，同民大的部分专家学者都一直保持联系，同潘老师这边也一直有合作。通过潘老师的介绍，我了解到今天到场的各位分别是涉及各个领域方方面面的专家，比如民族学、社会学、建筑学、材料学、管理学等领域，能够邀请到各位并有机会从不同视角看待贵安新区的生态文明发展，实属难能可贵。关于这次的讨论，我们也为大家准备了"贵安新区生态文明示范区建设推进大会汇编资料"和《绿色贵安》杂志等，以便大家更好地了解新区生态文明的发展历程。"生态文明与贵安质量体系"从字面上比较容易理解，有很多解释，也请大家根据自己的一些经验和贵安新区实际情况，谈谈自己的看法，从不同的角度说说国家生态文明是什么？贵安新区的生态文明又是什么？新区的生态文明建设应该怎么做？希望大家热烈讨论。

喻野平：

关于这个讨论会没有来得及特别的准备，那么关于生态文明这个主题，我简单谈一下自己的看法。首先，什么是生态文明。生态文明概念的提出，主要是针对城市发展过程中，人类为了满足自己的需求，确实存在自然资源的不合理利用，造成了自然生态环境遭到破坏，因而生态文明建设才在世界范围内得到重视。具体怎么定义生态文明，并不是一件容易的事情，20 世纪 80 年代文化的概念提出，广义上说，只要与人有关的事物就是文化，而文明离不开文化，文明是更高层次的文化，在文化的概念上衍生出来，有利于人类未来生存发展的优秀的文化积累就是文明，结合生态就是生态文明。那么从这个角度来看生态文明，应该着眼于建设有利于人类生活与发展的生存环境，利用我们优秀的民族文化去唤醒人类的文明意识，恢复那些被破坏的生态环境，人与自然和谐发展，这才是真正的生态文明。其次，贵安新区定位为国家级生态文明示范区，应注重选择发展产业的方向。通过手上的资料我大概了解到，贵安新区的定位是非常明确的，就是打造国家级生态文明示范区，这在全国也没有几个，那么我们应该充分发挥它的优势，利用先进技术、前沿科技、优秀产业平台等去满足新区发展的需求，也就是说生态文明不仅仅是生存与居住环境本身，更重要的是选择发展的产业，产业不用多，但是一定要做得好做得精做成典范，那么结合新区的建设，我认为新区现在可以选择发展信息业（大数据）、旅游业（特色小镇）及养生（养生基地）等方面的产业，将它们做大做好做强。总的来讲，新区作为开发区，产业发展的方向很重要。最后，这次过来有很多收获，对新区有了更多的了解，由于准备不充分，讲得不一定到位，也请各位见谅。

潘善斌博士：

听完喻老师的讲话，我觉得说得很好，我就再接着说两句，咱们单位到场各位老师都在各自领域有着一技之长。实际上，这次交流也是一个很好的对接机会，比如建工学院"绿建"方面，新区这边非常重视这一块，可以下来多交流；商学院老师关于少数民族经济村寨发展这一块，后面可以过来做一个专题研讨；还有材料学和非物质文化遗产等方面都是非常重要的。那么下来之后，大家可以再仔细看一看新区资料，有感兴趣的可以更深入地与新区这边进行沟通交流，发展研究中心和研究院这边也经常开一些小型研讨会，也欢迎各位老师积极参与进来。希望这次会议是一个桥梁，能够让我们学校无党派老师与新区发展研究中心和生态文明国际研究院建立起联系，充分发挥博士们和专家们才智，为新区建设发展贡献智慧。我就先说这些，我们的讨论继续。

容小明：

我认为把贵安新区建设好是我们每个贵州人的责任，因此我也想在此发言，但是想法可能还不是很成熟，我就简单说几句。生态文明建设需要文化引领，即文化引领下的生态建设才是真正的生态文明。贵安新区作为国家级新区，在保持生态不被破坏的同时应将文化元素注入，包括苗族文化、侗族文化以及夜郎文化等，其中当属夜郎文化最为珍贵。我在导师的指导下研究夜郎文化已有六年，发表了"论夜郎文化博物馆成立"的论文，有相关专家对夜郎博物馆的成立产生非常浓厚的兴趣，夜郎文化博物馆的定位是国家级博物馆。我了解到咱们新区 2020 年的旅游发展目标较大，如果能引入夜郎文化，引进夜郎博物馆，对贵安新区的发展有很重大的现实意义，如果需要，我可以为新区这边提供这方面的资料，我就说这些。

梁盛平博士：

实际上少数民族生态文化一直也是我们关注的点，从少数民族文化中如何找到民族生态文化？新区这边要建一个国家生态文明博物馆，我们现在也在思考这个博物馆具体要怎样展示，夜郎文化是本土文化，可以考虑怎么能很好地融合进去，容教授为我们介绍得很好，希望下次有机会能单独请教。

李小武博士：

刚才几位专家提了很多很好的意见，针对生态文明这个主题，我也简单说说我的感想。首先，贵安新区起点比较高，我认为不管怎么发展，生态一定要保护好；其次，高新产业发展很重要，应选择附加值比较高的产业；最后也是最重要的，我认为新区的生态文明发展不能随大流，应精心规划。生态环境很重要，我记得小时候随便在一个河塘里就能抓到鱼，现在已经抓不到了，人为的做很多，比如人工的造水、造山等到底好不好，我只想说如果能够有像小时候那样的水文环境，就算是生态文明。

其实很多西方国家的生态规划做得很好，比如日本、美国、丹麦等国家，咱们生态文明国际研究院定位是国际化，应该多借鉴西方国家好的经验，不能闭门造车。目前生态文明建设体系还不是很完善，生态文明指标体系建设也很重要，我认为新区应该制定生态文明指标，并依据相关指标，一项一项去完成。同时，在新区整个生态文明建设的大环境中，领导意见要听，专家意见更要听，希望多方权衡，实事求是地把新区生态文明建设做好。

龚剑：

感谢梁博士为我们创造了那么好的学习和交流机会，借这个机会，我也说一下自己的感受。我是第二次来到这边，这次感受更为深刻，梁博士为我们很清晰地介绍了新区的发展历程，我作为贵阳人，对于新区可以说是有一份美好憧憬、期待和向往。首先，谈一下生态文明。我认为生态文明建设首先是要破解人类未来生存方式问题，也就是说最终都得回到社会，现代生态文明不是自然隐居的生活，而是在自然和谐的生态环境下形成一个新的社会系统。在现有条件下，我认为贵安新区要发展，最大问题是需要更多的人气，人来了还要能很好地生存、生活和发展。其次，从我所学的专业角度提自己的两点建议。一是加强公共文化设施和公共文化服务体系建设方面。在新区的规划中我们有博物馆和档案馆等，但在公共文化设施建设当中最重要的应该是公共图书馆，它作为城市的公共空间，就相当于我们的客厅、我们的书房，是人们可以停下来交流学习的地方，我认为公共图书馆是营造社区社会系统的重要单元，它同时也是各个城市各类发展指标中的硬性指标，我相信在未来发展中，这一点是非常值得关注的。二是及时对贵安新区具有地域特色的文化遗产进行调查、收集、保护、记录及合理开发利用。我们学校曾有专家来这边考察，发现贵安新区有很多地方文化、地域特色、名胜古迹等，这些文化遗产应该被收集、保护和记录。我们是在跟挖掘机比速度，一方面人类在创造新的文化意识形态；另一方面人类走过的每一个阶段都是历史，需要把这些具有地域特色的历史文化信息调查、收集、整理、保护以及合理地开发利用起来。我们学校图书馆已经做了很多相关工作，也收集了很多文献资料，同时也取得了不错成果，有机会希望可以和新区这边交流合作。这个工作需要有人来做，否则一旦成为过去，就可能再也没有办法恢复到原来的面貌，新区发展快速，但我相信现在做这一切都来得及并且有深远意义。我就从自己本行谈这两点，不到之处敬请谅解。

梁盛平博士：

龚老师可以关注一下我们贵安新区的多处史前洞穴遗迹，其中位于贵安新区高峰镇岩孔村的"招果洞遗址"（初测至少 5 万年）和位于贵州贵安新区马场镇平寨村的"牛坡洞遗址"（2016 年度全国十大考古新发现之一），被喻为云贵高原喀斯特古人类活动的"历史书"，当然新区很多地方具有古遗迹，我们正打算将这些有价值的历史文化申请为世界文化遗产，龚老师也可以做一些类似的调查。龚老师提出的社会调查给我们很多启示，下一次可以合作推进一些社会生态调查，也希望借助龚老师的力量去寻一些方向找一些素材。

袁本海博士：

我接着龚老师刚才说的问题再说几句，就是贵安新区的地方特色文化亟待调查、收集和保护。为什么这么说？因为新区发展太快，在贵安新区刚开始建设的时候，我和系里几位老师来这边做了两三年的调研，刚开始调查很多地方的地方特色还保留着，比如一些古老建筑、石刻石碑、历史主题公园等，几个月后再去就什么都没有了，一旦建设工程开动，挖山、开路等就把这些完全毁掉了。如果能够建成公园或者博物馆的话，这些东西就可以很好地保护起来。当时我们还调研到一个村史馆，但是当地觉得不赚钱，就自行关掉改经商，这真的很可惜，像这种情况是不是可以帮扶一下。总的来说，生态文明建设到底怎么做，我认为应该是留得住地方特色文化，留得住乡愁，也是为后人留福祉。

田丽敏博士：

今天大家都来自各个领域，我是想多听听大家的见解，那么针对生态文明这个主题，我简单说几句。贵安新区的建设是有高度的，新区的生态文明做好了，这对整个贵阳生态都是有长远战略意义的。生态和文明可以分开来看，一方面做好生态，另一方面做好文明。按照书本上的定义，生态是指生物在一定自然环境下的发展状态，由于工业发展迅速，造成生物的自然生存状况出现了问题，那么生态本身没有问题，在人为活动下出现了问题，出现问题就要解决问题，想要变得更好，就必须进行生态文明建设。看了一下咱们的"八项工程"，都是围绕青山绿水、围绕着绿色开展的，那么意味着生物的生存状态要回归绿色回归自然才是最好，比如说绿色交通，以前的交通"绿色"不便捷，现在的交通便捷不"绿色"，那么真正的绿色交通应该怎么去定义，可以思考一下，共享、节能、环保也许也是一个方式。那么说完生态说文明，文明就是物质文明加精神文明，物质文明包括产业的发展、经济的发展等，精神文明包括人文的发展，比如图书馆的建设、历史博物馆的建设，少数民族文化建设等，文明是一个引领人类进步的过程。总的来说，生态等于绿色，文明就等于人类，生态的发展离不开人，生态发展下把教育、人文、科技、历史等方面统筹推进，就是生态文明，二者相辅相成。

谭洪泉：

就我的专业（数据信息）而言，我个人偏向于现代化建设理念，我也简单谈几点我的看法。首先，生态文明的建设离不开现代化高新技术。贵安新区的定位是生态，但生态不等于落后，越是要保持生态付出的成本就越高，越高端意味着越自动越方便，比如新区海绵城市的建设，海绵城市是一体化的，它涉及的现代化高新技术是非常多的，只有这样才能进行更好的监控和保持城市的有序发展。其次，生态不是一家人做隐士，而是一群人的和谐共事。一部分思想上升到一定境界的人，会想回归自然，原生态，归隐山林等，但多数普通人还在希望自己富起来，有较好的经济基础，有足够的物质条件，可以给孩子提供好的教育等，生态文明建设的目标归根结底还是发展，要发展就不能缺人，生态文明要建设好离不开人这个大集体，聚集人越多说明满足人生活的物质条件就越好，人民的生活质量提高又能聚集更多的人，这是一个循序渐进的发展过程。最后，贵安新区生态文明建设最重要最核心的是吸引人才、接收人才、发展人才、留住人才。我不知道该怎么定义生态，但是我个人对生态链比较感兴趣，生态链是一个有产出有产入的过程，在整个过程中起关键作用的就是人，没有人就没有高新技术，就没有新兴产业，就没有建设也没有发展，高端人才总是稀缺的，就像在金字塔顶层。国外很多国家很早就开始重视大数据，所以他们发展得很快，贵安新区的大数据产业是非常好的，但是很多都还没有发展起来，主要是因为缺少人才，新区的当务之急我认为是吸引人才、接收人才、发展人才还要留得住人才。

田丽敏博士：

刚才谭老师提到生态链这个词，我也想说几句，就是现在我也在让学生做各种链条，生态研究院本身就是一个平台建设，那么在生态战略里，贵安新区是不是可以把自己定位为生态链的一个平台基础，这个平台怎么构建很重要。我们知道各个产业都可以有平台的概念，现在有平台战略、平台转型，有了平台这个基础，我们就可以知道企业怎么通过平台战略获得新的发展，产业怎么通过平台转型实现供给侧结构性改革等。在整个链条里面，一个成功的平台连接的任意一方的成长都会带动另一方的成长，所以平台的构建很关键，同时科技型人才是构建平台的基础，因此任何一个链条，不可缺少平台，更不能缺少科技型人才。

潘善斌博士：

今天的讨论会时间虽短，但是内容很丰富。一方面看了贵安新区这边的规划，梁博士介绍得很详细也很专业；另一方面很多老师做了很好的发言，一些老师提出了一些很好的想法，由于时间问题不能深入讨论，后期大家可以继续跟新区这边保持联系。还有就是其他专业的老师，绿建、大数据、文化、材料等方面都是比较重要的，但是还没来得及讲，我们也希望以后有机会，能够请大家过来再讨论。后续我也可以收集各位老师的意见建议，反馈给梁博士这边，由于时间关系，最后请梁博士再说几句。

梁盛平博士：

今天非常感谢各位博士及专家的到来，大家关于"贵安生态文明研究：绿色发展实践"的讨论给了我们很多启发，刚才各位老师从方方面面探讨了这个话题，民族文化是贵州民族大学的优势，讨论中与生态文明建设相关的民族文化、产业链、平台战略等各个方面都给了我们很多启发，希望下次还有机会继续沟通交流，我们研究院对所有民大博士、专家及学者都是开放的，研究院就是一个服务平台，希望跟广大热爱贵安新区热爱研究的优秀人士连接起来，欢迎民大这个大家庭随时过来沟通交流。对大家的到来再次表示感谢，也再次表示欢迎，希望下次再来！

第十节　生态经济发展谈

2017 年 9 月 26 日

2005 年 8 月习近平在《绿水青山也是金山银山》一文中指出："生态环境优势转化为生态农业、生态工业、生态旅游等生态经济的优势，那么绿水青山也就变成了金山银山。"2014 年 3 月 7 日在参加贵州代表团审议时，习近平深刻地指出，绿水青山和金山银山绝不是对立的，切实做到经济效益、社会效益、生态效益同步提升，实现百姓富、生态美有机统一。

这次博士微讲堂（总第 34 期）围绕贵安生态经济发展的主题进行了讨论，大家对贵安新区生态经济的内涵进行了探讨，从绿色金融作为新区核心驱动力切入，探索贵安生态经济的特色，讨论贵安绿色红利，为翻开新区生态文明新篇章献智献策。大家提出如下思考：一是贵安生态经济发展过程中遇到很多挑战，主要是实体经济还存在不足，生态经济如何促进引进更多更好的高端引领性企业？二是新区绿色金融改革创新进入攻坚期，生态经济如何促进绿色金融标准体系成型，统一监管口径？三是统计核算生态资源，如水的"账目"、山的"账目"、林的"账目"等，尽量摸清生态本底，促进新区生态资源资本化。四是生态经济要使老百姓有获得感，让每个人都有直观的感受等。

讨论中，大家提出要与生态文明国际研究院加强合作，倡议成立生态文明国际研究联席会，轮流组织，共商生态文明研究大事，为国家生态文明制度体系建设提供"贵安样本"，为国家生态文明示范区建设理论提供"贵安智慧"。

相关讨论

王兴骥研究员：

首先对梁博士的盛情邀请表示感谢，博士微讲堂确实是办得非常好，一直在关注也一直想参与其中，今天很荣幸有这个机会过来交流学习，也希望有机会能够合作。那么我先简单介绍一下省社科院城市经济研究所的情况以及正在做的事情，城市经济研究所主要研究方向有城乡经济、区域经济、制度经济、工业经济、移民经济和建设项目可行性研究等，长期以来承担国家级及省部级项目多项，获省政府社科及科技优秀成果奖多项。所里一直在做贵州省城市经济这块的创新工程，比如绿色经济特色学科等，我也想站在一个更高的高度去做一些前沿的研究，因此前来拜会，一方面学习交流，另一方面探寻新的思路、新的灵感、新的合作契机。同时我也把所里的团队带到新区，简单介绍一下（略）。那么我们也请梁博士介绍一下在座的其他各位专家，然后围绕"生态文明实践：贵安生态经济"主题讨论。

梁盛平博士：

首先对省社会科学院城市经济研究所的各位博士及专家表示热烈欢迎，很荣幸能够邀请各位来新区生态文明国际研究院参观指导，同时我们也有幸邀请到贵旅集团的副总经理韩玥博士后，韩玥博士后能够来到贵州，为贵州经济发展做贡献，也是非常的难能可贵，尤其是今天能前来参与生态经济讨论，在此表示热烈欢迎，也欢迎其他博士、专家以及贵州民族大学研究生们（略），对大家到来再次表示欢迎，感谢其他在座各位百忙之中来参加本期关于"贵安生态经济质量发展"的讨论。

《博士微讲堂》的主要目的是为博士、专家及学者提供一个"发声"的平台，让大家能够说上话，把有些在工作层面上不宜讲、不愿讲和不想讲的话在"微讲堂"这个相对宽松的环境里讲出来，还能够有人倾听，激活各位博士专家的剩余智力，我们通过自下而上的传递，为决策者提供一些参考，为国家建设建言献策献微薄之力，这也是我们一直坚持做"微讲堂"的原因。关于今天的讨论，我们也为大家准备了"贵安新区绿色金融改革创新实验区建设资料汇编"，希望大家围绕"生态文明实践：贵安生态经济"主题热烈讨论。首先请新区绿色金融港的李珍智部长为大家介绍一下贵安新区绿色金融与生态经济发展的情况。

李珍智：

首先感谢大家的到来，我根据自己了解到的给大家介绍一下新区这边的绿色金融与生态经济情况。贵州省是全国生态文明综合试验区，生态优势明显，发展绿色金融具有先天禀赋条件。一直以来，贵州省委省政府对绿色发展和绿色金融高度重视。2017 年 6 月 14 日，国务院总理李克强主持召开国务院常务会议，做出在我省贵安新区建设绿色金融改革创新试验区的决定，充分体现了中央对贵州尤其是贵安新区发展的高度重视和大力支持。6 月 26 日，人民银行、国家发改委、财政部、环境保护部、银监会、证监会、保监会联合印发《贵州省贵安新区建设绿色金融改革创新试验区总体方案》（以下简称《方案》），按照此《方案》，新区整理了《贵州省贵安新区绿色金融改革创新试验区建设实施细则》（试行）以及《贵安新区建设绿色金融改革创新试验区任务清单》（征求意见稿），目前根据各部门的建议及意见这两个文件还在修改，后期会更加完善和具体。研究院这边也给大家准备了这些资料，大家可以看一下。

目前根据新区绿色金融试验区建设方面的要求，我主要做以下两件事，一是着手做好关于支持绿色产业发展的优惠政策。绿色产业是在生产过程中，基于环保考虑，借助科技，以绿色化生产方式力求在资源使用上节约以及污染排放上减少（节能减排），逐渐实现人与自然的资源利用平衡，达到少投入和高产出，目前需要政府大力扶持。二是建好绿色金融改革创新绿色金融港这个物理空间载体。2016 年 6 月开工建设的贵安新区绿色金融港一期工程已经完成，随着金融港的加快建设，一期办公大楼被多家金融机构预订一空，吸纳入驻传统银行业、非银行业金融机构近百家，其中总部级或区域性总部级机构不低于 10 家，入驻或新设创新型互联网金融机构近百家。目前，金融港二期已启动建设。贵安新区"金改区"获批，这块"金字招牌"的吸附作用正在释放，为新区发展绿色金融汇聚各种资源和要素。绿色金融港力求以专业化、个性化、定制化服务能力，打造单层超大空间、承重能力超强、配套设施齐全的金融后台建筑群，满足各类金融后台服务产业的特殊需求，有很大的发展潜力和空间。

梁盛平博士：

　　根据李部长介绍的情况，我再补充一些。绿色金融改革创新试点争取得很不容易，李克强总理主持召开国务院常务会议，决定在贵州、浙江、江西、广东、新疆 5 省（区）选择部分地方，建设各有侧重、各具特色的绿色金融改革创新试验区，现在各地也都在争相推进示范建设，绿色金融改革创新试验区的发展势头非常迅猛。贵安新区从开始到现在也有四个年头了，个人认为其间经历了四次融资潮，主要可以分为四个阶段，第一个阶段是土地融资（贵安有 3 个国有农场，几万亩土地）；第二个阶段是债务融资（发行公司债和企业债）；第三个阶段是基金融资（成立二十几只基金，新型城镇化基金就达 500 亿规模）；第四个阶段是绿色金融。生态经济的核心驱动力是绿色金融改革创新所释放的红利。贵安新区建设绿色金融改革创新试验区，为新区内绿色制造发展提供多样化的融资支持，通过绿色金融改革创新可以避免再走"先污染后治理"的老路，也不走"守着绿水青山不发展"的穷路。贵安新区建设绿色金融改革创新试验区，肩负驱动"建设西部地区重要的经济增长极、内陆开放型经济高地和生态文明示范区"三大战略使命，目前是我省加快发展、后发赶超的又一重大机遇和窗口期。

王兴骥研究员：

今天过来的目的是交流学习，也是为年轻人搭建平台，现在的年轻人所学总是非所用，我身边就有很多这样的例子，研究工作不对口，导致工作没有核心目标，没有兴趣，也没有积极性，术业有专攻，学了就得用，所以我认为这个平台开展得很好，能给相关领域的学者提供说话的机会，让大家坐下来说自己的想法，为贵安、贵州乃至全国生态文明实践探索发挥自己的智力。

我个人早些年是学习民族经济学的，对生态经济也是非常感兴趣，在生态建设中水很重要，一开始我就是做赤水河治理的，关注贵州生态比较早，也比较了解。当时贵州生态建设非常困难，主要是由于地形地貌的限制，很多专家也认为贵州不能形成经济走廊，但是通过贵州那么多年来的发展，以及我对咱们国家级新区贵安的了解，我认为贵安可以做到，贵州的绿色发展经济走廊将会很好地形成，而且就在这里，就在贵安。国家大力提倡生态文明、绿色发展和绿色经济等，在这样的大好形势下，贵安绿色金融是生态经济的一个很好的着力点，我们所也非常感兴趣，也希望借助生态研究院这个平台建立起与新区这边的长久联系，可以定期过来交流、学习和合作。

张登利博士：

借着这个平台我简单说两句，对于我们研究而言，生态经济这个主题比较吻合我们所目前准备和正在研究的领域。我们城市经济研究所今年把"生态经济"作为我们创新工程的研究方向。在今年上半年，我们所里组建的一个团队参加了省金融办的调研，在调研活动中，我们拿到了关于金融环境政策等方面的一手资料，也切身感受到了实体经济发展中融资难、融资贵的重要问题，很多金融政策"不绿色、不环保"，从调研资料的汇总整理中我们也产生了一些忧患，尤其是在贵州省非公经济成分比重小且非公经济并不发达的省情下，国有经济占主体，实体经济的支持力度不足，主要还是依赖政府。实体经济融资基本依靠银行信贷，基金、债券、保险等金融产品占比小，出现的是银行独大的金融支持体系。同时银行也面临许多的政策约束，风险较大，在这样的环境中，我们如何构建绿色金融运行体系，是非常值得我们去探讨和研究的。尤其是在贵安新区这样的先行先试地区，更多的创新性政策值得我们去探讨和实施。我在这里只是抛砖引玉，希望我们可以围绕"绿色金融政策如何更好地服务于实体经济发展"这一主题展开讨论，我也想听听在场专家的想法。

蒋楚麟博士：

首先很感谢梁博士给我们提供这个机会来参观学习，让我们实地了解咱们本土的绿色发展、绿色经济和绿色转型到底是怎么做的。实际上，全世界对于生态经济绿色发展都是在试验当中，还未成型，也就是说我们没有框架可以参考和借鉴，各国的生态经济发展路径都还在探索中。这个路径的选择到底是什么？我们不知道，可能是新区选择的绿色金融，也可能是其他。那么绿色金融是否绿色发展或绿色转型的有效的路径方法，也希望就新区这方面的实践做一些探索。我读博士期间主要是研究津京冀地区绿色转型之下的重工业转型对农民农户生境的影响，我也非常有兴趣去看新区这边关于绿色发展从政策层面的措施推进是怎么去做的，在这个过程中人与政策的互动又是怎么样的，它和京津冀地区有什么不同，有没有更好的方式方法等。非常感谢有这个机会过来学习。

欧阳红：

很荣幸能够参加这次讨论会，我主要是做行政工作，但是对绿色金融这块也很感兴趣，前段时间也参加了贵州省金融调研活动，对现在的金融环境有一些了解，我很想了解新区这边关于绿色金融建设是怎么做的，有什么可以给其他地方提供借鉴。

支援博士：

我现在还处在学习阶段，对新区这边还不是很了解，之前一直是做津京冀地区那一块，所以过来就是先学习，多听听各位博士专家的想法。我主要是做水这一块的，以后可以研究一下贵安新区水的成本核算，据我了解，新区海绵城市的建设就是关于水的收集与利用，综合管廊的推进也是为了解决水的问题。生态经济离不开自然资本，摸清了家底才能更好地发展，投入与产出平衡了才能可持续，调查、统计和核算自然资源，如水的"账目"、山的"账目"、林的"账目"等，换个角度这些就是新区的资产，加上传统的 GDP，那么贵安整体的 GDP 就在增长，绿水青山也才真正变成金山银山。关于今天讨论的主题，我想还可以思考一下贵安新区绿色金融建设如何与实际相结合、如何与科研院所进行产学研创新结合等。我就先说这些。

马卿博士：

今天的主题是生态经济，大数据是引领贵安新区发展的名片，那么生态经济与大数据之间的关联是什么，大数据对贵安绿色金融发展又有什么贡献，或者说大数据从理念、构架、技术上给新区生态经济发展提供一种什么样的支撑作用，来到这里我主要是思考了这两者之间有什么样的关系。拿到手中的资料，我发现绿色金融建设与大数据相关的有几点，但都只是大数据里比较基础的部分（数据的储存和共享），但是大数据的真正的价值在于生态经济领域数据的采集、脱敏、清洗、加工和后期的分析应用，我认为这才是大数据利用最核心的价值所在。

另外就是，作为一个外行，我也有一个疑问，我不是很理解绿色金融的概念，比如说贵安发展绿色数据中心，似乎加上一个绿色就意味着能耗少污染少，那么金融前面挂上绿色，究竟金融跟绿色的关键点在哪里？另外，生态经济又是什么概念，意思是围绕生态环境的保护和开发做的产业的经济发展，还是说经济发展的过程中要引用生态理念？我对这几个词的基本概念还不是很了解。

李珍智：

绿色金融是一个新的概念，在普遍实践与认识中，大家主要可能将其归为环境理想型产业或者公益事业，这些产业常常发展慢、收益少，需要政府的大力支持或者大企业带头。我理解的绿色金融可能是政府或者是一些大企业金融机构通过某些方式方法来引导实体经济的发展，积极地参与到绿色制造中。绿色金融也可以理解为一种引领企业和产业绿色发展的理念，但是不是强制的也不是虚的，可能需要我们去改革创新，还是那句话，现在已不是先发展、先污染后治理，而是绿色与金融同步发展。

韩玥博士：

大家早上好，我先自我介绍一下，我本硕博都是学习产业经济和宏观经济，博士后是学习政府治理及对外开放发展。学习期间也有幸有机会参与到国家的一些横向项目，拥有一些经济建设的实践经验。由于一些工作关系，我很早就和贵州结下缘分，贵州省自然资源环境得天独厚，关于今天生态经济绿色金融的主题讨论，我也是特地过来跟生活在这里、学习在这里的大家请教，沟通交流学习。

我这边有几点建议和思考，一是贵安新区战略定位要高，要引进大的强的企业；二是企业机构来这边发展绿色经济，政府优惠政策的扶持很重要；三是新区的发展不能脱离绿色，要克服困难协调前进；四是入驻企业可以是环保或公益，但是也要激发绿色金融的活力；五是区域性定位。绿色金融港要大力宣传，才能引来好的大型的企业机构。我想我们现在要做的是招商引资，不仅要将好的大的企业吸引过来，还要充分发挥各企业的主观能动性，不能一味地依赖政府。刚过来新区这边，我发现新区建设者的工作环境还是挺艰苦的，很令人感动，所以我也希望自己能为新区的建设出一份力。

罗艳：

今天很高兴能有这个机会过来学习，我也是刚入门，我做旅游的，我认为旅游经济对贵州的生态经济有很重要作用，但是在我研究过程中，大型的旅游企业发展门槛低，中小旅游企业的门槛高，很多基本没有机会参与其中，发展很受限，那么新区这边是怎么做的，对于中小企业的发展有什么好的建议？

周欢：

各位专家老师大家好，我刚工作不久，研究还不成熟，我今天主要是过来学习的，我读书时候学的是农业经济管理，工作是在城市经济研究所，我想研究城乡一体化的可持续发展，也希望得到新区这边的支持。关于今天的主题，我认为贵安新区在发展绿色金融这块有很强的基础和很大的发展空间，生态资源和文化资源丰富，比如说"快城"高新技术产业的发展（资源的循环、绿色、可持续）和"慢城"这块的旅游文化产业的建设（月亮湖、瑞士小镇和天河潭等）等，贵安这一块的绿色经济带也已经形成了雏形，那么继续做大做强，新区绿色金融也可以建设成为贵州的标杆或者成为一个标准级。

王兴骥研究员：

城乡一体化的话题提得很好，在整个人类文明进程中，城乡一体化发展一直都存在一些很难攻克的问题，比如农民市民化跨越困难、农村网格化而非社会化、农村户口城镇化数量难把控、多数农民封建传统观念根深蒂固难教化等问题突出，那么城乡一体化到底该怎么做，新农村建设怎么建设更好，农村经济到底应该怎么发展，我认为这些研究很有意义也很有必要。

梁盛平博士：

城乡融合进程中的确存在很多现实问题，城乡融合速度太快，也担心很多问题累积后爆发。我记得安置房刚建成的时候，很多农民将安置房里的暖气片拆除，自己还是用传统的煤炭来取暖，诸如此类的事很多，农民市民化还需要一个过程。新区美丽乡村建设了 12 个，现在资金投入也已经进入瓶颈期，农村经济投入与产出总是需要平衡的，不能一味地投入没有产出，城乡融合体现在"城乡等值"，不是农村被"城市化"，要统筹规划，农村更像农村更有农村的体验感，城市更像城市更有城市的体验感，同样的价值不同的体验，总的来说都是要人们切实产生生态经济发展及绿色金融红利带来的获得感。

关于今天的话题，我认为大家还是太含蓄，提出了一些问题给出了一些建议，但是没有展开，我再补充几点。新区乃至全国绿色金融改革创新，正逐步由分散化、试验性的探索，向系统化、规模化推进转变。绿色金融改革是新兴城市核心驱动力，推动生态经济全面发展，带来新一轮生态发展红利，为生态文明新兴发展开篇布局，目前我国绿色金融标准体系化尚未成型，有许多制约瓶颈。我了解到的主要体现在以下几个方面，绿色金融标准方面存在短板，比如绿色项目界定标准不统一和不同监管口径下绿债发行和存续期监管要求存在差异等；绿色认证和评级制度不完善，比如缺乏官方指引和标准、无明确监管规范等；绿色企业股权融资的落地路径尚未打通；环境信息披露制度尚未建立；绿色投资环境亟须培育；"真金白银"的激励措施未能落到实处等。生态经济如何促进绿色金融标准体系成型是我们需要去做的。

讨论会到此结束，大家的提问与发言也给了我们很多启示，今天只是开了个头，下次可以有更好的调查和思考后进一步讨论。也希望省社科院及在座各位博士、专家和学者能够在"生态经济：绿色金融建设"这块多提建议意见，为贵安生态经济发展研究课题提出好的建议和发展策略。再一次感谢大家的参与，也欢迎下次再来。

安平生态区总体规划

一 编制背景

为落实五大新发展理念，守住发展和生态两条底线，中共中央办公厅国务院办公厅印发《关于设立统一规范的国家生态文明试验区的意见》，贵州省成为全国首批国家生态文明试验区，标志着贵州省生态文明建设站在了新的历史起点。为了落实国务院《关于加快推进生态文明建设的意见》《生态文明体制改革总体方案》的要求，贵安新区提出在贵安新区规划安平生态区，将生态文明建设放在突出位置。

二 编制内容

（一）安平生态区总体规划思路、总体定位、功能关系、发展目标等。

（二）规划区生态保护规划，提出生态保护控制线，在水环境保护、地下水保护、优化生态水系格局、严格湿地空间管制、提升水系统生态功能、深化区域污染防治、强化水生态环境监管能力建设等方面进行分析；研究规划区的生态文明建设机制体制，对生态补偿机制、推行市场化机制管理等方面进行分析。

（三）对规划区的交通系统、慢行系统等方面进行规划。

（四）研究规划区生态旅游产业发展时序。对安平古镇、贵安樱花园、贵安茶海、美丽乡村、生态绿色农业发展等方面进行规划，研究以旅游开发为目的的农村环境整治和新型社区建设，完善绿色智能基础设施，提出以生态文化和绿色意识为基础的旅游产业的发展建议。

三　规划路线图

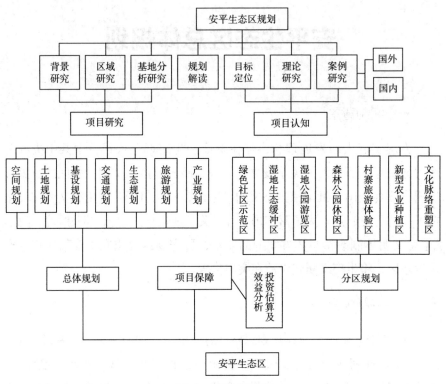

图 1　规划路线图

四　具体规划方案

（一）安平生态区认知

1.生态区位

安平生态片区处于贵阳—安顺都市圈中间的生态核心地带。区域生态良好、自然资源丰富，具有成为生态试验区的良好条件。规划片区宏观生态系统由农田生态系统、森林生态系统、草地生态系统、湿地生态系统、乡村生态系统组成。5条山脉（纵向为主）将贵安新区切分为4个槽带及水系，安平生态区位于飞虎山脉与高峰山脉之间，具有良好的生态本底。

从全省到全国的绿色发展示范意义而言，一是贵安新区发展的重大意义在于，完成国家"五位一体"的总体布局、符合贵州省生态文明建设发展取向、优化贵州省城乡发展结构和增长方式、传承地域文化民族文化、改善贵安新区生态环境，同时促进乡村发展；二是贵州生态在全国安全格局的意义在于，贵州省位于长江中上游流域、珠江上游流域的分水岭地带，属长江中上游和珠江上游重要生态屏障，是国家重要的生态安全区，同时是长江流域经济带、珠江流域经济带最重要的水源涵养区和生态保护区，水生态、水环境的保护建设具有国家生态保护战略意义。

从全省到全国的生态重大意义而言，一是大生态是贵安新区发展的生态核心，大生态必将会成为贵安新区的核心竞争力和引领高度。二是贵安生态对于贵州安全格局具有意义，安平生态区为贵州黔中地区，位于乌蒙山余脉和苗岭西支交错地带，处于羊昌河—红枫湖及麻线河—红枫湖流域，是典型的峰林峰丛、乡村田园的黔中地貌，是贵安新区重要的水源涵养—生物多样性保护—水土保持区。

2. 平坝地域文化与历史

2.1 军屯文化

据清道光年间《安平县志》记载，"洪武二十三年，以卢唐三寨及金筑府地置平坝卫，以宣德侯长子金镇袭指挥职，世守其地……有事征调，无事戍守，屯田耕种，自食其力"。规划区历史文化受其民居、服饰、饮食、民间信仰、娱乐方式等文化因子影响，具有独特的文化韵味。

2.2 地戏文化

地戏文化产生于明初，与来自安徽、江苏、江西、浙江、河南等地的屯军活动有关，盛行融祭祀、操练、娱乐为一体的军傩和在中原民间传承的民间傩，随南征军和移民进入贵州，并与规划区当地民情、民俗结合，呈现独特的安平文化特色。

2.3 刘大悲与平坝农场

刘大悲博士——刘大悲先生早期留学法国，获巴黎大学理工博士学位，回国后在平坝荒蛮之地开创了"西南垦殖公司"，立志"垦荒报国"，并将创办过程及人员记录立碑。回国后，他在国民政府行政院实业部任职，主持起草了第一部《中国森林法》；1937 年，任复旦大学教授，编写《中国森林业教材》。其后出任贵州省农业改进所森林系主任；1939 年，任西南垦殖公司经理，在贵州开荒造林 4500 余亩，中华人民共和国成立后在此改建成贵州省平坝监狱，后由监狱组建为樟园农场，形成 24000 亩香樟林。1946 年，刘大悲任湖北全水农场场长；1948 年，任农林部河北垦业农场场长，为旧中国农业、林业发展奔波十余年。

　　刘先生学的是农学樟科，留学法国回国后，旨在为中国古老的男耕女织注入西方的先进科技，以农为本，振兴中华。

　　生态种植的种子——刘大悲先生在樟树的种植技术和养护方法上，结合西方先进技术，有效地提高存活率和长势，将贵州平坝樟园农场作为试点，在保护、改善农业生态环境的前提下，遵循生态学、生态经济学规律，运用系统工程方法和现代科学技术及集约化经营的农业发展模式。

　　生态种植的延续——刘大悲先生将种植生态系统同种植经济系统综合统一起来，以取得最大的生态经济整体效益。这也是农、林、牧、副、渔各业综合起来的大农业，又是农业生产、加工、销售综合起来，适应市场经济发展的现代农业。

　　刘大悲先生在创办公司期间种植了大量的樟树，并细心爱护和加以研究，使得今日的樟树成为平坝监狱的标志，并成为全省乃至全国范围都独树一帜的风景，引来源源不断的观光客。

3. 基地分析

3.1　人居现状调查

3.1.1　规划区基本情况

　　根据现场踏勘及资料收集，确定本次规划涉及 1 个社区（樟缘社区）、3 个行政村（王家院村、大乐歌村、黄猫村）。其中行政村村民组位于规划区内的是：王家院村 5 个组：各屯坡组、麻窝组、下大坡组、下院组、青鱼塘组；大乐歌村 6 个组：郑家院组、小寨组、洗澡塘组、黑土组、龙潭组、六甲堡组；黄猫村 4 个组：黄猫组、马安山组、白头组、河湾组；规划区内人口户数为 1983 户，5953 人。

3.1.2　规划区人口和民族分析

　　人口在 0~100 人的村民组有 4 个，100~300 人的村民组有 4 个，300~600 人的村民组有 6 个，600 人以上的村民组有 1 个。现状人口布局以小聚落为主，且人口布局分散（见图 2）。

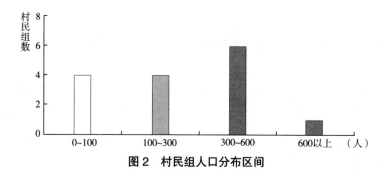

图 2　村民组人口分布区间

规划区内民族为多民族构成，以汉族为主，其中苗族村寨的有王家院村青鱼塘组、黄猫村白头组，黄猫村马安山组为布依族村寨。其中白头组（苗）、马安组（布依）、青鱼塘组（苗）为少数民族传统村落、其他的为一般村落，主要为汉族（见图 3）。

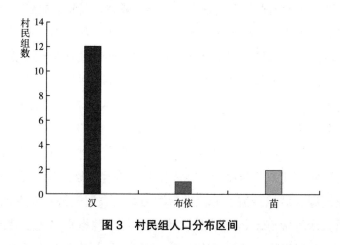

图 3　村民组人口分布区间

3.1.3　规划区经济发展水平

调研组根据现场调研资料收集、走访情况，发现多数居民的收入主要来自种植业，占经济来源的 56%；其次是种植业加外出打工，占经济来源的 30%；养殖业收入占经济来源的 10%；生意收入来源占经济来源的 4%（见图 3）。

经济认知：安平生态区位于贵阳安顺一小时经济圈范围，农业发展初具规模，旅游业发展处于初级阶段，基于规划区自身条件，旅游业和农业生态化、绿色化、经济化可持续创新发展。经济发展要能够支撑农业、生态旅游等产业发展的战略定位，成为贵安新区产业承载。

3.2 基地类型

安平生态区地势地貌表现为喀斯特地貌、地势平坦，河流纵横。气候为冬无严寒，夏无酷暑，四季分明，降水充沛，全年无沙尘天气，无台风影响，紫外线辐射强度较低，气候温和。安平区域地处飞虎山脉和高峰山脉中间，坐落于高原明珠红枫湖畔，规划区域地跨贵阳、安顺两市，处于两市的中间，距两地各约 50 公里，交通便利。区域内具有较高的生物多样性和较为独特的地域景观。

安平区域自然资源景观生态系统主要由山体资源、水资源、农田资源组成。其中，动物资源：贵安新区境内动物构成简单、种类较少，有两栖动物、爬行动物、鸟类兽类等，其中中国特有物种有 4 种，如黑腹绒鼠、小鹿等。平坝境内野生动物兽类有猕猴、狐狸、箭猪、野猪、穿山甲等；爬行类有蛇、蜥蜴、树蛙等；水族类有大鲵、鳖、蟹、蚌、虾等；植物资源：安平境内属亚热带常绿阔叶林分布地带，生物资源比较丰富。用材林有松、杉、柏等；经济林有山苍子、杜仲、棕榈、油茶、油桐、乌桕、漆树、盐肤木等，以油桐、油茶和漆树为主。野生药材主要有拳参、续断、龙胆草、金银花、桔梗等二十余种；水体资源：据贵安新区总体规划的水污染控制策略分区规划图，安平生态区位于环湖片区、邢江河片区及麻江河片区交汇处。其中环湖片区污染特征为分散生活源，邢江河片区污染特征为农业面源、城镇径流、分流生活源污染；农田资源：安平地势平旷，盛产优质大米（福寿米、贡皇米）、灰鹅、林卡辣椒等名优土特产品，享誉省内外。但污染防治基础设施不足，农业面源污染日趋严重；化肥利用效率偏低；农药残留量较高。

3.2.1 景观板块分析

进行解析分析的技术——通过综合运用 GIS 技术和景观格局指数法，对安平生态规划区多个抽样年 LandsatTM 遥感影像进行解析分析。分析结果表明：区域内同质性板块过多，现有林斑大多为较单一的植被种群，生物多样性评价低，生态稳定性差。区域内建筑板块过散，且斑块杂乱，如图 4 所示。

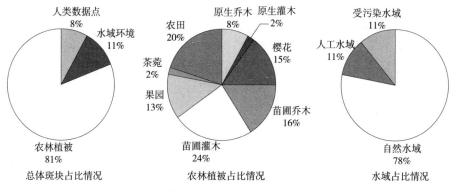

图 4   区域景观板块分析

3.2.2   生态分析

根据区域生态敏感性分析可知,极敏感区主要集中分布在规划区域东北片区临近红枫湖及河流湖泊水系,是水源需要重点保护的区域,建议禁止开发;高度敏感区主要为水系发达,水域面积较广,林地郁闭度高,森林自然度高,自然生态系统保存完好,生物多样性丰富的区域。建议此区域限制人为活动,使其发挥更大的生态功能,维育区域生态系统健康和安全。中度敏感区主要为水系分布较广,生态环境有一定程度的破坏,建议限制城镇、工矿业的扩张以及陡坡耕种,积极实施退耕还林,恢复和维育森林生态系统,大力发展水源涵养林,改善水文状况、调节区域水分循环,防止河流、湖泊、水库淤塞。轻度敏感区主要为人口相对少,林业和农业种植面积较大,承受外界干扰的能力较强,系统稳定性较好,外部的开发建设活动对其影响不大。建议在开发过程中,注意环境保护与经济发展的协调,保护水资源的利用,注重水质的涵养。不敏感区主要为人口密度较大,自然土壤和植被大多已被人工改造,生态条件较差,生态敏感性较低,抵抗外界干扰能力强,集中分布在北部平坝农场、监狱以及规划区内现状乡镇。建议防止城镇建设过度开发用地,重视水资源的保护。

根据分析可知,区域内同质性斑块过多,现有林斑大多为较单一的植被种群,生物多样性评价低,生态稳定性差。区域内建筑斑块过散,且斑块杂乱。水系单薄,存在太多河道回漫区,水体流通性不强。河流生态稳定性差。存在较多生态极敏感的区域,建设用地较少。

3.2.3 现状分析

3.2.3.1 场地现状分析

基地最高点高程 1393m，最低点高程 1127m，相对高差 266m，地形整体呈现西南高东北低的走势，范围内用地较为平缓，坡度多低于 15 度，朝向以偏南朝向为主。

3.2.3.2 植被现状分析

规划范围内植被覆盖率较高，规划范围内地势较为平坦，适宜做适当开发建设；整个贵州属于亚热带湿润性季风气候，所以植被以中亚带常绿阔叶林为主，以樟科、山茶科树种占优势；规划范围内局部地段分布有面积较少的原生乔木林，大面积的樱花林和茶园，并以桂花、红枫、香樟、雪松、玉兰、含笑等十余种风景绿化树木组成林地景观。建议适时地整理林地，形成连续生态系统，建设生态绿廊，以保护生物多样性以及生态环境；强化经济林与休闲旅游建设，为人们提供亲近大自然、感受大自然的线性休闲空间。

山林地：以亚热带湿润季风气候下山体常绿阔叶林、樱花林、谷地田园为生态本底，生态价值较高。樱花林地：樱花基地种植已形成了一定程度的旅游设施体系：有 6000 多亩超过 50 万株的名贵樱花树，天龙屯堡文化旅游区，还建立了占地 50 亩的"中日旅游友好樱花园"，且分为早、晚樱花红白两个品种，早晚樱花的花期共能持续一个月，花期为两周左右，堪称"贵州最佳樱花观赏区"。苗圃林地：平坝农场是贵州省最大的花卉苗木培育基地，主要品种有桂花、红枫、香樟、雪松、玉兰、含笑等十余种风景绿化树木，具有突出的观赏性。

3.2.3.3 水系现状分析

安平生态区位于红枫湖—麻场河子流域以及红枫湖—羊昌河子流域，且两主干河流廊道自南向北穿过安平生态区最终到达红枫湖核心保护区。水系统涵养丰富，水流清澈，原生溪流生态系统保存良好。现状部分水面受污染严重，且局部生态退化。部分有断流现象，规划区内农田沿溪流、谷地分布，田土肥沃，稻谷等作物产量较高。传统农耕体系使农田保存了区域生物栖息和迁徙的一般性功能。水质问题随着建设的开展必将成为主要问题。水处理也将是重点。

3.2.3.4 生态现状分析

水体污染：主要来源于工业排放、生活污水和农业残留。工业排放主要来自安平生态区中的茶叶加工厂、洗煤厂、塑料厂、电子元件厂；生活污水主要来自安平镇、高峰村、青鱼塘苗寨等人居聚落；农业残留主要在于基地南面的农业种植区。水体污染情况可见表1。

表 1　水体污染情况

污染来源	面积（平方米）	占比（%）
工业排放	42500	6.7
生活污水	3700	0.3
农业残留	13700	1.1
其他	2600	0.2
总　和	62500	8.3

土壤污染：主要来源于工业污水、农业污染、生活污水排放。工业污水主要来自茶叶加工厂、洗煤厂、塑料厂、电子元件厂。农业污染主要来源于化肥和农药。生活污水排放会有部分残留在土壤中。

4. 生态理论模式策略

4.1　生态哲学与生态伦理共同构建生态区理论基础

4.1.1　生态哲学与生态伦理

生态哲学：1973 年，阿伦·奈斯提出"深层生态学"理论，将生态学发展到哲学与伦理学领域，并提出生态自我、生态平等与生态共生等重要生态哲学理念。特别是生态共生理念更具当代价值，包含人与自然平等共生、共在、共容的重要哲学与伦理学内涵。

生态伦理的现实内容：人类自然生态活动中一切涉及伦理性的方面构成了生态伦理的现实内容，包括合理指导自然生态活动、保护生态平衡与生物多样性、保护与合理使用自然资源、对影响自然生态与生态平衡的重大活动进行科学决策以及人们保护自然生态与物种多样性的道德品质与道德责任等。

生态伦理的特点：社会价值优先于个人价值、扩展了道德的范围，超越了人与人的关系、努力实现人与自然和谐发展。

4.1.2　生态学交叉学科

生态交叉学科具体有：全球生态学，研究整个地球生态问题的生态学，又称生物圈生态学。景观生态学，研究在一个相当大的区域内，由许多不同生态系统所组成的整体（景观）的空间结构、相互作用、协调功能及动态变化的一门生态学新分支。农业生态学：用生态学和系统论的原理和方法，将农业生物与其自然环境作为一个整体，研究其中的相互作用、协同演变，以及社会经济环境对其调节控制规律，促进农业全面持续发展的学科。城市生态学：研究城市生态系统的组成、结构，功能及规律的学科。经济生态学：研究生态系统和经济系统的复合系统的结构、功能及其运动规律的学科，即研究生态经济系统的结构及其矛盾运动发展规律的学科。

4.1.3　生态全球视野

全球可持续发展正在进入以绿色经济为主驱动力的新阶段。

2008 年国际金融危机发生后，绿色经济迅速成为全球关注的焦点，发达国家主导了这场绿色变革。发达国家积极倡导绿色经济，其驱动力是应对金融危机和全球气候变化，关键内容是降低对化石能源的依赖，核心目的则是迅速扭转经济颓势和失业率高企，并在未来全球竞争中占据制高点。

4.1.4　认知自然→认知人力→人与自然

围绕着如何向自然索取更多的资源和能源以生产出更多的物质财富、追求更高水准的生活这一主题。人最终作为种的形式、作为类的存在物延续下去的需要，即人的生存和发展的需要。保证人的生存和发展的需要，人的活动与生态系统的相互促进与影响。

4.2　生态技术及模式

4.2.1　生态技术

生态技术可分为：基底技术，包括基底改造、基底防渗、淤泥疏浚；水体原位生态体系技术，包括沉水植物净化系统、水生植物观赏带、水生动物控藻系统、微生物调控系统；生态浮岛技术，包括干式浮岛、湿式浮岛。最终形成表面流湿地、潜流湿地、立式流湿地。水环境保护技术，包括水环境保护技术：截留治理外源污染（化学净化），截留治理外源污染（物理净化），强化生态保障措施（生物净化）；生态水处理技术：将生态水系及生态景观的复合体系作为水环境及水生态保护的有机空间；尾水处理技术：实现非常规水资源利用的最大化以达到污染物去除的最大化。

4.2.2　生态模式

生态模式包括土地治理模式、农田生态修复模式、水环境修复模式、有机农业发展模式、低碳模式、绿色建筑模式、循环水模式、双蓝双绿模式。

（二）安平生态区总体规划

1. 定位与目标

1.1　核心理念：三生双体。

三生：生态、生命、生活，生态体验、生态认知、生态教育。双体：生态田园综合体、生态教育旅游综合体。以生态、生命、生活融合理念，构建北部以生态体验、生态认知、生态分享为主体的生态教育旅游综合体和南部以古意镇民俗村和绿色示范性农产为主体的人文生态田园综合体，作为创新性突破性实践平台。

1.2　规划模式

1.2.1　生态模式

安平生态区深度生态模式。秉承生态哲学生态伦理价值，应用修复景观生态学，湿地岛屿生态功能理论和原创双绿双蓝生态实践理论，建立安平生态区深度生态模式。

1.2.2　产业模式

产业模式包括生态效能、生态教育、生态旅游、示范性绿色农产品。

1.3　目标定位

总目标：生态文明最高示范。子目标：四区一群。包括：国家生态文明、生态修复示范区；国家生态旅游示范区；国家生态农业示范区；国家生态文创样板区；国家生态文明教育集群。

发展定位：从美丽乡村到发展样板；从城乡郊野到生态圣地；从初露头角到重大品牌名片。形象定位：蓝湖绿峰樱海安平古意景镇。

1.4　理论与模式要点

1.4.1　站位高度与深生态学实践

本项目将在"一带一路"战略中作为横向连接的"秦岭—横断山—苗岭"国家核心生态金三角及珠江长江源流生态核的重大生态示范模式，嵌入并连动全省及全国生态格局形成由地方到国家的大生态核，建立国家生态安全大格局。项目规划秉承生态哲学、生态伦理价值以及全球视野和中国示范意识，应用修复景观生态学、湿地岛屿生态功能理论和原创双绿双蓝生态实践理论，建立安平生态区深度生态模式，并作为具有高度示范性的"贵州实践，中国模式，世界典范"。

1.4.2　全域5+3复合多级水生态处理湿地湖岛体系

将安平生态区构建为以多级复合湿地功能为主体的绿色产业、生态三层净化和生态核心保育五级体系，形成红枫湖上流最强有力的水体净化和生态修复核心，其中包括湿地生态水泡净水公园、湿地浮岛活水公园和樱花岛屿湿地公园等核心部分。

1.4.3　三生双体模式

以生态、生命、生活融合理念，构建北部以生态体验、生态认知、生态教育为主体的生态教育旅游综合体和南部以古意镇民俗村和绿色示范性农产为主体的人文生态田园综合体，双体联动作为创新性、突破性实践平台。

1.4.4　生态教育作为核心价值——生产、旅游与教育六区融合

把绿色生态农产示范、乡村旅游和生态旅游三大板块相结合，赋予全域生态教育意义。通过生态体验—生态认知—生态教育的递进层级，构建全域复合深度生态旅游范式。全区域共构建六种类型生态公园，包含生态家园试验与教育区、生态保育核心区、生态农产体验园区、安平古意镇新型生态旅游社区及两个生态民族村，全方位实现全生态交通和基础设施体系，生态治理与运营复合体系。

1.4.5　安平国际生态家园试验

将平坝农场社区生态移民外迁为安平古意镇新型社区居民，原址重建为全绿色、零排放的生态型国际生态实验示范村，作为世界最高水准的展示教育和体验生态聚落。将平坝监区外迁后，原址利用重建为国际生态教

育中心，包括生态会议中心、生态学校、生态博物馆。国际生态试验村和国际生态教育中心将与国家生态文明贵阳会议联合，创设生态营造国际双年展，并长时段作为樱海生态度假村和会议中心。

1.4.6　三村示范：安平古意镇田园耕读传承与生态移民新型生态社区示范＋传统村寨生态型更新示范＋置换型村落创生示范

区域南部工厂用地以一流生态理念技术建设移民安置新型生态社区，也是屯堡文化、生态文化再现的古意人文旅游镇。黄猫布依村和青鱼塘苗寨采用生态更新模式作为传统村寨生态文化发展示范，置换村落作为安平民艺村创生示范，包含屯堡文化古意镇（移民生态型社区示范）、布依古村与苗寨（民族村寨生态型更新示范）、安平民艺村（置换创造的人文旅游村示范）。

1.4.7　生态农产示范园区、绿色产业博展中心与绿色银行

建设区域南部作生态农产示范园，结合绿色银行概念并建设体验展示、展销、交流为一体的生态农产博展中心。

1.4.8　从樱园到樱海文化

樱海文化园与干预式正向演替生态体验。将现有樱花园，采用生态方法每年渐进更新林型，将樱花湿地岛群结合品种多样性形成樱花群落，并大大延长花期、可游期，同时嵌入人文空间与内涵形成国际著名大型樱花文化区。以生态手法提升为花海复合群落，延长花期，产生极致花海生态体验，注入人文内涵，打造世界著名超级樱海文化区。

1.4.9　传统农耕遗产体验

围绕安平古意镇和"两个古村＋绿色农产示范＋生态产品展示博览中心"，实现绿色金融。

1.4.10　产业

把旅游和休闲的消费和体验，扩大到认知层面和叠加生态教育，大大深化和提升其旅游意义与价值，创造生态文明的示范性产品体系。

2. 总体规划

2.1　总体规划结构

规划总体分为"双体双核三大片、一轴三环蓝绿网、五带九区三十景、二十单元复合群"的规划大结构。

2.1.1　双体双核三大片

双体：景镇田园旅游综合体、生态教育旅游综合体。

双核：北部生态教育试验核，是主要的零排放生态科技示范、展示、实验、教育核心；南部新型农业展示核，是主要的生态农业展示、演绎中心及物流转运交易中心。

三大片：生态修复保育示范区，是禁止外部游客进入的区域，也是全区域的生态保育核心；生态公园认知体验区，是局部开放的水污染处理中心及游客生态体验中心；古镇绿色农产游览区，是全开放的集农业发展、居民安置、产业梳理及乡村旅游为一体的产业驱动片区。

2.1.2　五带九区三十景

五带：田园景观带、湿地景观带、湿地缓冲带、生态控制带、生态保育带；

九区：生态核心保育区、生态实验示范区、湿地生态缓冲区、湿地公园游览区、森林生态公园区、苗寨旅游体验区、绿色产业发展区、安平古意重塑区、峰林郊野公园区；

三十景：峰林公园、青鱼塘苗寨、湿地度假村、安平古意镇、绿色产业博览中心、湿地公园、松林公园、贵安茶海、樱花公园、零排放生态村、葡萄酒庄、水生态科技馆、青少年科普教育基地、文化创意产业园、活水公园、生态监测观鸟站、森林庄园、樟树纪念园、草莓采摘园、农耕文化体验园、樱花 SPA 会馆、生态观鸟廊、樱花岛屿、户外拓展基地、净水公园、树屋茶室、生态会议中心、水处理博物馆、文化古街、房车营地。

2.1.3　二十单元生境群

在安平生态区原有群落十分丰富，包括植物、动物、人居、水域几个方面，重点分析植物群落、人居群落两个较为复杂、与项目关系最为密切的部分。植物群落生境分为松林生境、杉林生境、香樟林生境、樱花林生境、槐树林生境、水果种植园生境、农作物种植园生境、茶园生境、山地林生境、混合林生境、桃林生境。人居群落生境分为原生居住生境、零排放生境、教育生产生境。水环境分为河流生境和湿地生境。

2.2 具体规划区情况

2.2.1 规划区类别

总共分为 9 个大区，58 个规划小板块。

2.2.2 土地使用情况

通过城乡用地汇总可知，建设用地占城市建设用地的 13.36%，非建设用地包括城乡农林水域用地，占城市建设用地的 86.64%。

2.3 规划思路

2.3.1 水系规划

2.3.1.1 现状水系

现状水系中存在湿地漫湖，形成堰塞鱼塘，水质情况较差；现有河道之间湿地面积较小，河流自带的污水净化能力较低，敏感度高，任意污染，都可能造成生态系统的崩坏。

2.3.1.2 连通洼地汇水带

现状存在较多汇水洼地，在区域范围形成小型水塘，死水水质差，易产生污染；同时，农业面源污染不易排出，淤积在洼地中，对局部土质造成影响。

2.3.1.3 规划水系

依托现有水系及洼地汇水区域，连接东西水系，在中部形成网状湿地体系；南部依托原有沟渠网络，形成农业生态保护沟渠网，将农业污染及时通过湿地处理；羊昌河及麻线河中段，开挖湿地水泡，增添生态浮岛，形成河流水处理生态肺，增加河道生态稳定性。

2.3.2 植被规划

2.3.2.1 现状植被

现状植被多为大面积单一苗圃及大面积果林，生态系统稳定性较差；河道及水系建设与侵占现象严重，无法形成连通的生态廊道。

2.3.2.2 区域植被更替补植

对单一种质的苗圃基地进行更替补植，增加生态系统稳定性；保留现有樱花林，但对樱花林中单一品种做逐年更替，延长观赏花期；修复河道两岸植被，形成生态绿色廊道。

2.3.2.3 规划植被

划定北部作为生物多样性修复区域,增加植被种植;移栽原有苗圃,更新为生物多样性修复群落及园林植物群落;拆除工厂后对原有土地复垦,种植土壤修复植物品种;增加河道两岸水生植物群落,加大接触面积,净化水体。

2.3.3 建筑群落规划

2.3.3.1 现状建筑群落

现状村庄聚落较散乱,没有形成聚落核心;北部存在较多苗圃临时建筑,其规模及建筑形态均达不到生态建筑要求;现状场地的监狱及工厂生产的污染无法得到及时处理,破坏场地生态环境。

2.3.3.2 根据规划要求,对现有建筑搬迁、拆除及改造利用

拆除原有工厂,并对原址遗迹地进行复垦及修复;拆除北部部分建筑,作为生物多样性修复基地;利用原有监狱建筑及部分农家乐,改建为生态教育建筑;南部村庄收缩,搬迁零散村民组,集中安置在安平古意镇区域及青鱼塘区域;新建生态服务类建筑,采用新型工艺及生态理念,成为零排放生态地标建筑。

2.4 生态结构体系构建——双蓝双绿网络体系

2.4.1 蓝绿体系

建立"深蓝、浅蓝""深绿、浅绿"双螺旋廊道,形成生物无障碍廊道、生态体验廊道、主题活动廊道、观景休憩廊道,构建黄果树湿地公园的生境保护与生态体验平衡发展国家级湿地公园。通过点、线、面体系构建宏观、中观、微观三个层面的景观体系。构建"深蓝深绿生态廊道、浅蓝浅绿游憩廊道"交织的多层复合性的网络体系。同时解决游憩、生物迁徙、活动等问题。

2.4.2 深蓝深绿体系规划

沿山林建立深绿生物迁徙廊道,解决区域内林地分散、人居生活对动植物造成的影响问题。沿河流建立深蓝生物迁徙廊道,打通区域内水系与山体汇水线及周边水库联系通廊。丰富水系高差,建立深水区与浅滩区水系通廊。

2.4.3 浅绿浅蓝景观廊道体系

建设完善的配套设施，融合生态、运动、休闲、旅游等多种功能构建亲水景观绿道，设置跨水栈桥、跳步石等景观设施。挖掘具有休闲游憩价值的潜在特色休闲游憩资源，作为城市游憩资源系统的补充。

2.4.4 河流退让保护距离

不同宽度缓冲带有不同生态保育和景观功能：湿地河道预留 30~50m 缓冲带作为区域性的生态廊道；其余与外部连通的横向干河预留 20~30m 作为次级生态通廊承担生态防护功能；田园村寨河道预留 15~20m 缓冲带，承担生态防护水质缓冲等功能。

2.4.5 驳岸模式

生态驳岸具有景观、生态、防护功能。考虑场地水文、水系特征，分别对驳岸系统进行多元优化，营造高价值生态岸线体系。

2.4.6 生态多样性保护廊道

安平生态区生物多样性采取就地保护措施，通过建立廊道系统，保证生物迁徙通畅，最大限度控制人类活动对动植物生长的影响。廊道建设分为两类：山林及农田动植物廊道、水生及湿地动植物廊道。

山林及农田动植物廊道是连通山林、农田等区域的重要链条，承载着保障陆生动植物迁徙的重要使命；水生及湿地动植物廊道是连接各个水源的重要通道，是保障水生动植物生长、繁育的关键。

生物保护战略点是山林及农田动植物廊道、水生及湿地动植物廊道上关键的保护点，具有强化生态保护控制、统筹生态保护措施、深化生态保护影响的作用。

2.4.6 生态设施体系构建

2.4.6.1 全域三级五梯度多级水生态处理湿地湖岛体系

将安平生态区构建为以多级复合湿地功能为主体的绿色产业、生态三层净化和生态核心保育五级体系，形成红枫湖上流最强有力的水体净化和生态修复核心，其中包括湿地生态水泡净水公园、湿地浮岛活水公园和樱花岛屿湿地公园等核心组成部分。

2.4.6.2 五层级水体净化体系

2.4.6.2.1 五层级水质净化体系

生态保育区：区域内水质很好，以水源保护作为主要手段。

生态控制区：区域水质良好，以生物多样性恢复、生境保育为主，以管理为主，采用河流蜿蜒度构造技术和水系连通技术，提高流域和区域水资源统筹调配能力，为洪水提供畅通出路和蓄泄空间，并增强水体自净能力和水生态修复功能。

湿地缓冲区：区域内有较大水面，有两个主要污染源，分别属于工业用水污染和生活用水污染，采用砂滤、生态驳岸、生态浮岛、人工湿地和微生物修复技术。

湿地景观区：水资源十分丰富，水面所占面积大，人工水系增多，存在工业用水污染的情况，采用围堰技术、基底改造与防渗技术、水体原位生态体系构建技术、淤泥疏浚技术、河流蜿蜒度构造技术、生态驳岸、生态浮岛和人工湿地技术。

田园景观区：以自然水系为主，水面较小，存在生活用水和农业用水污染的情况，采用生态驳岸技术、生物浮岛和曝气技术、植物篱－沟渠农田网格系统和基塘农业方式，改善农业用水污染。

2.4.6.2.2 水质净化技术

水质净化技术包括围堰技术、基底改造与防渗技术、水体原位生态体系构建技术、淤泥疏浚技术、砂滤、生态驳岸、生态浮岛、曝气技术、人工湿地、微生物修复技术、河流蜿蜒度构造技术、水系连通技术、植物篱－沟渠农田网格系统、基塘农业方式。

2.4.7 生态村庄建设

2.4.7.1 生态村庄建设规划

生态村庄是将农耕文化景观、田园景观、农村风土人情等有形和无形资源结合在一起所形成的一种完全区别于城市的新的乡村发展形态，也就是说安平生态区的生态村庄必须与城市差别化发展。

村庄的总体生态规划和建设要尽可能地向历史学习，尊重与保护村庄的文化遗产、地域文化特征以及与自然特征的混合布局相吻合的文化脉络。原住居民参与性不应该仅仅成为城市规划师和景观设计师参与村庄景观建设的守则，还应该让村庄的每个人都参与其中。只有真正符合当地人生活需要的建筑景观才是具有生态意义的生态村庄建设。湿地村落布局形式主要通过扩展没有交通干扰的湖泊环境，纳入私人村舍、公园、学校、度假村等，增进湖泊及周围不动产的利用和趣味，挖掘土地和水体价值。

生态村庄的具体规划为，建筑形式突出传统样式，但应满足接待、住宿、娱乐功能。交通方式以公路为主，小区域保留水上交通。能源以洁净能源为主，如太阳能、沼气等能源。每户设置沼气池，采取雨污分流的方法，集中收集处理污物。村落经济以养殖业为主，结合旅游产业发展。

2.4.7.1 生态村庄污染处理

农业非点源污染是农业污染的主要贡献者。化肥和农药随着地表径流进入附近的溪流和河流，污染水质。翻耕土壤促进土壤侵蚀，从而增大河道中的泥沙含量。通过最佳管理措施，控制径流，缓解水质恶化和洪水风险发展。

通过滨岸湿地形成的植物篱与农田沟渠构成稳定的网格系统，植物篱 – 沟渠农田网格系统可控制非点源污染的形成；隔离不同农田地块之间的虫害传播和其他干扰促进水分、养分在农田中的迁移；控制地表径流，防止土壤侵蚀；保护农田土壤养分，提高作物产量；改善附近河道水文特征，合理的植物篱带间距的理论公式：

$$L=4H/\sin 2a$$

$$L：植物篱间距；H：坡面土层厚度；a：坡度$$

通过分析可知，合理的湿地面积：假设土层厚度 0.5m，坡降 0.005~ 0.01 条件下，植物篱间距的合理宽度 100~200m，植物篱湿地的合理宽度 4~8m。

2.5 交通及基础设施规划

交通及基础设施规划包括交通规划、慢行交通规划、主干步行体系、排水系统规划。排水采用集中收集生态净化的方式。污水量按 0.8 倍供水量计算，规划污水总量为 2831.4m³/d，本次规划由于使用五级净水的净化方式，在规划中考虑将污水全部排放至生态湿地收集点。排水考虑无管网、零排放。

2.6 安平生态区产业体系架构

立足于"生态文明"国家战略，依托安平资源基础和现实条件，突破传统单一的生态产业发展模式，通过产业重组、升级、培育等途径，以生态农业为支撑，以旅游产业为核心，以文化产业为依托，注重旅游、农业、文化三者与生态共融发展，针对生态旅游市场需求，构建以观光农业、有机食品、农特产品加工、健康养疗、保健产业、艺术产业、休闲产业、度假产业为延伸产业，延伸产业相互融合形成特色衍生产业的安平生态区生态产业体系。

2.7 旅游发展规划

2.7.1 发展定位

全面遵循自然生态过程、全面动员区域潜力资源、全面满足生态尤其需求的；突出核心资源保护与利用协调、突出游憩产品精品塑造与生态服务功能兼顾、突出旅游产业创新探索与乡村地区发展带动并举。

作为国家全域生态旅游创新示范区，一是在创新生态与旅游制度方面，建设中国零碳排放试验区，创新生态补偿、生态能源、水权交易、综合开发、资源节约和环境保护等体制机制。二是在创新旅游开发模式，推广生态开发模式上，推动"村民参与"社区主导旅游开发模式，尝试 CBTI（Community Benefit Tourism Initiative），旅游促进社区受益；试点扶贫旅游（Pro-Poor Tourism）政府主导开发模式。三是加强产业融合，创新生态旅游业态，加强与高效农业、健康产业、文化产业、教育产业等的融合，培育生态旅游产业新业态，拓展旅游产业链条。四是发展生态科技，创新旅游设施生态化，努力将现代科技运用于生态旅游的开发，发展生态科技，大力推动安平生态区内基础设施、服务设施、配套设施等旅游设施的生态化。

2.7.2 构建 8 大旅游板块（11 个功能区块）

旅游结构：多层复合旅游结构（一环、一廊、三核、九片区）。一环：主要车行道路，串联安平生态区生态教育、生态认知、生态旅游的主要环线。一廊：麻线河—红枫湖—羊昌河组成的环绕安平生态区的滨水徒步廊道。三核：生态试验示范核心，位于贵安大道以北，是安平生态区的生态技术展示窗口，主要包括生态会议中心、水生态博物馆、零排放生态试验社区，可举行生态论坛、生态教育学习等活动。绿色产业示范核心，位于绿色农业园贵安大道以南一侧，作为绿色农业展示中心、乡村绿博论坛的基地，主要展示安平生态区内对农业产业的生态试验，包括农业产业结构调整、农业种植种类选择、农业生态技术示意。生态教育示范核心，位于贵安大道以北，是安平生态区生态教育博览的展示窗口，包括国际生态博览教育综合体等直接教育、展示生态技术的建筑物和运营管理的生态教育机构。九片区：生态核心保护区、樱花湿地生态涵养片区、湿地公园游览片区、森林公园游览片区、文化脉络重塑片区、绿色农耕产业片区、村寨旅游体验片区、峰林生态公园区、旅游集散中心区。

2.7.3 景区景点规划

2.7.3.1 级别规划

规划设置主要景点 30 个，其中二级景点 10 个，三级景点 20 个，剩余为四级景点。

三十景名称：西山丰林——峰林公园、青鱼苗寨——青鱼塘苗寨、青芜水园——湿地度假村、古意安平——安平古意镇、耕农牧野——绿色产业博览中心、生林水镜——湿地公园、山林致远——松林公园、春意茶香——贵安茶海、芳谷挽樱——樱花公园、青山翠居——零排放生态村、晶翠碧园——葡萄酒庄、安平之星——水生态科技馆、普教私塾——青少年科普教育基地、创意群落——文化创意产业园、踩水探径——活水公园、西岩晚眺——生态监测观鸟站、茶径通幽——森林庄园、樟树虬龙——樟树纪念园、红果梵天——草莓采摘园、金色麦浪——农耕文化体验园、樱花疏骨——樱花 SPA 会馆、晴岚观鸟——生态观鸟廊、樱屿潮音——樱花岛屿、拓展纷飞——户外拓展基地、生态水肺——净水公园、映树疏影——树屋酒店群、草色知行——生态会议中心、水生博文——水处理博物馆、安平古街——文化古街、月傍九霄——房车营地。

2.7.3.2 类别规划

三十景之人文景点名称：青鱼苗寨——青鱼塘苗寨、青芜水园——湿地度假村、古意安平——安平古意镇、耕农牧野——绿色产业博览中心、青山翠居——零排放生态村、晶翠碧园——葡萄酒庄、安平之星——水生态科技馆、普教私塾——青少年科普教育基地、创意群落——文化创意产业园、西岩晚眺——生态监测观鸟站、茶径通幽——森林庄园、樱花疏骨——樱花 SPA 会馆、晴岚观鸟——生态观鸟廊、拓展纷飞——户外拓展基地、映树疏影——树屋酒店群、草色知行——生态会议中心、水生博文——水处理博物馆、安平古街——文化古街、月傍九霄——房车营地。

三十景之自然景点名称：西山丰林——峰林公园、生林水镜——湿地公园、山林致远——松林公园、春意茶香——贵安茶海、芳谷挽樱——樱花公园、踩水探径——活水公园、樟树虬龙——樟树纪念园、红果梵天——草莓采摘园、金色麦浪——农耕文化体验园、樱屿潮音——樱花岛屿、生态水肺——净水公园。

2.7.4　四大功能主题类别游赏体系规划

绿色产业游：游客中心—电瓶车停靠站—亲水渔园—无公害蔬菜种植基地—绿色产业展示中心—水晶葡萄种植基地—青芜水园—晶翠碧园—优质水稻种植基地—耕农牧野—电瓶车停靠站。

人文体验游：游客中心—电瓶车停靠站—古意安平—文化安平—山林致远—慈暮安平—山林致远—电瓶车停靠站。

乡村休闲游：游客中心—电瓶车停靠站—水晶葡萄种植基地—青芜水园—晶翠碧园—草莓种植基地—青鱼塘苗族文化村—亲水渔园—电瓶车停靠。

生态认知游：游客中心—鱼庄（湖岸渔园）—水生态公园—青少年科普基地—茶厂／茶庄（烹茶蔬园）—树屋酒店群—文化创意产业园—生态会议中心—零排放生态示范社区（樟缘社区）—水生态博物馆—生态观景塔（安平之星）—樱花岛屿群（樱红绿陌）—樱花生态公园（芳谷挽樱）—湿地游船码头（翠汀舟楫）—房车营地或帐篷露营地（星月营地）—森林茶室—湿地观测站—生态水肺—湿地科技馆（虫声绕眠）—生态餐厅（烟苗青园）—游客中心。

2.7.5　旅游服务设施规划

安平生态区规划旅游服务设施分为三级，依次为旅游服务基地、旅游服务中心及旅游村、旅游服务点。

●旅游服务基地——联系南北、辐射区域

安平生态区的旅游服务基地以"完善生态区旅游综合服务功能、连通南北"为目标，服务于生态区南北两个空间层面；依托贵安大道北侧原平坝农场入口区域设置游客服务中心作为旅游服务基地，联系南北。该服务基地是全区域旅游管理的核心，采取智能化设施，对整个旅游区实行全天监测，提供综合旅游咨询。该旅游基地主要发挥管理、引导及监测作用，其他旅游服务设施少量设置。

●旅游服务中心、旅游村——互为补充、突出特色

旅游服务中心及旅游村依托社区及改造农庄进行布局，提供必需的旅游服务项目。

安平生态区依托安平古镇和樟缘零排放社区设置旅游服务中心，满足游客综合服务要求。主要提供科普解说、安全救护、餐饮购物、酒店住宿、宣传咨询、旅游管理为主的旅游服务项目。实现"南北平衡"的空间布局。

旅游村依托改造农庄进行布局，为游客提供特色民宿、民俗体验、特色餐饮、绿色食品、民俗工艺品售卖等旅游服务项目。

●旅游服务点

分布于生态的主要游览区域和主要游览线上，为游客提供较简易的咨询、餐饮、购物、卫生等服务项目，如农耕文化体验园、绿色产业中心、松林公园、樱花岛屿、生态监测点、农园基地、水生态公园、树屋酒店群。

2.7.6 智慧旅游设施规划

安平生态区通过三级智慧旅游服务平台构建智慧旅游服务系统。包括智慧旅游调度智慧中心、智慧旅游分中心、智慧旅游平台点。

●智慧旅游调度指挥中心

智慧旅游调度指挥中心设置于安平生态区游客中心，作为全景区的智慧旅游服务的控制中心。主要包括三大功能：全区域智慧旅游服务体验功能、大数据中心功能、旅游指挥调度功能。

●智慧旅游分中心

结合两个旅游服务中心设置，主要对南北生态区的视屏监控、客流监测等。

●智慧旅游平台点

结合旅游村及旅游服务点布局，主要设置集成一体化的景区标识、景

区宣传、导视牌、智行车租车系统、多媒体售卖机、自动售卖机的电子信息系统。

2.7.7　旅游产品体系规划

旅游产品体系规划主要包括生态人文体验旅游产品、度假旅游产品、康体休闲产品、生态教育产品、商务旅游产品、文化类旅游产品、文博产品7个大类，13个小类。

（三）安平生态区分区规划

1. 安平古意镇：3个生态与人文旅游示范区

1.1 A区：移民生态社区——屯堡文化古意镇

规划区域南部工厂用地以一流生态理念与技术建设新型社区，同时是屯堡文化特别是生态文化再现的古意旅游镇。黄猫布依村和青苗塘苗寨采用生态更新模式成为传统村寨生态文化方向发展示范。

1.2 B区：民族村寨生态型更新社区——青鱼塘苗寨、安平布依古村

通过对村寨原有的沟渠、洼塘拓建为生态湿地，并与农田、建筑屋顶相串连，积极研发并推行实施了一种湿地污水处理系统，组织乡村社区生活污水集中排放，污水经湿地过滤处理后用来灌溉稻田等农作物，达到水资源充分利用与净化的目的，完善生态系统，同时充分利用村寨特色建筑、苗族文化、田园景观、农耕文化景观、农村风土人情等有形和无形资源结合打造生态风情村型社区。

1.3 C区：置换创造的人文旅生态社区——安平民艺村

把部分分散的农村居民搬迁到安置区集中居住生活，然后通过燃气、排水等基础设施专项规划建设，改善乡村生态环境以及社区居民的生活、生产条件。同时通过政府领导、企业合作、村民合作的模式，在产权不变的情况下，将有条件的原有民居利用改建为民宿或通过原址新建的形式打造乡村客栈、艺术家聚落等，发展相关产业。

2. 国际生态家园试验

2.1　国际生态试验村

将平坝农场社区生态移民外迁为安平古意镇新型社区居民原址重建为全绿色、零排放的生态型国际生态实验示范村，作为世界最高水准的展示

教育和体验生态聚落。将平坝监区外迁后，原址利用重建为国际生态教育中心，包括生态会议中心、生态学校、生态博物馆。

引入现代元素及现代材料，对现有老建筑进行功能性改造，完全保留老建筑的外墙部分，重铸老建筑结构及功能部分，使新的部分新，而旧的部分旧，形成视觉及空间的强烈对比，并赋予改造的建筑新的使用意义。

打造策略：建立零排放示范社区，宣传低环境干扰的生态旅游；通过高品质生态科普项目，传播生态文明理念，通过高端生态旅游项目；在控制游客量同时，提升旅游收益。核心项目策划包括：樟林纪念园、国际生态实验村、生态会议中心、国际生态博览教育综合体、尾水湿地、文化创意产业园、生态客栈、旧屋更新示范。

2.1.1 社区生态技术建设途径

一是混合型社区开发模式采用产居一体。住宅区向南，以便于白天吸收热量；工作间靠北，以减少白天办公过多热气，减少冷气需求。二是成本低廉的示范建筑建设采用"就近取材"，从而降低了成本。建筑窗框选用木材，相当于在制造过程中减少了 10% 以上（约 800 吨）的二氧化碳排放量。三是零能耗的采暖系统。通过各种措施减少建筑热损失及充分利用太阳热能，以实现不用传统采暖系统的目标。四是零能耗的通风系统。风道是以风为动力的自然通风管道，风道的一个通道排出室内的污浊空气，而另一通道则将新鲜空气输送进来，在此过程中，废气中的热量同时对室外寒冷的新鲜空气进行预热，最多能挽回 70% 的热通风损失。五是零排放的能源供应系统。采用热电联产系统为社区居民提供生活用电和热水，热电联产发电站不使用天然气和电力，而是使用木材废弃物发电，树木成长过程中吸收了二氧化碳，在燃烧过程中等量释放出来。因此它是一种零温室气体。六是循环利用的节水系统，建立独立完善的污水处理系统和雨水收集系统。生活废水被送到社区内的生物污水处理系统净化处理，部分处理过的中水和收集的雨水被储存后用于冲洗马桶，其后，这些水即可进行净化处理。并在芦苇湿地中进行生物回收，而多余的中水则通过铺有砂砾层的水坑渗入地下，重新被土壤吸收。

2.1.2 社区绿化和种植技术

通过改造屋顶的形式来疏导雨水，对雨水进行较大限度的利用，在改造过的立面上利用雨水进行立面生态农业生产，从而为居民自给自足提供蔬菜生产，并同时实现房屋立面绿化。

3.贵安樱海文化园

将现有樱花园，采用生态方法每年渐进更新林型，设樱花湿地岛群结合品种多样性形成樱花群落，并大大延长花期、可游期，同时嵌入人文空间与内涵形成国际著名大型樱花文化区。以原有樱花林区域为基础，通过规划丰富空间和景观，引入世界樱花文化，形成独具价值的樱海公园，同时，开拓樱花岛屿、樱花 SPA 等樱花元素产品，形成独一无二的国际型樱花文化公园。

3.1　群落化——樱花林种更新替换

原有樱花品种多为日本早樱、日本晚樱、十月樱，在维持一定已有品种的基础上，对樱花品种进行更新置换，丰富樱海文化园的樱花品种，让樱花园向多元复合植物群落和文化旅游体验正向转变。具体分为 11 个区，各区主种樱花类别如下。

A 型更新区：以寒樱为主，花期在 1 月中旬左右，搭配山樱、河津樱、修善寺寒樱。B 型更新区：以云南早樱为主，在 2 月盛开，搭配十月樱。C 型更新区：保留小部分原有品种，栽植寒樱、山樱、河津樱、修善寺寒樱、菊樱、染井吉野樱、云南早樱、美国樱、太白樱、大岛樱、大寒樱、仙台屋、御衣黄、白妙、八重红枝垂、椿寒樱、关山樱、小彼岸、郁金樱、搭配松月樱、普贤象樱，营造品种丰富全面的樱花文化园。D 型更新区：以菊樱为主，在 3 月下旬或 4 月上旬盛开，搭配日本晚樱、染井吉野樱。E 型更新区：以美国樱为主，多为 3、4 月份盛开，搭配太白。F 型更新区：以大岛樱为主，搭配大寒樱、仙台屋。G 型更新区：以御衣黄为主，4 月下旬开花，搭配白妙。H 型更新区：以八重红枝垂为主，搭配椿寒樱。I 型更新区：以关山樱为主，搭配小彼岸。J 型更新区：以郁金樱为主，搭配松月樱、普贤象樱。保留区：保留原有的日本早樱、日本晚樱、十月樱。

4.绿色产业博展中心

绿色产业博览中心将安平生态区绿色产业技术及产品集中展现，是集合体验展示、展销、交流为一体的生态农产博展中心。利用现有停车场处空地，新建绿色产业博览中心，改造现有硬质铺装，形成绿色生态的覆土式建筑及生态停车空间，使其成为安平生态区乃至贵安新区的绿色产业展销集散中心。

5. 峰林公园概念规划

依托峰林山体区域，打造峰林生态公园。以较前卫的建筑模式，结合峰林的意向，形成峰丛状覆土式绿色建筑，与地形相结合，形成集大健康康养、游览，科技教育，户外体验于一体的，面向社会开放的生态康养公园。

6. 贵安茶海

以原有茶园为基础，保留原有茶厂建筑，改造为茶叶产业基地、体验中心、茶室茶庄等，形成贵安区域最具特色的茶文化体验基地及展示基地。

四 预期成果

（一）近期目标：近期建设时序（2017~2020）

生态区的生态保护力度加大，推动生态格局正向演替。生态区作为红枫湖上游核心水源地，生态环境正向发展，成为两湖严峻水环境问题改善里程碑式的转折点。樱花园向多元复合植物群落和文化旅游体验正向转变。基础设施建设基本完成（优先完成水电设施生态改造）。平坝社区向国际生态试验绿色社区转型，生态技术改造基本完成，安平古意景镇改造基本完成，绿色旅游、智慧旅游完成基础设施建设。社区居民基本参与生态区活动，生态文明意识有所提高。农业产业初步达到生态化、产业化、绿色化。

（二）远期目标：远期建设时序（2021~2030）

生态区作为红枫湖核心水源地，水环境和水质保持正向稳定。樱花园多元复合植物群落演替完成，达到生态化、多元化、品牌化、体验化要求。国际生态试验绿色循环零排放生态示范社区建设完成。安平古意景镇及生态文明、绿色文化等主题教育体验集群建设完成。绿色旅游、智慧旅游设施完备。社区居民积极参与生态区活动，生态文明意识较高。农业产业基本达到生态化、产业化、绿色化。

（三）指标体系构建

表2　生态区建设重点指标（至2030年）

环境保护和生态补偿占财政支出比例大于15%	社区居民参与规划建设和舆论监督人数比例
天然湿地净损失率（含恢复湿地）为0%	农林产品农药残留量合格率大于90%
旅游产品中有机无公害产品率达到80%	生态区旅游停车容量3200辆
	生态区游客总容量约1.5万人

（2017年9月评审稿）

建设"健康美丽贵安新区生态文明现代数字模型"实验室构想

　　为了有效推进贵安新区生态文明建设（系统化物理化数字化）智慧发展，促进与大数据深度融合，构建研究院国家级实验室平台，经与百度公司多次对接，计划与百度深度合作建设"健康美丽贵安新区生态文明现代数字模型"实验室，作为研究院 2018 年的核心任务，如条件成熟建议把"数字模型实验室"搬进新区正在建设的国家生态文明博物馆，创新推进博物馆的体验式研究式展示。

　　通过模型实验室的办法来研究贵安新区的生态文明建设和指导贵安新区的生态文明建设，通过实验室探索路子，掌握动态的情况，并通过实验室给领导层决策提供基础依据，甚至提供某些经验到别的地方进行推广。

　　一　模型名称：健康美丽贵安新区生态文明现代数字模型

　　习近平总书记在党的十九大报告中指出："必须树立和践行绿水青山就是金山银山的理念""实行最严格的生态环境保护制度""坚定走生产发展、生活富裕、生态良好的文明发展道路，建设美丽中国，为人民创造良好生产生活环境，为全球生态安全做出贡献。加快生态文明体制改革，建设美丽中国"。结合中国的情况提出我们现阶段新时代主要矛盾变成了人民日益增长的美好生活需要和不平衡不充分的发展之间的矛盾，而"丽"字刚好反映了以后绿色发展的一种面貌，体现模型的灵魂、主要实质；而生态文明现代数字模型，不光是单纯的数字模型，因为模型本身就是物理型的，数字本身也是物理的另一个特性，我们要突出现代科学，所以该模型叫作《健康美丽贵安新区生态文明现代数字模型》。

二 模型的演变

我们准备建立三个模型（包括一个虚拟模型、一个实体模型、两大类模型），实际体现出的是3个实体模型。

第一个是"新区成立初始模型"（原始全息模型），即贵安新区刚成立时的初始模型，展示贵安新区刚批复、刚成立时的生态系统原貌。

第二个是"贵安新区现状动态模型"（动态状况模型）。从批复成立到开始建设发展，在第一个模型的基础上，演变到贵安新区的现状模型（动态状况）。

第三个是"贵安新区健康生命模型"（未来标准模型）。虽然是未来，但并不是不可及的，我们可以按照标准去建设的模型。

三 如何让模型发挥它的作用

不单单只是起到宣传的作用，宣传只是一方面，更重要的是，通过这个模型，相关人员甚至能够动态地掌握模型的变化，也就是说，随时都能掌握贵安新区生态文明的"脉搏"，其次通过模型对哪里出了问题都能及时地掌握到信息，哪里是优势做得好的，对做得好的地方就可以把它整合成经验进行推广应用，如果"病了"出现问题了可以及时"治病"，就能通过模型清晰地找到出现问题的原因及处理问题的方法，既能给领导层作决策提供依据，又能提供解决方案，还可以通过模型推动贵安新区生态文明建设发展。

四 建设模型的原因

正如党的十九大报告提到的："为人民创造良好生产生活环境"，所以我们的目的就是要让贵安新区里的人民过上美好的生活，落脚点就是要解决老百姓的问题，或者说贵安新区也可以为全省在某些地方发挥推动作用，让全省的人民过上美好生活。但是目前贵安新区主要的任务还是当地的发展，以解决当地的问题为主，改变贵安新区落后的面貌，提高人民的生活水平，让老百姓过上美好生活，当然也可以为其他地方提供经验和模型。

五 建立模型始终不能忘记两条主线

一是生态,二是发展。构建一个比较科学、符合客观规律、真正有实际价值的模型,破解生态文明建设的难题要从以下方面入手:文化与科技。要先从理念上弄清楚生态、生态文明及文明的概念,还有为什么要搞生态文明。所有要办的事,不管是哪个领域,首先要解决的是理念问题,如果理念不正确,就不能正确解决问题。马克思曾说过,当我们还在原始社会进入奴隶社会的时候,我们的经济发展、社会发展是一种自发状态,当进入近代工业革命以后,我们逐步走向自觉状态,我们的整个社会建立在生产力的基础上,这种生产力决定了它是一种自发状态,在近代到现代当代,它就进入自觉状态,文明里有一个很重要的概念,能够比过去有一种创新,它就是一种文明,比过去效率更高,质量更好,也是一种文明。要用中国的优秀传统文化来建设今天生态文明,并且要作为一种灵魂,它不仅仅是一种理念,更是一种智慧。强调天人合一,要研究天、地、人,要让天地人和谐相处。实际上就是一种回归。十九大报告也指出:"遵循自然,顺从自然,保护自然",按自然规律办事。

六 模型架构

(一)基本问题

(1)自然状况(包括地理地貌,如贵安新区的预建面积、地形、山、田、土、路、原、沟地质等);

(2)天文气候气象(贵安新区区域里的气温、光照、湿度、风、云、气、雨冰、雪等);

(3)水文水资源(河流、湖泊、湿地、水量、水文、水质、水能、地表水);

(4)森林草木资源(林木、花草,药材,分布面积、产氧能力等);

(5)矿产矿业(矿的种类、开发现状,对自然的影响);

(6)能源(能源的种类,分布、开发利用状况,储量与质量情况、水电、火电、风能、生物能等);

（7）人文（人口、族类、分布、城镇、乡村、民风、民俗、人口素质与生态文明的关系还有教育的关系）；

（8）经济状况（农工商、科技、交通建筑、外出、旅游、文化等），我们的模型要分阶段来，第一个阶段先把基本的问题做好，然后再用数值的办法展开。

（二）能源状况与危机

不管是人的生存还是贵安新区的发展，最基础的离不开能源。①优势与经验（常规能源与新能源）；②危机与措施（常规能源与新能源）。

（三）环境状况与危机

①空气的污染及空气环境的危机；②水的污染及水环境的危机；③食物的污染及食物环境危机；④土壤的污染及土壤环境的危机；⑤生产生活环境及环境危机；⑥环境生态文明治理与建设状况；⑦绿色发展状况及经验（包括产业经济、科技、环境、文化体制机制、法规与监督）。

（四）科技发展带来的文明与危机（贵安新区的案例）

（五）文化理念的选择与发展带来人类文明的进步与危机（贵安新区的案例）

（六）生态文明是新时代人类文明进步的必然选择（要通过贵安新区具体案例来说明）

（七）智慧城市建设（要通过贵安新区具体案例来说明）

七　生态文明建设方案（以贵安新区为实验区）

（一）背景

新时代（两种形式：一是放眼全世界的新时代，二是十九大报告提出的新时代）

新时代最明显的特点：经济发展的全球化、信息社会化、多元化、智能化；

带来的影响：能源危机，环境危机、气候变暖、气候危机、向太空进军，人类命运共同体。

（二）人类文明演进的路径

农业文明进步到工业文明再进步到生态文明。

（三）生态文明追求的目标

（1）整体安全（吃、住等）；

（2）人与自然的和谐（人与人之间的和谐）；

（3）高质量、高效率、高智慧、低碳、低污染、循环、绿色。

（四）生态文明建设的主要基础和资源

优秀文化与高深智慧，高科技与高智能，共享平台与法制，强大的经济基础。

（五）生态文明建设的主要路径

生态文化理念＋高科技＋改革＋法制＋监管，让一切拥有健康生命永续发展。

（六）生态文明建设的主要内容

第一是生态文明的五位一体化，和"中国特色社会主义现代化建设的五位一体"紧密相连但又有所区别。

经济是根本，环境生态文明是基础，文化是灵魂，社会是条件（生活方式，活动方式），政治是保障。要有机地，辩证地找准切入点来建设生态文明，既让"五位一体"中的每一个"位"服务于生态文明建设这个基础点，又让生态文明建设的基础服务于其他四个"五位一体"中的每一个位。政治主要指的是法律与监管，决策与权力。经济主要指的是要低碳，循环，绿色，新能源革命，结构型经济。文化主要指的是生态文明理念与文化思想艺术等。社会主要指的是推动人民生态生活、生态生产、生态消费等。

第二是新能源与新材料革命。

第三是五大健康生态系统建设。

一是建立健康生命大气循环系统利用与排放生态文明；二是建立健康生命水资源系统利用与排放，自净化能力与和谐承载能力；三是建立健康生命食物链系统；四是建立健康生命土壤资源系统与和谐承载力；五是建立健康生命林草资源系统。

第四是生产生活及交通教育医疗等其他方面的生态文明建设。

第五是生态文明基本指标标准的建设。

第六是生态文明经济发展、数字与智能业。

贵安新区特点和贵州的一些优势，包括资源优势、产业建设：生态农业产业、生态旅游业、中医中药业、养老产业、生态饮食业、文化创意业、民间手工技艺业。

（七）模型建设

第一是物理模拟模型，第二是数字模型。

模型建设的内容：应用最新技术。资金问题、场地问题、必要的工具和资料、组织机构等。

先期建设具体项目：首先建设贵安新区绿色金融创新试验区模型。

模型的亮点：五个健康生命系统。

后　记

低冲击开发与贵安城市质量体系再说

　　2017 年，笔者完成《山水田园城市实践》，主要具体阐述了城市质量的微观层面——村社微标准质量建设，总结出"三型五类"建设模式，对新村社共同体空间布局、配套设施规划、产业发展、劳动就业、生态建设、文化建设、场所建设、类型建设、公共服务、平安服务、社会服务等提出了标准，确保了新村社共同体的质量建设，并高分通过了全国第一批农村综合改革美丽乡村建设标准化试点验收。重点从贵安新区"山水之都，田园之城"的城市初心出发，聚焦新村社共同体，贵安新村社共同体发展成乡村型与都市型，探讨城乡相互促进相生相融的绿色发展路径模式。

　　2018 年《生态文明与低冲击开发：贵安"绿色金融 +"城市质量体系实践探索》，主要阐述城市质量的宏观层面——城市绿色发展质量体系实践探索，提出"绿色金融 + 绿色制造、绿色人居、绿色交通、绿色能源、绿色消费"（1+5）绿色贵安质量体系（源于新区开投公司宗文董事长 2017 年提出"1+5"绿色发展模式概念），坚持低冲击开发理念，从生态资源质量调查、城市环境总体规划、绿色发展质量体系研究、"5"大绿色质量体系建设、生态文明与贵安质量体系大讨论等方面展开分析。生态文明示范区是国家赋予贵安新区战略使命担当，结合 2017 年贵安新区获国务院批复为"绿色金融改革创新实验区"新机遇，在新区开发建设 5 年关键时间节点提出质量发展升级新探索。这也是继贵安新区启动开发阶段依托"大数据 +"驱动"蛙跳式"后发赶超之后第二次创新升级发展阶段，即向质量发展的关键阶段，理论和实践意义重大。两个阶段接续起来，贵安新区将形成"大数据+""绿色金融+"双驱动引擎质量动力体系。

2016年,笔者完成两本编著:一是《绿色再发现》,主要通过绿色视觉美学的角度对贵安新区规划选址、规划理念、规划建设以及海面城市等进行梳理,一气呵成,绿色本底跃然纸上,美哉!二是《贵安新区绿色发展指数报告》,主要从新区建设初期的城市功能方面进行专题研究,围绕绿色大学城、绿色产业、绿色交通、绿色能源、绿色文化等方面进行属性叙述,提炼出指数探索指标质量发展模型,并尝试就大众"绿色获得感"指标进行较多探索,2018年力争联合有关国家级研究平台发布《国家级新区绿色发展指数报告》,敬请大家关注、参加和期待。

编撰《生态文明与低冲击开发:贵安"绿色金融+"城市质量体系实践探索》这本书,源于贵州省原常务副省长秦如培要求研究院对"低冲击开发"做一些研究的要求,结合新区开发5年来正向质量发展的关键时期,以生态文明建设为主线整理有关资料并撰写这本书。这项工作得到新区很多部门很多人支持,包括生态研究院的吴能鹏、张劲、陈可睿,开投公司专家委的柳式裤,特别感谢环境保护部环境与经济政策研究中心、中国城市规划设计研究院、贵州省建院贵州省环境工程评估中心、贵州省社科院、新区开投公司战规部和贵安新区环保局、贵安旅文中心、贵安规建局、贵安经发局等单位提供相关规划和资料!在这也说明,第三章"贵安绿色金融发展"由贵州省财大李成刚主要撰写。第四章"贵安绿色发展质量体系",其中花溪大学城部分由贵州省社科院刘杜若主要撰写,绿色制造部分由贵州省社科院林玲主要撰写,绿色人居建设部分由贵州省社科院王国丽主要撰写,绿色消费部分由贵州省社科院王红霞主要撰写,绿色新能源建设部分由贵安开发投资公司杨秀伦、王良才主要撰写。撰写这本书的同时,生态文明研究院也已组建团队着手贵安新区自然资源调查并进行价值评估,以贵安实践探索新生态经济理论体系,拟将完成的《贵安新区新结构生态经济创新研究报告》参与林毅夫老师组织的改革开放40周年新结构经济学智库报告比赛,在此预祝成功!

另外,2017年底获悉由导师王琥老师率领进行的"中国少数民族传统设计研究"成果获得国家新闻出版总局重大项目资助(我主编总55卷中侗族、仡佬族、水族、布依族共4卷)及《当代设计全集》(共20卷)获第四届中国出版政府图书奖（记得在读博士期间参与的"中国传统器具设计研究"获得第一届政府奖）。毕业多年，我依然难以忘怀导师王琥老师和北大沈体雁老师严格要求我们，其做人做事做学问的精神，令我们一辈子受益。

最后，贵安新区是新时代国家级新区、西部重要经济增长极，就其发展经验以及未来发展前景而言，它就像是可以不断挖掘的黄金矿，由于个人能力及学识的不足，还存在很多不成熟的思考和问题，请大家不吝指教。

盛 平

于中国生态文明创新园无名室

2018 年 6 月 1 日

图书在版编目（CIP）数据

生态文明与低冲击开发：贵安"绿色金融+"城市质
量体系实践探索 / 梁盛平著 . -- 北京：社会科学文献
出版社，2018.6
（国家级新区绿色发展丛书）
ISBN 978-7-5201-2599-4

Ⅰ . ①生… Ⅱ . ①梁… Ⅲ . ①生态环境建设 - 研究 -
贵州 Ⅳ . ① X321.273

中国版本图书馆 CIP 数据核字（2018）第 079003 号

· 国家级新区绿色发展丛书 ·

生态文明与低冲击开发
——贵安"绿色金融+"城市质量体系实践探索

著　　者 / 梁盛平

出 版 人 / 谢寿光
项目统筹 / 丁　凡
责任编辑 / 丁　凡

出　　版 / 社会科学文献出版社 · 区域发展出版中心（010）59367143
　　　　　　地址：北京市北三环中路甲 29 号院华龙大厦　邮编：100029
　　　　　　网址：www.ssap.com.cn
发　　行 / 市场营销中心（010）59367081　59367018
印　　装 / 三河市尚艺印装有限公司

规　　格 / 开 本：787mm×1092mm　1/16
　　　　　　印 张：24.75　字 数：384 千字
版　　次 / 2018 年 6 月第 1 版　2018 年 6 月第 1 次印刷
书　　号 / ISBN 978-7-5201-2599-4
定　　价 / 88.00 元